高职高专“十二五”建筑及工程管理类专业系列规划教材

无机胶凝材料项目化教程

Construction
Project

主　编　李子成　张爱菊
副主编　高　鹤　姜　波

西安交通大学出版社
XI'AN JIAOTONG UNIVERSITY PRESS

内容提要

本书根据无机非金属材料专业和材料工程技术专业教学改革的需要，采用模块式编写格式，选择不同类型的无机胶凝材料为载体，围绕胶凝材料的组成—结构—性能—检测之间的关系，采用最新的标准规范编写而成。全书根据无机胶凝材料的性能共分为无机胶凝材料基本知识、气硬性胶凝材料、水硬性胶凝材料、活性无机混合材料及新型无机胶凝材料等五个模块。每个模块都从模块概述、知识目标、技能目标及课时建议四部分来引入模块内容。每个模块后附有模块知识巩固和阅读材料，以便为读者提供更多的相关知识。

本书除作为高等学校教材外，还可供从事建筑工程和建筑材料工业相关的科研、设计与工程检测技术人员参考。

前言 Preface

建筑材料是所有土木工程的建设基础，无机胶凝材料更是最重要的组成材料之一，其组成、结构与胶凝性能直接关系到工程质量、安全、经济及耐久性等。胶凝材料经历了几千年的发展历程，从早期的陶土砖瓦、石灰、石膏等气硬性胶凝材料，发展到水硬性胶凝材料如古罗马水泥，近代的硅酸盐类水泥，直至现代的复合胶凝材料及各种新型胶凝材料等，无机胶凝材料的发展伴随着人类文明的进步，同时人类社会的发展也促进了胶凝材料的发展和应用。因此，本书在编写中根据无机非金属材料专业和材料工程技术专业教育的特点、专业培养目标并结合实训教学要求确定内容安排，力求通过本课程的学习，使学习者系统掌握无机胶凝材料的基本理论知识和检测方法，了解无机胶凝材料的发展趋势，为深入学习材料科学与工程领域的专业知识奠定基础。同时需要指出的是，由于胶凝材料科学还处于发展之中，读者要有分析地阅读本书所介绍的一些理论观点。书中所引用的一些数据都是不同作者的实验分析结果，目的是为了说明一些原理和规律，希望读者根据实际情况运用这些原理和规律。

本书编写的特色有：①模块教学，理实一体。编者在教材内容的编排上采用模块化实施的形式，将同一类型的无机胶凝材料归为一模块，再将具体材料按项目的形式进行逐一介绍。同时力争理论学习与实训紧密结合，在某些典型的项目的理论教学之后安排实训材料的检测与质量评定，以便读者在学习胶凝材料组成—结构—性能的理论知识基础上，及时对材料的性能检测有更宏观的了解。②拓展阅读，兴趣学习。文中每一模块后增加阅读材料，阅读材料的设计是从一些生活中的问题入手，采用典型的案例激发学习者的兴趣，在联系实际现象的同时加深理论学习。

全书共分为五个模块，从“模块概述、知识目标、技能目标及课时建议”四部分来引入模块内容。模块一主要介绍无机胶凝材料基本知识；模块二主要介绍石灰、石膏、镁质胶凝材料及水玻璃等典型的气硬性胶凝材料；模块三以重点介绍硅酸盐水泥为主，同时介绍了其他通用硅酸盐水泥和其他常用水泥品种等水硬性胶凝材料；模块四主要介绍火山灰质混合材、高炉矿渣、硅灰及矿物聚合物等典型的活性无机混合材料；模块五介绍了几种新型无机胶凝材料，主要是高性能水泥，高性能混凝土及环保型胶凝材料等。

本书由石家庄铁路职业技术学院李子成和张爱菊担任主编，负责全书的统稿及整理工作；石家庄铁路职业技术学院高鹤和姜波担任副主编，参与本教材编写的还有石家庄铁路职业技术学院曹亚玲、杨维亭、刘良军、王书鹏等。本书可作为无机非金属材料专业和材料工程技术专业等材料类专业的教学用书，也可作为材料员、试验员、检测工程师等职业的岗位培训、自学自考用书。

本书在编写过程中，参考了大量的图书资料，在此对相关资料的作者表示衷心的感谢。由于是第一次采用模块形式编写该教程，难度较大，加之编者水平有限，疏漏在所难免，恳请专家和广大读者不吝赐教，以便在今后的再版中改进和完善。

编者

2014.05

目录 Contents

绪论

用于土木工程的无机胶凝材料(inorganic cementitious material),不但品种多,而且用量大,使用面广,是一类极为重要的工程材料。无机胶凝材料不仅广泛应用于工业与民用建筑、水利工程及城乡建设,而且还可以代替钢材和木材生产承重、抗弯及防腐制品等。如高速铁路工程用的轨道板,各种类型的水泥管、水泥船及海洋开发用的各种构筑物等。同时,它也是国防工程和一系列大型现代化技术设施不可缺少的关键材料。因此,无机胶凝材料作为重要的工程原材料之一,一直受到人们的重视。

无机胶凝材料的性能、质量、品种和规格,直接影响各种土建工程的结构形式和应用范围。工程建筑物和构筑物的质量及造价在很大程度上取决于正确检测、合理选择和使用胶凝材料。因此,有必要深入了解和研究无机胶凝材料的组成、结构及其胶凝性能之间的关系。无机胶凝材料的科学研究及生产工艺的迅速发展,对于社会主义现代化建设具有十分重要的意义。

1.课程定位

了解无机胶凝材料的组成、结构与胶凝性能的关系是材料科学和工程技术人员必须具备的能力,其合理选择和使用与建筑工程质量和造价密切相关。无机胶凝材料是无机非金属材料工程和材料工程技术专业框架教学计划中的必修课程之一,其课程定位如表0-0-1所示。

表0-0-1 课程定位

课程性质	无机胶凝材料是材料学的一个分支,是研究无机胶凝材料的组成、结构和胶凝性能的理论科学。它是无机非金属材料工程和材料工程技术专业的必修课程、专业核心课程。
课程功能	培养学生根据材料组成和结构分析材料胶凝性能的能力;能根据材料性能、质量标准、检测方法和设计要求,合理检测、应用无机胶凝材料的能力,为后续课程学习和工作提供理论基础。
前导课程	硅酸盐物理化学,材料导论,无机化学,理论力学,材料力学等。
后续课程	混凝土技术,材料性能学,新型建筑材料,复合材料,材料检测与质量控制,道路建筑材料,试验室建设与管理等。

2.课程内容

本课程选择以无机胶凝材料种类为载体,设计了五个模块,如表0-0-2所示。每个模块均从材料的组成、材料的结构、材料的性能、材料的检测及应用等任务引领组织教学。培养学生根据材料性能、质量标准、检测方法和设计要求,合理检测、应用无机胶凝材料的能力。

表 0-0-2 课程内容

课程模块	课程内容
模块一：无机胶凝材料基本知识	胶凝材料定义及分类，无机胶凝材料基本知识，无机胶凝材料研究现状及发展趋势。
模块二：气硬性胶凝材料	石灰、石膏、镁质胶凝材料及水玻璃等气硬性胶凝材料的生产、组成、水化、硬化、应用及检测技术等。
模块三：水硬性胶凝材料	以硅酸盐水泥为主，主要介绍了水硬性胶凝材料。从硅酸盐类水泥的生产，熟料矿物组成、结构及其与胶凝性能的关系，到硬化水泥石的结构及工程性质等进行了详细介绍。同时对其他品种水泥的性能及应用也作了介绍。
模块四：活性无机混合材料	无机混合材料的定义及分类，主要介绍了火山灰质混合材料，高炉矿渣，硅灰及矿物聚合物及其性能检测等。
模块五：新型无机胶凝材料	以高性能水泥、高性能混凝土及环保型胶凝材料为例介绍了新型无机胶凝材料的性能及应用。

3. 课程目标

本课程的目标主要有：

(1)能够熟知无机胶凝材料的分类及用途；

(2)培养绿色胶凝材料、环保节能无机胶凝材料及材料可持续发展意识；

(3)能熟悉气硬性胶凝材料、水硬性胶凝材料、活性混合材料及新型无机胶凝材料的种类及特性；

(4)能掌握石灰、石膏、硅酸盐类水泥等工程常用无机胶凝材料的性能、规格及用途；

(5)能正确地存储、运输及应用无机胶凝材料；

(6)能正确利用相应的检测及技术标准和规范，对工程常用无机胶凝材料进行取样、检测及出具相应的检测报告；

(7)能根据无机胶凝材料的种类和性能，结合工程特性合理选用合适的无机胶凝材料；

(8)能够利用无机胶凝材料的知识分析和解决工程应用中存在的实际问题；

(9)具有良好的坚持原则和团队协作精神，养成科学严谨的检测作风，养成用数据说话和诚实守信的职业素养。

4. 学习方法

《无机胶凝材料项目化教程》课程位于专业核心课程板块，是无机非金属材料工程、材料工程技术专业学生必修的专业理论核心课程，也是基于无机胶凝材料的实验室检测和现场检测及应用理实一体化的“做中学”项目课程。课程以各种无机胶凝材料为载体，以无机胶凝材料的各种性能检测为主线组织教学，重点培养学生的检测理论基础和动手操作能力，进而全面提升学生对无机胶凝材料的性能检测及材料设计的能力，通过该课程的学习，完成对学生能力的培养和职业素养的养成。在学习过程中，应注意以下几点：

(1)无机胶凝材料课程与硅酸盐物理化学、无机化学、数学、力学等课程有密切的关系，应学会运用这些基础理论知识分析和研究相关问题；

(2)注意理解材料组成—结构—胶凝性能的关系，学会从微观角度分析为什么材料宏观上具有优良的胶凝性能；

(3)无机胶凝材料相关实训项目是鉴定材料质量和熟悉材料性能的主要手段，是学好本课程的重要环节，必须认真学习和熟练操作，并用科学严谨的态度填写实训报告；

(4)充分利用到建筑材料生产企业、销售市场及建筑施工工地参观和实习的机会，了解工程常用无机胶凝材料的种类、规格、使用和存储情况；

(5)学会依据相关标准和规范进行无机胶凝材料检测和质量验收，了解无机胶凝材料的新品种、新标准规范及新的研究动向。

模块一 无机胶凝材料基本知识

模块概述

工程建筑物和构筑物是由各种建筑材料和胶凝材料构筑而成的，因此，胶凝材料是一切土木工程建设的重要材料。实际工程中，依据建筑材料的功能、用途及所处环境的不同，选用胶凝材料也有所不同。而且随着时代和科技的发展，根据现代土木工程发展的需要，无机胶凝材料的发展趋势将是在改进旧有品种的基础上，不断开发研究多功能、低能耗、经久耐用和物美价廉的新品种。因此，为了能正确选择、合理运用胶凝材料，科学研究人员和工程技术人员必须掌握胶凝材料的定义与分类，了解无机胶凝材料的历史和未来发展趋势。

知识目标

能正确陈述和区分无机胶凝材料的两大类型（气硬性胶凝材料和水硬性胶凝材料）及各自的代表性材料；

掌握气硬性胶凝材料和水硬性胶凝材料的定义及特性；

了解无机胶凝材料的发展历史；

了解无机胶凝材料的科学发展方向。

技能目标

能正确理解胶凝材料在国民经济发展中所起的重要作用；

能正确判断气硬性胶凝材料和水硬性胶凝材料的种类；

能根据建筑物所处环境合理选择无机胶凝材料的种类；

能分析无机胶凝材料的未来发展趋势。

课时建议

2 学时

项目 1 胶凝材料定义与分类

胶凝材料是指能在物理、化学作用下，由可塑性浆体逐渐变成坚固石状体，并能将各种散粒矿物材料或块状材料黏结成一个整体的材料。胶凝材料按照其主要化学成分的不同可分为有机胶凝材料（如沥青、树脂等）和无机胶凝材料两大类，其中的无机胶凝材料按照其凝结硬化特点又分为气硬性胶凝材料和水硬性胶凝材料。

气硬性胶凝材料是指只能在空气中硬化，也只能在空气中保持和发展强度的胶凝材料，如石膏、石灰等。气硬性胶凝材料只适合于地上或干燥环境，不宜用于潮湿环境，更不可用于水中。

水硬性胶凝材料是指不仅能在空气中硬化，而且能更好地在水中硬化、保持和继续发展其强度的胶凝材料，如各种水泥。水硬性胶凝材料既适用于地上，也适用于地下或水中。

项目2　无机胶凝材料的发展历史

早期的建设者是用黏土将石子粘结成一个固体结构用来遮风挡雨。现在发现最古老的混凝土大约是在公元前7000年，它是由石灰混凝土构成，即将生石灰加水和石子拌和，硬化后就形成了混凝土。

远古时代，人们就学会用黏土烧制陶罐等生活用品（见图1-2-1）进行物物交换。大约在公元前2500年修建的古埃及吉萨高地胡夫金字塔的石块间就发现使用了胶凝材料（见图1-2-2）。有些报道称其为石灰砂浆，而另外一些报道则称胶凝材料来自煅烧石膏。而我国在西周的陕西凤雏遗址中，发现了在土坯墙上采用了三合土（石灰、黄砂、黏土混合）抹面，说明我国在3000年前就能烧制石灰。到公元前500年，在古希腊出现了制作石灰砂浆的技术。古希腊人用石灰基材料作为黏结石头和砖的胶结材料，或当用多孔的石灰石建造寺庙和宫殿时作为粉刷材料。在我国世界文化遗产的古长城中就发现用石灰—石膏—黄土作为胶凝材料来砌筑长城（见图1-2-3）。

已发现的早期使用的罗马混凝土可追溯至公元前300年。世界上通用的“concrete”（混凝土）一词即源于拉丁文“concretus”，意为“共同生长或化合”。古罗马人喜欢用火山灰作为胶凝材料。公元前2世纪的某段时期，古罗马人在Pozzuoli采集到一种火山灰，他们认为是砂，将其与石灰拌和，发现所得的拌和物比他们之前制得的拌和物强度高得多。这个发现对建筑业产生了深远影响。这种物质并不是砂，而是一种含硅、铝的细火山灰，当其与石灰混合，所得即为现代所谓的火山灰水泥。建筑者将它用于古罗马城墙、沟渠和庞贝大剧院（可容纳2万观众）、罗马圆形大剧院（见图1-2-4）、古罗马万神殿（见图1-2-5）等著名的建筑物中。但在中世纪，由于建筑施工水平较之前并没有明显的改善，以及胶凝材料质量的恶化，火山灰似乎受到人们的冷落，直到14世纪30年代，人们都很少使用煅烧石灰和火山灰。

图1-2-1　远古时代人们烧制陶罐

图 1-2-2　吉萨高地胡夫金字塔

图 1-2-3　万里长城

图 1-2-4　罗马圆形剧场

图 1-2-5　古罗马万神殿

直至 18 世纪，人们都没有试图去解开为什么有些石灰具有水硬性，而有些石灰(主要由纯石灰石制得)没有水硬性的谜团。被人们称为“英国土木工程之父”的 John Smeaton 潜心于此领域，他发现当石灰石不纯，而含有软石灰石和黏土矿物时制得的石灰水硬性最好，他将其与火山灰(从意大利进口)混合，用于英格兰普利茅斯西南部的英吉利海峡的 Eddys—tone lighthouse 的重建工程。该工程于 1759 年动工，3 年后竣工，被认为是水泥工业发展史上一个巨大的成就。在蓬勃发展的天然水泥工业中，人们经过不懈的研究和尝试，总结出许多规律，使水泥的质量逐渐趋于稳定。

水硬性石灰和天然水泥间的区别在于煅烧过程中温度不同，且水硬性石灰可以块状水化，而天然水泥水化前必须粉碎、磨细。天然水泥强度高于水硬性石灰而低于硅酸盐水泥。19 世纪 80 年代早期，在纽约的 Rosendale 就生产出天然水泥，并于 1818 年首次用于伊利运河的建造。

科学家与工业界为生产出优质天然水泥而长期不懈的研究推动了硅酸盐水泥的发展。一般将硅酸盐水泥的发明归功于一个英国泥瓦匠 Joseph Aspdin，1824 年他的产品获得了专利。因为他的产品凝结硬化后的颜色与英吉利海峡的波特兰岛上采集的天然石灰石类似(见图 1-2-6)，故他将其命名为波特兰水泥(在我国将其称为硅酸盐水泥)。

图 1-2-6　波特兰岛上采集的石头(左)和现代混凝土的圆柱形试件(右)

Aspdin是第一个为硅酸盐水泥规定配方的人，也是第一个将自己的产品申请专利的人。但是，直到1845年，英格兰swanscombe的I. C. Johnson宣布自己通过高温煅烧石灰原料直至完全玻璃化，生产出我们熟知的硅酸盐水泥。这种水泥成为19世纪中期流行的选择，并从英国出口到世界各地。与此同时，比利时、法国和德国也开始生产这种产品，大约在1865年，这些产品开始从欧洲出口到北美。首次将硅酸盐水泥运输至美国是在1868年，首次在美国生产硅酸盐水泥的是1871年宾夕法尼亚州Coplay的一家工厂。1889年我国在河北唐山建立了第一家水泥企业——启新洋灰公司，正式开始生产水泥。

硅酸盐水泥的出现，对工程建设起了很大的作用。随着现代科技和工业发展的需要，到20世纪初，逐渐生产出不同用途和种类的水泥，近几十年来，又陆续出现了硫铝酸盐水泥、氟铝酸盐水泥、铁铝酸盐水泥等品种，从而使水硬性胶凝材料有了更多类别。自此以后，水泥基材料成为世界上用量最大的人造材料，为改善人类生存环境作出了巨大的贡献。进入21世纪后，人们认为水泥基材料仍然是主要的结构材料，在今后数十年甚至上百年内却无可替代。2010年1月4日竣工的哈利法塔（见图1-2-7），共162层，总高828m，为当前世界第一高楼与人工构造物。它动用了超过31万m^3的强化混凝土，这是其他胶凝材料所无法比拟和超越的。同时又对石灰、石膏、镁质胶凝材料等传统胶凝材料有了新的认识，扩大了它们的应用范围，加速了它们的发展。至此，无机胶凝材料进入了一个蓬勃发展的阶段。无机胶凝材料总的发展历史如图1-2-8所示。

图1-2-7　哈利法塔

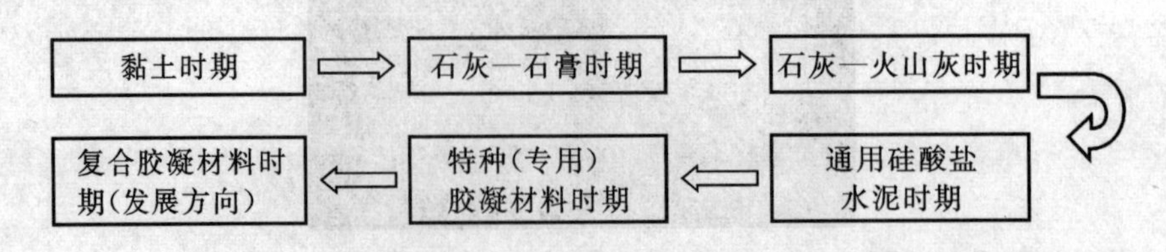

图1-2-8　无机胶凝材料发展历史

项目3 无机胶凝材料发展趋势

由于在胶凝材料的科学研究和生产实践中积累了丰富的知识，特别是随着材料科学的发展，人们对胶凝材料的认识不断深入。具体表现为：对胶凝材料本身的认识逐渐深化，由宏观到微观，并揭示了其性能与内部结构的关系，从而为发展新品种，扩大胶凝材料的应用领域提供理论基础。同时对胶凝材料生产过程和水化硬化规律的认识不断深入，从经验上升到理论，从现象深入到本质，从而为有效控制胶凝材料与制品的生产过程以及采用新工艺、新技术提供了理论基础。根据现代土木工程发展的需要，无机胶凝材料的发展趋势，将是在改进旧有品种的基础上，不断开发研究多功能、低能耗、经久耐用和物美价廉的新品种。兼备无机胶凝材料和有机胶凝材料优点的复合胶凝材料，也将是一个重要的发展方向。

胶凝材料学研究的主要内容包括以下几个方面：

(1)胶凝材料的组成、结构与其胶凝性能的关系。

(2)胶凝材料水化硬化以及浆体结构形成过程的规律。

(3)胶凝材料硬化体的组分、结构与其工程性质的关系。

(4)制备具有指定性能与结构的胶凝材料及其制品的技术途径。

模块知识巩固

1. 胶凝材料的定义及分类。

2. 气硬性胶凝材料和水硬性胶凝材料的差异。

3. 无机胶凝材料的发展趋势。

扩展阅读

【材料1】谁发明了水泥

英国人说，最早发明水泥的是英国人。

英国人Joseph Aspdin在1824年用黏土和石灰混合，在高温炉中煅烧制成了水泥。因为用这种水泥拌制的混凝土硬化后，在硬度、颜色和外观与英国波特兰岛上的石材相似，所以命名为“波特兰水泥”，并以此申请了专利。Joseph Aspdin还利用波特兰水泥建造了穿越伦敦泰晤士河的河底隧道。

俄国人则说，发明水泥的荣誉应该归于杰出的工程师契利耶夫。

18世纪初，俄国工程师就在思考这样一个问题：为什么有些石灰在遇到水后，会剧烈发热，然后爆裂开来，最后成为浆状石灰乳；而有些石灰却能够在水中转变为石头似的硬块，这使他们百思不得其解。19世纪初，建筑工程师契利耶夫在莫斯科工作时，发现用混有黏土的石灰石烧制的石灰在水中能够凝结硬化。他受到启发，将黏土和石灰石按一定比例掺和后煅烧，然后再磨成细粉，从而发明了水泥。1825年契利耶夫出版了世界上第一本关于水泥的专著——《适用水下建筑工程，如运河、桥梁、贮水池、堤坝、隧道和砖木结构粉刷等品质优良、价格低廉的泥灰土或水泥的制造方法指南》。在书中，他指出，把一份石灰和一份黏土加水拌和，制成砖块，晾干后用木柴在炉子中煅烧到白热状态，待其冷却后磨细过筛，即制成了物美价廉的水泥。契利耶夫还指出，在应用水泥时加入少量石膏粉，可以增加水泥的强度。

但水泥很有可能是中国人所首创。

1985 年，在我国甘肃省秦安县大地湾村发现了一个新石器时代的文化遗址。在遗址中的一座保存完好的建筑物厅堂内，平整而又光洁，颜色呈青黑色的地坪引起了考古学家的关注，因为它好像是水泥地坪。考古学家凿开一角仔细观察，只见地坪中混有人造的轻质骨料，其余部分肉眼看来正是水泥。接着化学家对它作了分析，证明其中的主要成分是硅和铝的化合物，与现代水泥的主要成分相同。地坪的抗压强度约为 l0MPa，而附近的农家并没有类似的地坪。因此，我们有理由设想 5000 年前我们的祖先已经发明了水泥。

【材料 2】月球上的建筑材料

1969 年人类首次登上了月球。地球上人口增长、资源枯竭，月球有可能成为人类除地球以外的居住空间。人类如何在月球上建立自己的第二家园呢？

对从月球带回的岩石进行成分分析发现，其中含有丰富的氧化钙、氧化硅、氧化铝、氧化铁等，可直接用于煅烧生产与地球高铝水泥成分相似的胶凝材料。月球的岩石可以加工成碎石、碎砂，若解决了水的问题，则可大量生产月球混凝土。事情尽管令人鼓舞，但仍存在不少问题，月球表面处于真空状态，混凝土浇筑、振捣很可能需要人为施压等。不管怎样，相信人类将会在宇宙中建立起自己的第二家园。

【材料 3】港珠澳大桥

港珠澳大桥是东亚建设中的跨海大桥，连接香港大屿山、澳门半岛和广东省珠海市，于 2009 年 12 月 15 日正式动工。这座连接香港、澳门和珠海的跨海大桥全长近 50km，主体工程“海中桥隧”长近 35km，包含离岸人工岛及海底隧道，这座大桥的建成，将会形成“三小时生活圈”，缩减穿越三地时间。大桥的设计寿命为 120 年，总投资 700 亿，预计于 2016 年完工。大桥落成后，将会是世界上最长的六线行车沉管隧道，及世界上跨海距离最长的桥隧组合公路，成为世界最长的跨海大桥。作为中国建设史上里程最长、投资最多、施工难度最大的跨海桥梁项目，港珠澳大桥受到海内外广泛关注。港珠澳大桥设计图如题图 1-1 所示。

港珠澳大桥沉管隧道由 33 个管节连接而成，其中 29 个沉管长 180m，沉管由 8 个节段构成，每个节段长 22.5m、宽 37.95m、高 11.4m，底板、顶板、侧墙厚度均为 1.5m，中隔墙厚 0.8m，规格居世界之最。连接两个人工岛的另外四条沉管，头尾长 112.5m，由 5 个节段构成。每个标准沉管重达 7.4 万 t(见题图 1-2)，一个标准沉管的造价超过一亿元人民币。

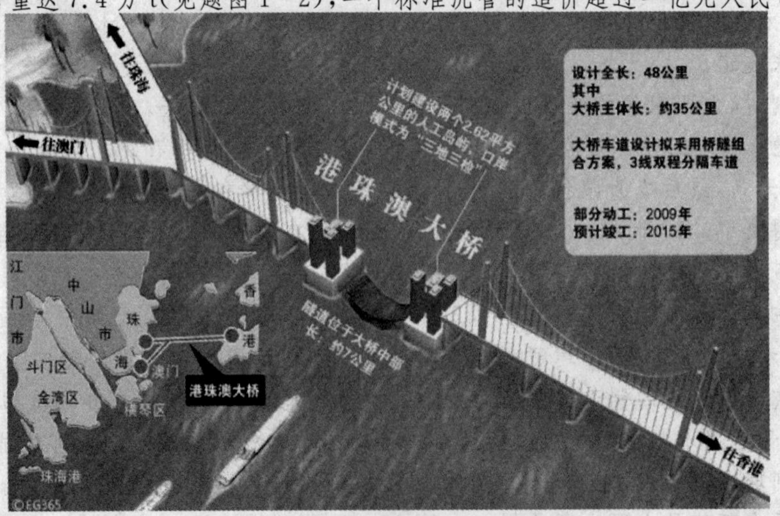

题图 1-1　港珠澳大桥设计图

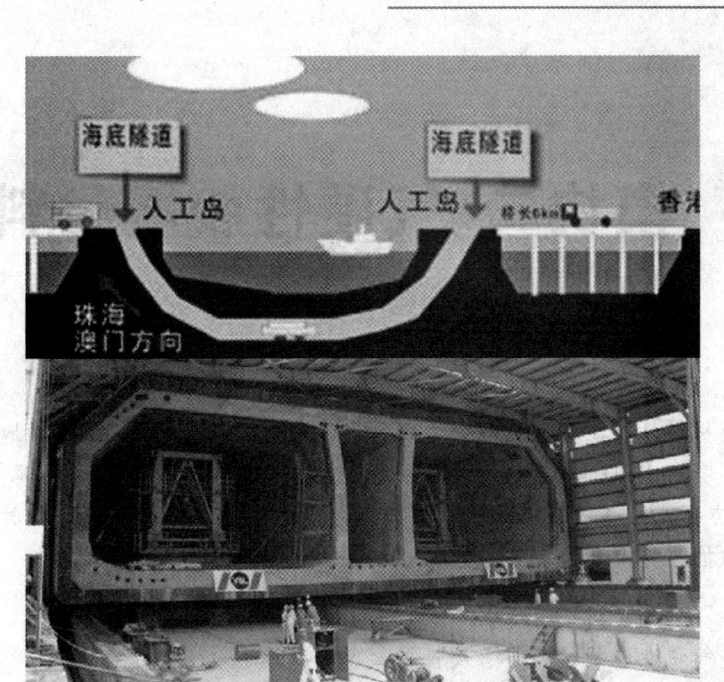

题图 1-2　港珠澳大桥沉管隧道及钢筋混凝土沉管

模块二 气硬性胶凝材料

模块概述

气硬性胶凝材料只能在空气中硬化并保持和发展其强度，一般只适用于地上或干燥环境，不宜用于潮湿环境或水中。本模块主要从原材料、生产工艺、水化过程及机理、凝结硬化、结构与性能、应用等方面介绍了石膏、石灰、镁质胶凝材料和水玻璃等气硬性胶凝材料，并对石膏和石灰胶凝材料的检测与质量评定作了介绍。

知识目标

能正确陈述气硬性胶凝材料与水硬性胶凝材料的差异；

能掌握工程常用的气硬性胶凝材料的类型及特性；

能正确分析石膏胶凝材料的水化及硬化过程，掌握石膏胶凝材料硬化体结构性能，能熟练进行石膏胶凝材料的检测与质量评定；

能正确分析石灰的生产工艺，掌握石灰水化特性，能分析石灰水化膨胀的原因及控制膨胀的措施，能熟练进行建筑石灰的检测与质量评定；

能熟知镁质胶凝材料及水玻璃特性及应用。

技能目标

能分析常用气硬性胶凝材料性能差异及应用条件；

能正确检测石膏胶凝材料凝结时间、细度、强度等级等性能指标；

能正确检测石灰胶凝材料的各项性能指标；

能独立处理试验数据，正确填写试验报告；

具备根据工程特点及所处环境，正确选择、合理使用气硬性胶凝材料的能力，会运用现行标准规范检测、分析和处理建筑工程施工中出现的技术问题。

课时建议

22 学时

项目 1 石膏

石膏是一种传统的胶凝材料，它是以硫酸钙为主要成分的气硬性胶凝材料，石膏资源比较丰富，主要用作石膏胶凝材料和石膏制品。在胶凝材料体系中，石膏与石灰、水泥并列称为无机胶凝材料中的三大支柱。

随着工业和科学技术的发展，根据石膏的特性和使用方法，石膏的用途大致可以分为两大类：第一类石膏不经煅烧而直接使用，主要用于调节水泥凝结、冶炼镍、豆腐凝固、光学器械、石膏铸型等;第二类石膏经煅烧变成熟石膏,用于生产建筑材料、陶瓷模型、牙料、粉笔、工艺品、研磨玻璃、豆腐凝固等。生产石膏胶凝材料时只需除去部分或全部结晶水,耗能低,排出的废气是水蒸气,使用的设备简单,建厂投资较少。用烧成的建筑石膏为主要原料制成的各种石膏建筑材料,凝结硬化快,生产周期短,模具周转快,易实现大规模产业化生产。石膏建筑材料质量轻、防火并具有一定的隔声、保温和呼吸功能,其制品的安装为干作业,施工文明、快速。因此,石膏建筑材料被公认为是一种生态建材、健康建材,石膏应用和石膏装饰如图 2-1-1、图 2-1-2 所示。

(a)石膏工艺品

(b)石膏墙板

(c)石膏砌块砌筑内隔墙

图 2-1-1　石膏应用

(a)石膏吊顶

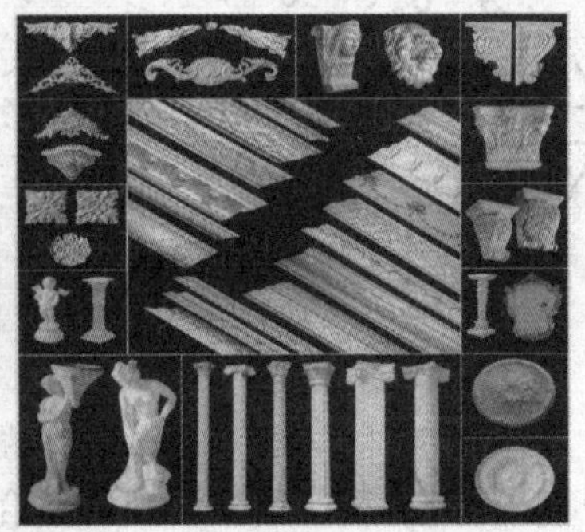

(b)室内装饰石膏构件

图 2-1-2　石膏装饰

石膏具有的优点:生产石膏节能、投资小、生产效率高;石膏质量轻、耐火、隔音、绝热性能好;可重复利用;资源丰富,石膏矿在世界上分布广泛,遍布于五大洲 60 多个国家和地区;我国石膏储量最多的为山东省,保有石膏矿石储量 375 亿 t,占全国石膏矿石总保有储量的 65% 。

作为石膏制品工业来说,它主要包括两个方面:①石膏胶凝材料的制备;②石膏制品的制作。前者一般是指将二水石膏加热使之部分或全部脱去水分,以制备不同的脱水石膏相;后者一般是指将脱水石膏再水化,使之再生成二水石膏并形成所需的硬化体。因此,石膏的脱水与再水化是整个石膏工业的理论基础。

本项目将讨论石膏脱水相的形成机理、构造及特性,脱水相的水化机理,石膏浆体的硬化过程及石膏质量检测等内容。

1.1 石膏胶凝材料的原料及生产过程

生产石膏胶凝材料的原料有天然二水石膏、硬石膏及化工生产中的副产品——化学石膏。我国天然石膏已探明储量为471.5亿t,居世界之首。化学石膏排放量很大,如磷石膏年排放量将达到2000余万t,排烟脱硫石膏也十分可观,因而,石膏胶凝材料具有极稳定的原料基础。

中国石膏矿资源丰富。全国23个省(区)有石膏矿产出。探明储量的矿区有169处,总保有储量矿石576亿t。从地区分布看,以山东石膏矿最多,占全国储量的65%;内蒙古、青海、湖南次之。

1.1.1 天然二水石膏

天然二水石膏又称生石膏、软石膏或简称石膏,分子式为$CaSO_4 \cdot 2H_2O$,常含有黏土、细砂等杂质,有时含SiO_2、Al_2O_3、Fe_2O_3、MgO、Na_2O、CO_2等杂质。

二水石膏属单斜晶系,其结晶结构如图2-1-3所示。Ca^{2+}联结$[SO_4]^{2-}$四面体,构成双层的结构层,H_2O分子则分布于双层结构层之间,其双晶常呈燕尾状,石膏的晶形如图2-1-4所示。由于二水石膏的[010]晶面发育好,其解理完全,所以在显微镜下常看到菱形薄板状、柱板状或针状晶体,但其晶形也常因微量杂质、溶液的性质、pH值、温度等的影响而变化。

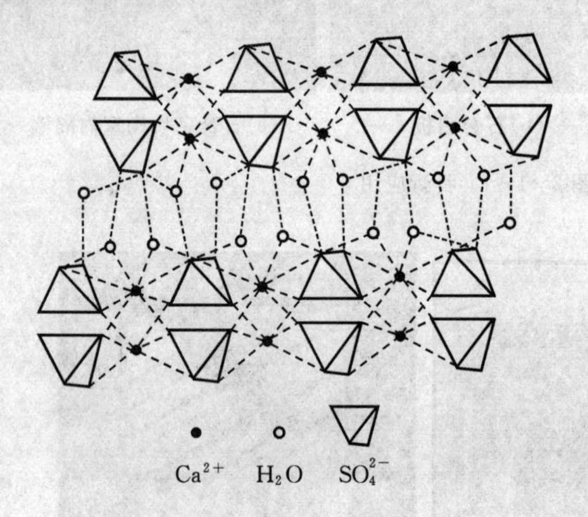

图2-1-3 石膏的晶体结构

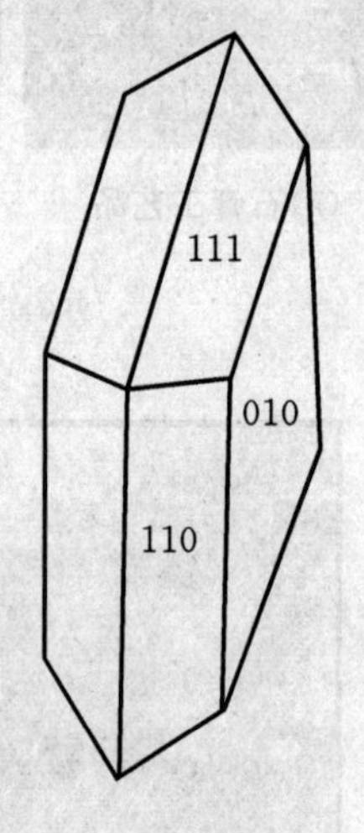

图2-1-4 石膏的晶形

由于H_2O分子与层状结构之间的结合力较弱,从而使其晶体结构发生变化。因此,当加热二水石膏时,层间水首先脱出而使其晶体结构发生变化。

纯天然二水石膏呈白色或无色透明,硬度(莫氏)为1.2~2.0,密度为2.2~2.4g/cm^3,常温下在水中的溶解度按$CaSO_4$计为2.05g/L。依据物理性质可将二水石膏分为五类:①无色透明、有时略带浅色、呈玻璃光泽的透明石膏;②纤维状集合体并呈丝绢光泽的纤维石膏;③细粒块状、白色透明的雪花石膏;④致密块状、光泽较暗淡的普通石膏;⑤不纯净、有黏土混入物、杂质较多呈土状的土石膏。

天然二水石膏按其二水硫酸钙百分含量可划分为五个等级,见表2-1-1。

表2-1-1 二水石膏等级

等级	一	二	三	四	五
$CaSO_4 \cdot 2H_2O$(%)	≥95	94~85	84~75	74~65	64~55

在确定二水石膏等级时,根据CaO、SO_3和结晶水的百分含量分别计算$CaSO_4 \cdot 2H_2O$的

量，然后取三者中的最小值作为定级的依据。计算系数分别为 3.07，2.15，4.78，即 $CaSO_4 \cdot 2H_2O$ 为 3.07%CaO、2.15%SO_3 和 4.78%H_2O。

石膏胶凝材料的质量主要取决于生石膏的纯度，还取决于所含杂质的种类和各种杂质的相对含量等。石膏中常见的杂质为黏土、硬石膏和碳酸盐。过量的黏土会降低石膏的胶凝强度，并使其软化系数下降。碳酸盐含量过高会降低石膏的标准稠度用水量。

1.1.2 天然硬石膏

天然硬石膏主要由无水硫酸钙（$CaSO_4$）组成，又名无水石膏，其化学组成的理论质量为：CaO 为 41.90%，SO_3 为 58.81%。天然硬石膏属正交晶系，晶体参数为：$a=0.697$nm，$b=0.698$nm，$c=0.623$nm。硬石膏的矿层一般位于二水石膏层下面。硬石膏通常在水的作用下变成二水石膏，因此在天然硬石膏中常含有 5%～10%的二水石膏。

硬石膏的单晶体呈等轴状或厚板状，集合体常呈块状或粒状，有时为纤维状。硬度（莫氏）为 3.0～3.5，密度为 2.9～3.0g/cm^3。

纯净的硬石膏透明、无色或白色，常因含杂质而成暗灰色，有时微带红色或蓝色，玻璃光泽，解理面呈珍珠光泽。三组解理面互相垂直，可分裂成盒状小块。天然硬石膏与方解石等碳酸盐矿物的区别是解理面的分布方向不同，且遇 HCl 不发生气泡。

1.1.3 工业副产石膏

工业副产品石膏是指工业生产中由化学反应生成的以硫酸钙（含零至两个结晶水）为主要成分的副产品或废渣，磷素化学肥料和复合肥料生产是产生工业副产石膏的一个大行业。燃煤锅炉烟道气石灰石法/石灰湿法脱硫、萤石用硫酸分解制氟化氢、发酵法制柠檬酸都产生工业副产石膏，工业副产石膏是一种非常好的再生资源，综合利用工业副产石膏，既有利于保护环境，又能节约能源和资源，符合我国可持续发展战略。

1. 磷石膏

磷石膏是合成洗衣粉厂、磷肥厂等制造磷酸时的废渣，它是用磷灰石或含氟磷灰石[$Ca_5F(PO_4)_3$]和硫酸反应而得的产物之一，其反应如下：

$$Ca_5F(PO_4)_3 + 5H_2SO_4 + 10H_2O = 3H_3PO_4 + 5(CaSO_4 \cdot 2H_2O) + HF\uparrow$$

磷矿石与硫酸作用后，生成的是一种泥浆状的混合物，其中含有液体状态的磷酸和固体状态的硫酸钙残渣，再经过滤和洗涤，可将磷酸和硫酸钙分离，所得含硫酸钙的残渣就是磷石膏。其主要成分是二水石膏（$CaSO_4 \cdot 2H_2O$），其含量约 64%～69%，此外还含有磷酸约 2%～5%，氟(F)约 1.5%，还有游离水和不溶性残渣，是带酸性的粉状物料。每生产 1t 磷酸约排出 5t 磷石膏，随着化学工业的发展，磷石膏的产量很大，到 2000 年，我国磷石膏年排放量已达 800 万 t，因此回收和综合利用磷石膏的意义重大。磷石膏除了能代替天然石膏生产硫酸铵以及做农业肥料外，凡符合《建筑材料放射性核素限量》（GB 6566－2010）和 GB 6763－1986 的磷石膏也可以作为水泥的缓凝剂，还可以用它生产石膏胶凝材料及制品。

2. 氟石膏

氟石膏是制取氢氟酸时所产生的废渣。萤石粉（CaF_2）和硫酸（H_2SO_4）按一定比例配合，经加热产生下列反应：

$$CaF_2 + H_2SO_4 = CaSO_4 + 2HF\uparrow$$

HF 气体经冷凝收集成氢氟酸，残渣即氟石膏，主要化学组成为Ⅱ型无水硫酸钙（$CaSO_4$Ⅱ），渣中残存的硫酸也可用石灰中和生成 $CaSO_4$。每生产 1t 的 HF 约产生 3.6t 无水氟石膏。

新生氟石膏在堆放过程中能缓慢水化生成二水石膏，自然堆放两年以上的氟石膏的主要成分为二水石膏，杂质为 CaF_2、硬石膏等。由于氟石膏一般无放射性污染，因此可直接作为原料资源利用，使用效果较好。

3. 脱硫石膏

脱硫石膏又称排烟脱硫石膏、硫石膏或 FGD 石膏，是对含硫燃料（煤、油等）燃烧后产生的烟气进行脱硫净化处理得到的工业副产石膏。脱硫石膏是来自排烟脱硫工业，颗粒细小、品位高的湿态二水硫酸钙晶体。

据世界卫生组织和联合国环境规划署统计，目前每年由人类燃烧含硫燃料排放到大气中的二氧化硫高达 2 亿 t 左右，已成为大气环境的首要污染物。二氧化硫所带来的最严重问题是酸雨，它给人类环境和世界经济带来了极大的破坏。因此，自 20 世纪 70 年代以来，以日本和美国为首，世界各国相继制定和实施控制二氧化硫排放战略。我国是燃煤大国，随着燃煤的增加，二氧化硫的排放量也不断增加，1995 年我国二氧化硫排放量达 2370 万 t，成为世界二氧化硫排放量第一大国。自 20 世纪 80 年代以来，我国酸雨污染呈加速发展趋势，酸雨污染范围在不断扩大。消减二氧化硫的排放量、防治大气中二氧化硫污染已成为我国现在及未来相当长时期内的主要社会问题之一，这已被列入《国民经济和社会发展“十二五”规划纲要》重点治理任务。

煤炭是当今世界电力生产的主要燃料，我国火电厂燃煤量约占全国煤炭产量的 1/3。电厂燃煤每年向大气中排放的二氧化硫占我国二氧化硫排放总量的 50%，占工业二氧化硫排放量的 75%左右，因此对二氧化硫污染控制的首要措施是电厂二氧化硫排放的控制，采取烟气脱硫（FGD）措施，这是应用最广泛和最有效的二氧化硫控制技术，也是目前世界上唯一规模化、商业化应用的脱硫方式。燃煤电厂烟气脱硫采用石灰/石灰石—石膏法，脱硫副产品是脱硫石膏的最主要来源，其机理与脱硫石膏的形成过程如下：通过除尘处理后的烟气导入吸收器中，细石灰或石灰石粉形成料浆，通过喷淋的方式在吸收器中洗涤烟气，与烟气中的二氧化硫发生反应生成亚硫酸钙（$CaSO_3 \cdot \frac{1}{2}H_2O$），然后通入大量空气强制将亚硫酸钙氧化成二水硫酸钙（$CaSO_4 \cdot 2H_2O$），其反应方程式为：

$$CaO + H_2O = Ca(OH)_2$$

$$Ca(OH)_2 + SO_2 = CaSO_3 \cdot \frac{1}{2}H_2O + \frac{1}{2}H_2O$$

$$CaSO_3 \cdot \frac{1}{2}H_2O + \frac{1}{2}O_2 + \frac{3}{2}H_2O = CaSO_4 \cdot 2H_2O$$

从吸收器中出来的石膏悬浮液通过浓缩器和离心器脱水，最终产物为颗粒细小、品位高、残余含水量在 5%～15%之间的脱硫石膏。

天然石膏与脱硫石膏的不同点：①在原始状态下天然石膏黏合在一起，脱硫石膏以单独的结晶颗粒存在。脱硫石膏主要矿物相为二水硫酸钙，主要杂质为碳酸钙、氧化铝和氧化硅，其他成分有方解石或 α-石英、α-氧化铝、氧化铁和长石、方镁石等。②烟气脱硫石膏部分晶体内部有压力存在，而天然石膏不存在局部压力。③脱硫石膏杂质与石膏之间的易磨性相差较大，天然石膏经过粉磨后的粗颗粒多为杂质，而脱硫石膏中粗颗粒多为石膏，细颗粒为杂质，其特征与天然石膏正好相反。④就颗粒大小与级配比较，烟气脱硫石膏的颗粒大小较为平均，其分布带很窄，颗粒主要集中在 30～60μm 之间，级配远远差于天然石膏磨细后的石膏粉。脱硫石膏呈细粉状，其中二水硫酸钙含量高达 95%，脱硫石膏的纯度在 75%～90%之间，是一种纯度较高的化学石膏。

4. 其他副产石膏

氟石膏及磷石膏是在化学反应中直接生成的，此外，在化工过程中为了中和过多的硫酸而加入含钙物质时，也会形成以石膏为主要成分的废渣。例如，生产供印染用的氧化剂——染盐S(又名硝基苯磺酸)，采用苯和硫酸作为原料，原料相互作用后，过剩的硫酸与熟石灰中和而生成石膏。石膏沉淀经过滤后与产品分离。这种石膏是中性黄色粉末，因此习惯上又称为“黄石膏”，属无水石膏类型，但因存在大量吸附水和游离水等，所以也有二水石膏成分。

又如，用萘和硫酸生产染料中间体 f(克利夫酸)时，利用白云石粉进行中和，此时过剩的硫酸与白云石所含的碳酸钙反应，同时生成石膏。化学反应方程式如下：

$$H_2SO_4 + CaCO_3 = CaSO_4 + H_2O + CO_2\uparrow$$

这种石膏是黄白色中性粉末，含有较多的游离水。

以上各类化工石膏经适当处理后都可以代替天然石膏用作建筑材料。

1.2　石膏的相组成

1.2.1　石膏及其脱水相

目前，在 $CaSO_4-H_2O$ 系统中公认的石膏相有五种形态、七个变种，它们是：二水石膏($CaSO_4\cdot 2H_2O$)、α 型与 β 型半水石膏($\alpha\text{-}CaSO_4\cdot\frac{1}{2}H_2O$，$\beta\text{-}CaSO_4\cdot\frac{1}{2}H_2O$)、α 型与 βⅢ型硬石膏($\alpha\text{-}CaSO_4$Ⅲ、$\beta\text{-}CaSO_4$Ⅲ)、Ⅱ型硬石膏($CaSO_4$Ⅱ)、Ⅰ型硬石膏($CaSO_4$Ⅰ)。此外，有一些研究者还发现在上述变种之间还存在一些中间相。

二水石膏既是脱水石膏的原始材料，又是脱水石膏再水化的最终产物。

半水石膏有 α 型与 β 型两个变种。当二水石膏在加压水蒸气条件下，或在酸和盐的溶液中加热时，可以形成 α 型半水石膏。如果二水石膏的脱水过程是在干燥环境中进行，则可以形成 β 型半水石膏。

Ⅲ型硬石膏也称为可溶性无水石膏，也存在 α 型与 β 型两个变种，它们分别由 α 型与 β 型半水石膏加热脱水而成。如果二水石膏脱水时，水蒸气分压过低，二水石膏也可以不经过半水石膏直接转变为Ⅲ型硬石膏。

Ⅱ型硬石膏是难溶的或不溶的无水石膏，它是二水石膏、半水石膏和Ⅲ型硬石膏经高温脱水后在常温下形成的稳定的最终产物。另外，Benseted 等人在 400～600℃加热Ⅲ型硬石膏时，还发现了不同于 $CaSO_4$Ⅲ和 $CaSO_4$Ⅱ的中间相，即低温型 $CaSO_4$Ⅱ′。Ⅰ型硬石膏只有在温度高于 1180℃时存在，如果低于此温度，它会转化为Ⅱ型硬石膏，所以Ⅰ型硬石膏在常温下不存在。

1.2.2　石膏的脱水转变及脱水石膏的形成机理

石膏胶凝材料的制备过程主要是二水石膏加热脱水转变为不同脱水石膏相的过程。二水石膏转变为脱水相的温度，由于各种条件的变化，不同的研究者提出过不同的参数。在实验室要得到某一个纯净的石膏相是十分困难的，因为半水石膏和Ⅲ型硬石膏是介稳态化合物，并且没有十分确定的相变点。在实验室的理想条件下，二水石膏的脱水转变温度参考图 2-1-5

所示。

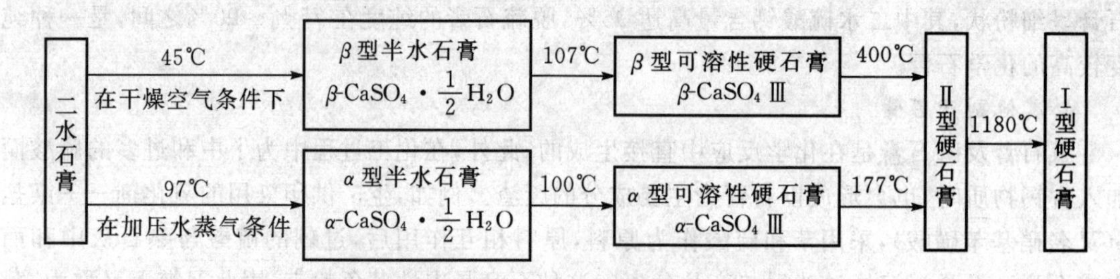

图 2-1-5　理想条件下石膏相转变温度

在上述转变温度下，所需的时间比较长。而在工业性生产中，总希望用最低的能耗和尽可能短的时间来完成所需的相转变。因此，在工业上石膏的实际煅烧温度要超过实验室的温度，但此时很容易出现其他相的混合。一般工业上常见的脱水温度转变如图 2-1-6 所示。

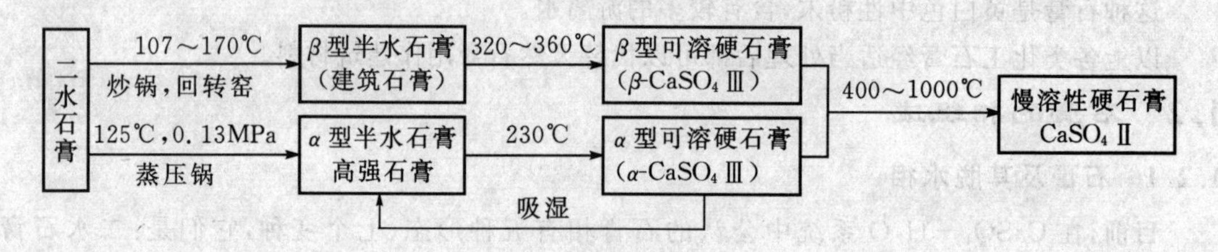

图 2-1-6　工业条件下石膏相转变温度

下面分别讨论脱水石膏的形成机理，由于β型半水石膏是常用的建筑石膏，因此，这里着重讨论它的形成机理。

1.β型半水石膏的形成机理

关于β型半水石膏的形成机理，目前有两种说法：一种是一次生成机理，即二水石膏加热后直接形成半水石膏；另一种是二次生成机理，也就是说二水石膏先直接脱水形成硬石膏Ⅲ，再立即吸附脱出的水分子转变为β型半水石膏。

许多研究成果表明了β型半水石膏的两种生成机理主要取决于水蒸气压，因为从在本质上讲，水蒸气压主要是影响下述两个过程的反应速度。

$$CaSO_4 \cdot 2H_2O + Q \xrightarrow[\Delta]{\mu_1} \beta\text{-}CaSO_4 \cdot \frac{1}{2}H_2O + 1\frac{1}{2}H_2O\uparrow \quad ①$$

$$CaSO_4 \cdot 2H_2O + Q \xrightarrow[\Delta]{\mu_2} (\beta\text{-}CaSO_4\ Ⅲ' \leftarrow \frac{1}{2}H_2O) + 1\frac{1}{2}H_2O\uparrow \longrightarrow \beta\text{-}CaSO_4 \cdot \frac{1}{2}H_2O \quad ②$$

在较高的水蒸气压下，反应式①的速度 μ_1 大于反应式②的速度 μ_2，因此，中间产物主要是β型半水石膏。在减少水蒸气压的情况下，则 $\mu_2 > \mu_1$，最后会导致二水石膏直接向硬石膏Ⅲ′转变，由于硬石膏Ⅲ′极不稳定，会吸水而转变为半水石膏。

2.α型半水石膏的形成机理及制备方法

一般认为，α型半水石膏的形成机理与β型半水石膏的形成机理不同，它是在加压水蒸气条件下由溶解析晶过程而形成。而 Safava 在小型高压釜中观察，在温度为 125℃的情况下，二水石膏转变为α型半水石膏的初期是按局部化学反应机理进行，而后期则按溶解析晶机理进行。α型半水石膏的制备方法通常有加压水蒸气法和水溶液法两种，具体如下：

(1)加压水蒸气法。在一般情况下,若Φ2～3cm的原料,在120～130℃,经5～8h的热处理就可得到α型半水石膏。若原料为Φ5～8cm,在150～160℃经1.5～3h的热处理也可得到α型半水石膏。通常在低温下缓慢析出的α型半水石膏比在高温下快速析出的α型半水石膏的硬化强度高,且块状石膏原料的致密度越大,则所得到产品的需水量越小,其硬化体的强度越高。图2-1-7为工业用蒸压釜,主要用于高强石膏的生产,作为加气混凝土、灰砂砖、煤灰砖进行蒸养的大型压力容器。

图2-1-7 工业用蒸压釜

(2)水溶液法。目前,水溶液法一般有两种,即常压水溶液法和加压水溶液法。在通常情况下由常压水溶液法制成的半水石膏结晶度比较差,并且脱盐、干燥较困难,所以至今尚未工业化生产。日本近几年进行了这方面的基础研究。

在晶型转换剂为0.01%～0.2%的水溶液中加入二水石膏,使密闭的容器中温度达到120～140℃,在其饱和水蒸气压下保持一段时间,二水石膏便转变为短柱状或板状的α型半水石膏,将固、液二相在热态下分离,水洗后干燥即可得到稳定的α型半水石膏。

3.其他脱水相的形成

半水石膏继续脱水,则形成相应的Ⅲ型硬石膏。关于可溶无水石膏($CaSO_4$ Ⅲ)向难溶的Ⅱ型无水石膏的转变机理,Ball (1978)进行过研究,他认为首先是在Ⅲ型硬石膏晶体中形成Ⅱ型石膏的晶芽,随后按扩散规律长大,形成Ⅱ型无水石膏。Ⅱ型硬石膏向Ⅰ型硬石膏的转变是可逆的,它们的机理目前还不清楚。

1.2.3 石膏脱水相的结构特征及其特性

1.半水石膏的结构与特性

半水石膏有α型与β型两个变种,它们的精细结构目前还不十分清楚,对它们的X射线衍射图谱分析表明,它们在微观结构上没有本质的差别。在这里要指出的是,α型与β型半水石膏虽然在微细结构上相似,但是作为石膏胶凝材料,其宏观特性相差很大。例如,标准稠度需水量,α型半水石膏约为0.40～0.50,而β型半水石膏则为0.70～0.85,又如试件的抗压强度,α型半水石膏要比β型半水石膏高很多。它们的差别主要有以下几点:

(1)在结晶形态上的差别。用扫描电镜对它们进行观察表明,α型半水石膏是致密的、完整的、粗大的原生颗粒,而β型半水石膏则是片状的、不规则的,由细小的单个晶粒组成的次生颗粒。比较密实的α型半水石膏与比较疏松的β型半水石膏的差别也表现在它们的密度和折射率两个指标上,具体见表2-1-2。

表 2-1-2　α型半水石膏与β型半水石膏的分散度及折射率

类别	比表面积(m^2/g)(用小角度X射线测定)	晶粒平均粒径(Å)	密度(g/cm^3)	折射率	
				N_g	N_p
α型半水石膏	19.3	940	2.73～2.75	1.584	1.599
β型半水石膏	47	388	2.62～2.64	1.550	1.556

(2)在水化热方面的差别。有资料表明,α型半水石膏完全水化为二水石膏时的水化热为(17200±85) J/mol;而β型半水石膏的水化热为(19300±85) J/mol。

(3)在差热分析方面的差别。从图 2-1-8 可以看出,β型半水石膏在 190℃左右有一个吸热峰,在 370℃左右有一个放热峰,而α型半水石膏在 190℃左右有一个吸热峰,它的放热峰不在 370℃左右,而是在 230℃左右。190℃的吸热峰表示半水石膏向Ⅲ型硬石膏的转变,而放热峰 370℃(或 230℃)则表示Ⅲ型硬石膏向Ⅱ型硬石膏的转变,即α型半水石膏在不断加热的时候,转变为Ⅱ型硬石膏的温度要比β型半水石膏低。

(4)在X射线衍射方面的差别。α型半水石膏与β型半水石膏的谱线基本上是一致的,但是α型半水石膏的特征峰要比β型半水石膏强,这也说明α型半水石膏的结晶度要完整一些。

综上所述,α型与β型半水石膏在宏观性能上的差别,不是在微观结构上即原子排列的精细结构上的不同,而主要是由于亚微观上即晶粒的形态、大小以及分散度等方面的差别。图 2-1-9为两种晶型半水石膏的微观形貌图。β型半水石膏是结晶度较差,分散度较大的片状微粒晶体;而α型半水石膏则是结晶比较完整,分散度比较低的粗晶体。因此,前者的水化速度快、水化热高、需水量大、硬化体的强度低,而后者则与之相反。

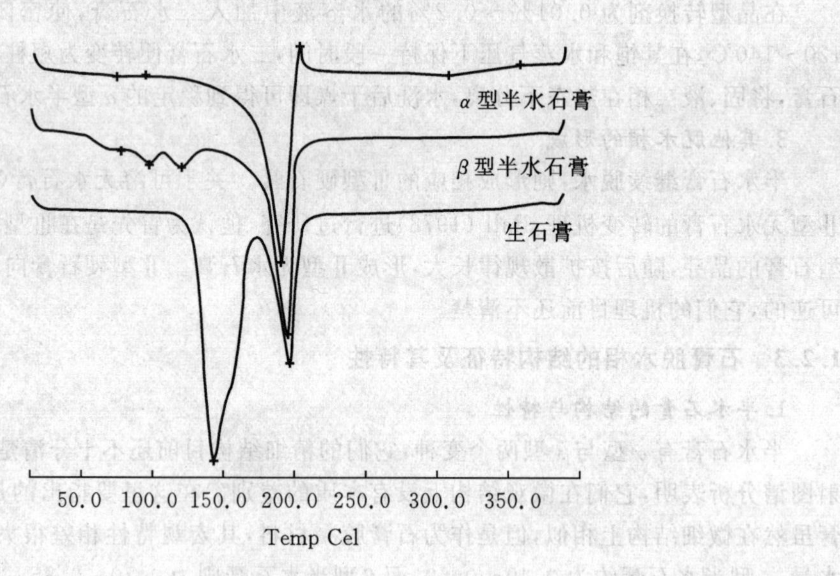

图 2-1-8　α型与β型半水石膏的差热曲线

(a)β型半水石膏　　(b)α型半水石膏

图 2-1-9　半水石膏微观形貌图

2. Ⅲ型硬石膏

对Ⅲ型硬石膏(即可溶无水石膏)结构的认识,如同对半水石膏结构的认识一样,目前还不十分清楚,但一般认为Ⅲ型硬石膏的精细结构与半水石膏相似。所以,它也存在着α型与β型两个变种。

关于在Ⅲ型硬石膏的晶体中是否存在水分子,目前也有两种说法:一种认为完全脱水,另一种则认为还残留微量的水,持后一种说法的居多。因此,也有人把半水石膏脱水成Ⅲ型硬石膏的过程称为沸石水反应,而且这种反应是可逆的。因此,可以把半水石膏和Ⅲ型硬石膏都看成是不稳定的相,它们都可以再水化形成二水石膏。

Ⅲ型硬石膏水化时要经过半水石膏阶段再形成二水石膏,而其水化速度比半水石膏快。在潮湿空气中,Ⅲ型硬石膏可以吸湿转化为半水石膏。

3. Ⅱ型硬石膏

将二水石膏或半水石膏、Ⅲ型硬石膏加热至400℃以后,都可以生成Ⅱ型难溶无水石膏,它在400～1180℃温度范围内是一个稳定的相。当煅烧温度不同时,根据其溶解度可以将Ⅱ型硬石膏区别为以下几种情况:在400～500℃煅烧的石膏是难溶硬石膏,简称为硬石膏Ⅱ-S;在500～700℃煅烧的是不溶石膏,简称为硬石膏Ⅱ-U;在700～1600℃煅烧的常称为地板石膏,简称为硬石膏Ⅱ-E。上述三种Ⅱ型硬石膏在精细结构上的差别很小,其主要差别在于其晶粒的大小、密实度及连生程度的不同。作为石膏胶凝材料,它们的水化反应能力也有差别,硬石膏Ⅱ-S的水化反应能力比半水石膏要缓慢得多;而硬石膏Ⅱ-U,在没有激发剂的情况下,几乎没有水化反应能力;地板石膏即硬石膏Ⅱ-E,虽然在较高温度下形成,但它又具有一定的水化反应能力,这是因为在其煅烧温度下,可能有少量的石膏分解,这种分解反应一方面可能使石膏内部结构变疏松,另一方面新相CaO对硬石膏的水化反应起了激发作用。

4. Ⅰ型硬石膏

在温度为1180℃时(也有人认为是1196℃),Ⅱ型硬石膏转变为Ⅰ型硬石膏,Ⅰ型硬石膏只有在温度高于1180℃才是稳定的。Florke (1952)和Arai (1974)分别用高温X射线对Ⅰ型硬石膏进行过研究,认为其属于立方晶系,其晶胞常数分别被测定为0.78nm和0.767nm。

1.3 石膏脱水相水化过程与机理

1.3.1 半水石膏的水化过程与机理

半水石膏加水后进行的化学反应可用下式表示:

$$CaSO_4 \cdot \frac{1}{2}H_2O + 1\frac{1}{2}H_2O = CaSO_4 \cdot 2H_2O + Q(19.2J/gSO_3)$$

关于半水石膏的水化过程,按照上面的水化反应式,可以认为是半水石膏转变为二水石膏的过程。一般来讲,半水石膏含的结合水为6.2%,而二水石膏含的结合水为20.93%。因此,当半水石膏与水拌和以后,每隔一段时间测定结合水的含量,可以定量描述半水石膏的水化过程。

半水石膏的水化过程是一个放热过程,因此用微热量热计测定放热过程的热量变化情况,也可以反映出半水石膏的水化过程。

关于半水石膏的水化机理有多种说法,但是归纳起来,主要有两个理论:一是溶解析晶理论;另一个是局部化学反应理论。

半水石膏水化溶解析晶或称溶解沉淀理论,目前得到了比较普遍的承认。它首先由Le Chatelie于1887年提出,后来又得到许多学者的论证与支持。溶解析晶理论认为:半水石膏与水拌和后,首先是半水石膏在水溶液中的溶解。因为半水石膏的饱和溶解度(在20℃时为8.85g/L)对于二水石膏的平衡溶解度(在20℃时为2.04g/L)来说是高度过饱和的,所以在半水石膏的溶液中二水石膏的晶核会自发地形成和长大。由于二水石膏的析出,便破坏了原有半水石膏溶解的平衡状态,这时半水石膏会进一步溶解,以补偿二水石膏析晶而在液相中减少的硫酸钙含量。如此不断地进行半水石膏的溶解和二水石膏的析晶,直到半水石膏完全水化为止。

根据上述理论,可以认为,影响水化物晶体成核和生长的一个最重要的因素是液相的过饱和度。只有在过饱和状态的母液中,晶体的形成和生长才有可能。

试验表明,二水石膏的平衡溶解度、半水石膏的最大溶解度以及相应的过饱和度均随温度而变化。图2-1-10表示的是溶解度与温度的关系。

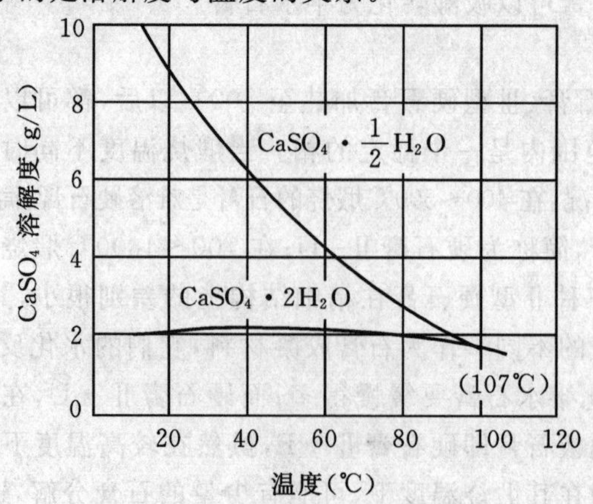

图2-1-10 溶解度与温度的关系

图 2-1-10 中两条曲线分别表示 $CaSO_4 \cdot 2H_2O$ 和 $CaSO_4 \cdot \frac{1}{2}H_2O$ 的溶解度曲线。从图中可以看出，半水石膏的溶解度随温度的升高而减少，相应的过饱和度也随之减少，当温度达到 100℃左右时，根本不能建立起液相的过饱和度。

结晶理论认为建立较高的过饱和度并使之维持足够的时间是半水石膏凝结硬化的必要条件。

关于半水石膏水化的局部化学反应理论，也有人称之为胶体理论。这个理论认为：在半水石膏水化过程的某一中间阶段，半水石膏与水分子生成某种吸附络合物或某种凝胶体，然后这些中间产物再转化为二水石膏。但是到目前为止，上述中间阶段的存在还缺乏有说服力的试验证明。

1.3.2 影响半水石膏水化过程的主要因素

影响半水石膏水化速度的因素很多，主要有石膏的煅烧温度、粉磨细度、结晶形态、杂质情况以及水化条件等。如果其他条件相同，β 型半水石膏的水化速度大于 α 型半水石膏的水化速度。在常温下，β 型半水石膏达到完全水化的时间为 7～12min，而 α 型半水石膏达到完全水化的时间为 17～20min。

半水石膏水化速度越快，则浆体凝结也越快，在生产中可以采用加入外加剂的办法来调整水化速度和凝结时间。如果石膏浆体水化和凝结过快时，可以加入缓凝剂，缓凝剂按作用方式可分为以下三类：

(1)分子量大的物质，其作用如胶体保护剂，降低了半水石膏的溶解速度，阻止晶核的发展。如骨胶、蛋白胶、淀粉渣、糖蜜渣、畜产品水解物、氨基酸与甲醇的化合物、单宁酸等。

(2)降低石膏溶解度的物质，如丙三醇、乙醇、糖、柠檬酸及其盐类、硼酸、乳酸及其盐类等。

(3)改变石膏结晶结构的物质，如醋酸钙、碳酸钠、磷酸盐等。

不同缓凝剂有不同的缓凝效果。单独使用缓凝剂虽能延长凝结时间，但有时不同程度地引起强度降低。试验证明，同时使用缓凝剂和减水增强剂可以获得较好效果。

1.3.3 硬石膏的水化

化学纯无水硫酸钙(无水石膏Ⅱ)单独水化是非常慢的，但加入 1%的纯明矾做活化剂后，其水化速度大大加快。

天然硬石膏磨成细粉，在没有活化剂的情况下，也能较缓慢地水化硬化，在干燥条件(室温 25～30℃)下强度不断发展，28d 后抗压强度能达 14.3～17.1MPa。经差热分析和 X 射线分析发现，约有 20%左右的硬石膏水化生成二水石膏。这是由于天然硬石膏往往含有其他成分，可能有活化作用；同时磨细过程能使硬石膏部分活化，提高水化能力。

硬石膏在活化剂的作用下，水化硬化能力增强，凝结时间缩短，强度提高。根据活化剂性能的不同，分为硫酸盐活化剂[Na_2SO_4、$NaHSO_4$、K_2SO_4、$KHSO_4$、$A1_2(SO_4)_3$、$FeSO_4$ 及 $KAl(SO_4)_2 \cdot 12H_2O$ 等]和碱性活化剂。(石灰 2%～5%、煅烧白云石 5%～8%、碱性高炉矿渣 10%～15%、粉煤灰 10%～20%等)

苏联学者布德尼可夫在解释硬石膏水化机理时，认为硬石膏具有组成络合物的能力，在有水和盐存在时，硬石膏表面生成不稳定的复杂水化物，然后此水化物又分解为含水盐类和二水石膏。正是这种分解反应生成的二水石膏不断结晶，使浆体凝结硬化。据此，可以写出如下反应式：

$$mCaSO_4 + 盐(活化剂) + nH_2O \rightarrow mCaSO_4 \cdot 盐 \cdot nH_2O(复盐)$$

$$mCaSO_4 \cdot 盐 \cdot nH_2O + 2mH_2O \rightarrow m(CaSO_4 \cdot 2H_2O) + 盐 \cdot nH_2O$$

不稳定的中间产物（$mCaSO_4 \cdot 盐 \cdot nH_2O$），很难直接测定出。对固相反应产物进行X射线分析和电子显微镜观察，证明水化产物只有二水石膏。有人认为活化剂对硬石膏的水化加速作用是因为提高了硬石膏的溶解度和溶解速度，但实际测试资料表明，明矾不仅降低了硬石膏的溶解度，同时也降低了二水石膏的溶解度。事实上纯硬石膏的溶解度比二水石膏的溶解度大，所以硬石膏可以水化成二水石膏。但硬石膏的溶解速度很慢，一般要40～60d才能达到平衡溶解度。加入活化剂后，因先与硬石膏生成不稳定的复盐，再分解生成二水石膏，并反复不断地通过中间水化物（复盐）转变成二水石膏，因而加速了硬石膏的溶解。

1.4 石膏浆体的硬化及其强度发展过程

随着水化的不断进行，生成的二水石膏不断增多，浆体的稠度不断增加，使浆体逐渐失去可塑性，石膏凝结。其后随着水化的进一步进行，二水石膏胶体微粒凝聚并转变为晶体。晶体颗粒逐渐长大，且晶体颗粒间相互搭接、交错、共生（两个以上晶粒生长在一起）形成结晶结构，使之逐渐产生强度，即浆体产生了硬化。

实践证明，石膏胶凝材料在水化过程中，仅形成水化产物，浆体并不一定能形成具有强度的人造石，而只有当水化物晶体互相连生形成结晶结构网时，才能硬化并形成具有强度的人造石。因此，可以认为石膏浆体的硬化过程就是结晶结构网的形成过程。浆体结晶结构网的形成过程一定伴随着强度发展，用塑性强度 P_0 来表征浆体结构的极限剪应力，其物理概念是：当浆体在外力作用下产生的剪应力等于或大于极限剪应力时，浆体将产生可以觉察到的流动，其形变随时间而变化，如果剪应力小于极限剪应力，则浆体表现出固体的性质。因此，极限剪应力越大，也就是塑性强度 P_m 值越大，则浆体的结构强度也越大。

1.4.1 石膏浆体结构强度的发展过程

石膏浆体的硬化过程，伴随着结构强度的发展过程，图2-1-11表示β型半水石膏浆体的结构强度随时间发展的过程。图2-1-11中的曲线表明，塑性强度发展的第一阶段，即5min以前，浆体的塑性强度 P_m 很低，而且增长得相当慢；到第二阶段，即5～30min，强度迅速增大，并发展到最大值；最后，即第三阶段，如果已形成的结构处于正常的干燥状态下，则其强度将保持相对稳定，如图中虚线1所示；如果硬化浆体在潮湿的条件下养护，则观察到强度逐渐下降，如图中曲线2所示。上述三个不同的阶段，表明了石膏浆体不同的结构特性。

第一阶段，相应于在石膏浆体中形成凝聚结构。在这一阶段，石膏浆体中的微粒彼此之间存在一个水的薄膜，粒子之间通过水膜以范德华分子引力互相作用，因此它们具有低的强度。但是，这种结构具有触变复原的特性，也就是说，在结构遭到破坏后，能够逐渐自动恢复。

第二阶段，相当于结晶结构网的形成和发展。在这个阶段，由于水化物晶核的大量生成、长大以及晶体之间互相接触和连生，使得在整个石膏浆体中形成一个结晶结构网，它具有较高的强度，并且不再具有触变复原的特性。

第三阶段，反映了石膏结晶结构网中结晶接触点的特性。图2-1-12为结晶接触点结构示意图。在正常干燥条件下，已形成的结晶接触点保持相对稳定。因此，结晶结构网完整，所获得的强度相对恒定。若结构处于潮湿状态，则强度下降，其原因一般认为是由于结晶接触点

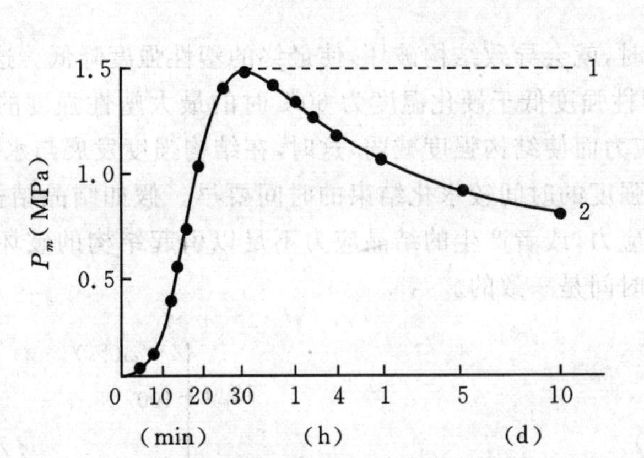

图 2-1-11　β型半水石膏浆体强度的发展过程

的热力学不稳定性引起的。通常在结晶接触点的区段，晶格不可避免地发生歪曲和变形，因此，它与规则晶体比较，具有高的溶解度。这时结晶接触点的位置是晶界位置，同时是凹曲面，表面蒸汽压低，水蒸气易凝聚。所以，在潮湿条件下，产生接触点的溶解和较大晶体的再结晶。伴随着这个过程的发展，则产生石膏硬化体结构强度的不可逆降低。

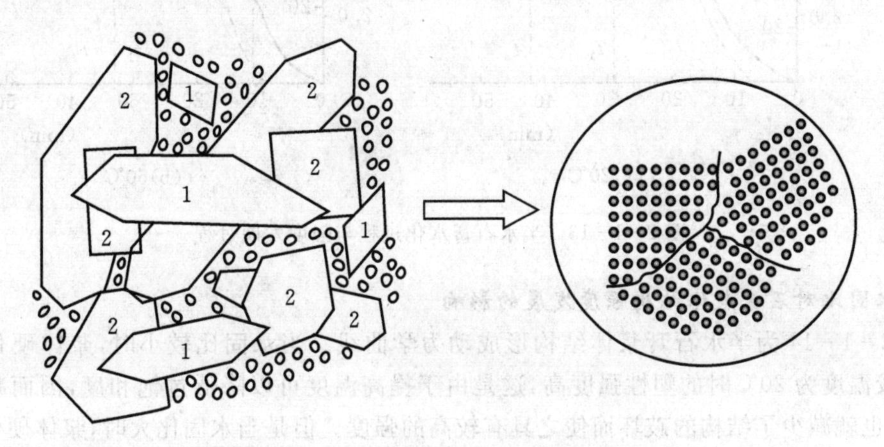

图 2-1-12　结晶接触点结构示意图

1.4.2　影响石膏浆体结构强度发展的因素

1. 温度对石膏浆体结构强度的影响

温度影响过饱和度，过饱和度较高时，液相中形成的晶核多，生成的晶粒较小，因而产生的结晶接触点也多，所以容易形成结晶结构网。而过饱和度较小时，液相中形成的晶核要少，形成的晶粒较大，因而结晶接触点也较少，因此在同样条件下形成同等结构网时所消耗的水化物较多。图 2-1-13 为半水石膏水化过程与强度发展过程曲线图，图中虚线 1 为浆体结构强度发展过程，实线 2 为半水石膏水化进程。石膏浆体水化时，其温度为 20℃时的过饱和度比 60℃大，因而在 20℃时形成初始结构所消耗的水化物也少，前者为 10%左右，后者为 25%。在初始结构形成以后，水化物继续生成，可以使结构网进一步密实而起到强化作用。但是，当达到某一限度值后，水化物再继续增加，就会对已经形成的结构网产生一种内应力（称为结晶应力）。当结构密实以后，形成的水化物结晶体越多，结晶应力也就越大，当结晶应力大于当时结构所能承受的限度时，就会导致结构破坏，使最终的塑性强度降低。这就是石膏浆体硬化温度为 20℃时的最大塑性强度低于硬化温度为 60℃时的最大塑性强度的原因。如果过饱和度过大，由于产生结晶应力而使结构强度减弱，这时，在结构强度发展与水化反应发展的关系上，就会表现为达到最高强度的时间较水化结束的时间要早。假如结晶结构形成以后，水化物的生成不足以产生结晶应力，或者产生的结晶应力不足以引起结构的破坏，那么，达到最高强度的时间和水化终了的时间是一致的。

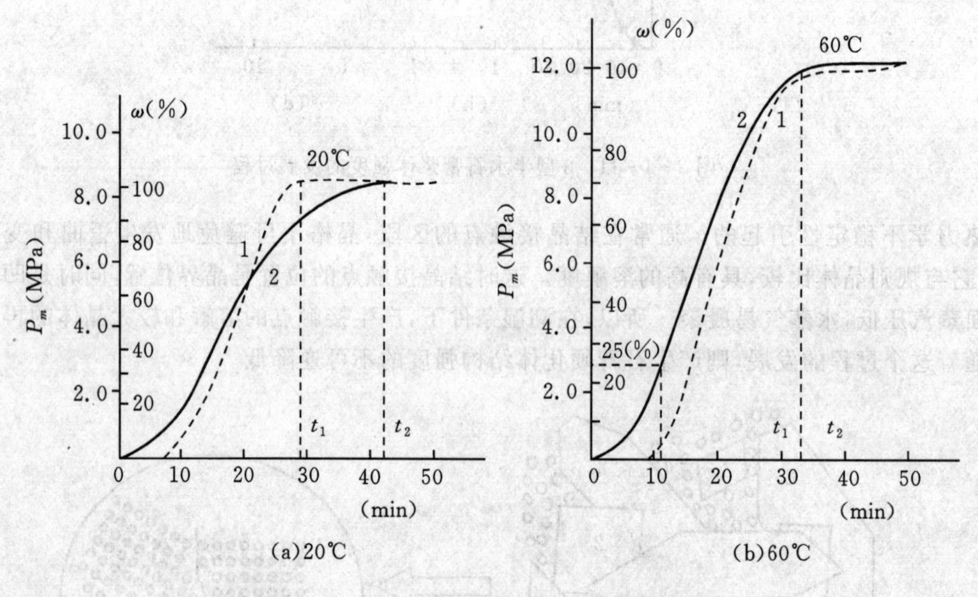

图 2-1-13　半水石膏水化过程与强度发展过程

2. 水固比对石膏浆体结构强度发展的影响

图 2-1-14 为半水石膏浆体结构形成动力学曲线。当水固比较小时，浆体硬化温度为 60℃时较温度为 20℃时的塑性强度高，这是由于提高温度可以降低过饱和度，因而减少了结晶应力，也就减少了结构的破坏而使之具有较高的强度。但是当水固比大时，浆体硬化温度为 60℃时的结构强度反而比硬化温度为 20℃时的低，这是因为水固比较大时，硬化体结构内部的孔隙率提高，浆体充水空间大，要在整个浆体内形成结晶结构网所需要的水化物数量也大大增加。因此，在结晶结构内部产生结晶应力的可能性减少了或者不存在了，但由于硬化温度为 60℃时的过饱和度低，形成的晶核数量较少，结晶接触点也较少，因而其结构强度较低。由此可以认为，在石膏浆体结构形成的过程中，对于小水固比的浆体，随着过饱和度的提高，结晶应力起着破坏作用；而当水固比较大时，则要求提高过饱和度及其持续时间，才能保持硬化浆体的结构正常发展。

3. 半水石膏原始分散度对石膏浆体结构强度的影响

图 2-1-15 为半水石膏的细度与塑性强度关系曲线图，曲线 1 为比表面积为 3060 cm^2/g，曲线 2 为比表面积为 7180cm^2/g，曲线 3 为比表面积为 12000cm^2/g，曲线 4 为比表面积为 15000～18000cm^2/g。

在一定分散度范围内，最高强度随分散度的提高而提高。但超过一定值后，强度就会降低。这是因为半水石膏的溶解度与其原始分散度有关，分散度越大，溶解度也越大，而相应的

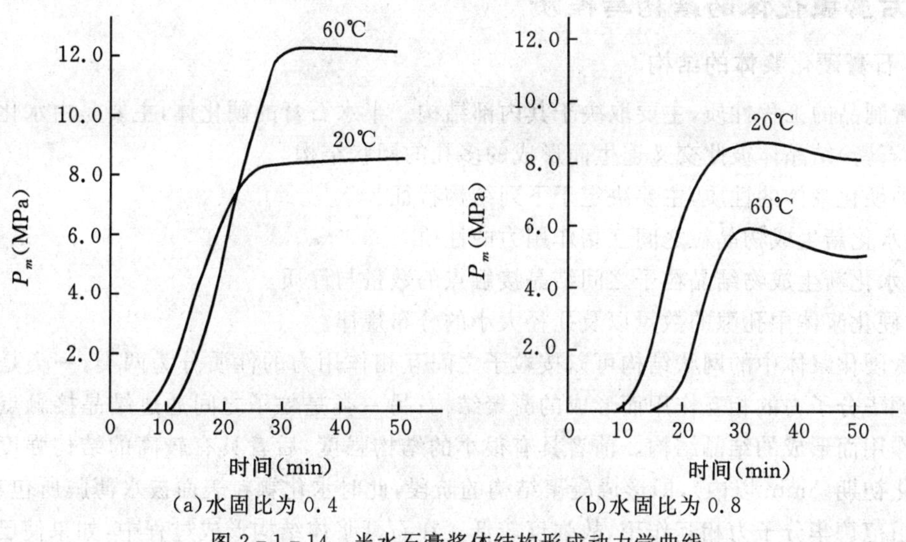

图2-1-14 半水石膏浆体结构形成动力学曲线

过饱和度也越大。随着分散度的增加,其过饱和度的增长超过一定的数值时,则会产生较大的结晶应力,这时硬化浆体的结构会产生破坏,因此,分散度过高时会引起结构强度的下降。在生产实际中,石膏的细度不可能很高,因为过高的细度不仅在工艺上难以达到,而且也是不经济的。

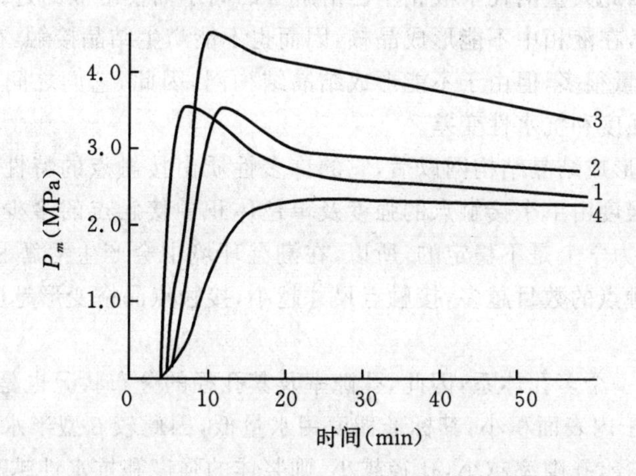

图2-1-15 半水石膏的细度与塑性强度关系曲线

通过上述分析可知,石膏浆体结晶结构网的形成与破坏几乎受同一因素所控制,这个因素就是液相的过饱和度。它影响晶核形成的速度和数量以及晶体生长和连生的条件;同时这个因素也决定着晶体结晶应力的大小。因此,过饱和度既是结晶结构形成的决定因素,又是引起结构破坏的因素。自觉认识和运用这个规律,则能获得最大结构强度的石膏制品。在生产工艺中,控制与此有关的主要因素有:胶凝材料的性质与用量、原始胶凝材料的分散度、工艺温度、水固比与溶液的介质条件等。

1.5 石膏硬化体的结构与性质

1.5.1 石膏硬化浆体的结构

石膏制品的工程性质，主要取决于其内部结构。半水石膏的硬化体，主要是由水化新生成物(二水石膏)结晶体彼此交叉连生而形成的多孔的网状结构。

这种硬化浆体的性质，主要决定于下列结构特征：

(1)水化新生成物晶粒之间互相作用力的性质。

(2)水化新生成物结晶粒子之间结晶接触点的数量与性质。

(3)硬化浆体中孔隙的数量以及孔径大小的分布规律。

石膏硬化浆体中的网状结构可以按粒子之间互相作用力的性质分为两类：一类是粒子之间以范德华分子力的相互作用而形成的凝聚结构；另一类是粒子之间通过结晶接触点以化学键相互作用而形成的结晶结构。前者具有很小的结构强度，后者具有较高的结构强度。石膏浆体硬化初期(5min 以内)，即形成凝聚结构的阶段，此时水化颗粒表面被水薄膜所包裹，粒子之间是由范德华分子力相互作用，故强度较低。在石膏浆体结构形成过程中，如果使已形成的结晶结构网受到破坏(这种破坏可以是由于外力引起的，也可以是由于内应力引起的)，此后，若浆体中半水石膏的进一步水化，又不能形成足够的过饱和度，因而能建立新的结晶结构网而使粒子之间重新达到以结晶接触相结合的程度，则水化物粒子之间也只能是以分子力相互作用而使制品强度降低。另外，如果在半水石膏中加入较多的二水石膏时，二水石膏在浆体中作为晶坯而迅速长大，因此大量消耗了液相中已溶解了的离子而使溶液的过饱和度降低，当过饱和度降至某一数值后，在液相中不能形成晶核，因而也不能产生结晶接触，在这种情况下，尽管浆体中二水石膏的数量很多，但由于不能形成结晶结构网，因此，它们之间的作用也只能是分子力，从而使制品的强度和抗水性变差。

石膏硬化浆体在形成结晶结构网以后，它的许多性质由接触点的特性和数量决定。一方面，石膏硬化浆体的强度由单个接触点的强度及单位体积中接触点的多少所决定；另一方面，由于结晶接触点在热力学上是不稳定的，所以，在潮湿环境中会产生溶解和再结晶，因而会削弱结构强度，而且接触点的数目越多，接触点尺寸越小，接触点晶格变形越厉害，引起的结构强度降低也越大。

由于石膏浆体是一个多孔体系，因此，孔隙率及其孔径的分布状况也是一个十分重要的因素。α 型半水石膏由于内表面积小，其标准稠度用水量低，因此较 β 型半水石膏具有较小的孔隙率和较小的微孔孔径，孔隙率越小，孔径越小，则浆体的强度和抗水性越高。

1.5.2 石膏硬化浆体的强度

强度是材料工程性质的一个重要指标。固体材料的理论强度通常都比实际强度大几百倍甚至几千倍，例如，页岩和石英的理论抗拉强度分别接近于 2000MPa 和 10000MPa，而其实际强度大都不大于 5MPa 和 100MPa。产生这样大差别的原因主要是由于晶体中存在着表面裂纹和体积内部的微裂缝，当这些材料受外力破坏时，在这些裂纹很窄的两侧附近出现了很大的应力集中，因而导致材料的破坏。

一般来说，在大晶体中存在缺陷的概率比较大，因此大晶体的强度比小晶体低，这就是材料强度降低的尺寸效应。

B. B. 季马塞夫等人曾经研究过石膏单晶体的强度与直径的关系，所研究的石膏晶体尺寸在下列范围内变化:长度为5～20μm,直径为5～100μm。试验表明,石膏晶体极限抗拉强度与晶体截面尺寸的关系是:晶体尺寸增大,强度显著下降,如果石膏单晶体的直径为10μm时,沿(001)方向的极限抗拉强度可达到175.0MPa。用显微镜观察石膏浆体时,常见的二水石膏尺寸一般为25～50μm,相应于这一尺寸范围的石膏单晶体极限抗拉强度为30～20MPa。而目前在实验室配制的石膏硬化浆体的抗拉强度常常只有2.0MPa左右,它与上述石膏单晶体的强度相比要小十几倍到几十倍。这个事实一方面说明提高石膏制品强度的潜力是很大的,另一方面也说明决定石膏硬化浆体强度的结构因素不仅与水化产物(二水石膏)的单晶体有关,而且与其他因素,特别是结晶接触点的性质和数量有关。如前所述,石膏浆体中结晶接触点的性质与数量主要与过饱和度有关(控制适当的过饱和度,可以得到高的强度),同时还与孔隙率及孔分布特性有关。

1.5.3　石膏硬化浆体的耐水性

目前,建筑上使用的石膏制品有一个共同的弱点就是其耐水性(抗水性)差。例如,石膏制品在干燥状况时,其抗压强度为6.0～10.0 MPa,而当它处于饱和水状态时,其强度损失可达70%,甚至更大。

关于石膏硬化浆体耐水性差的原因,有许多种说法。众所周知,半水石膏的水化产物与其他水硬性胶凝材料的水化物相比,具有大得多的溶解度,如二水石膏的溶解度为6×10^{-3} mol/L;而水化硅酸钙(托贝莫来石)的溶解度为1.8×10^{-4} mol/L,因此人们认为石膏耐水性差与溶解度大有一定的关系。如前所述,石膏硬化浆体中结晶接触点具有更大的溶解度,因此耐水性差与其结晶接触点的性质与数量也有很大关系。

材料的耐水性常用软化系数K_p表征,其表达式如下:

$$K_p=\frac{f_0}{f}$$

式中,f_0——水饱和试件的强度;

f——干燥试件的强度。

石膏硬化浆体的软化系数为0.2～0.3,即石膏制品的耐水性是较差的。但是,如果在生产工艺上控制得好,可以使抗水性得到某种程度的改善和提高,其主要措施是:保证石膏硬化浆体结晶结构的形成;在保证一定强度的前提下,减少接触点的数量;保证石膏高的密实度,即减小孔隙率和孔径的尺寸,以及减少结构裂隙等。

而要从根本上改变石膏硬化浆体的耐水性,就必须从根本上改变石膏硬化体的结构。例如,在石膏中加入一定数量的二氧化硅、三氧化二铝和氧化钙的外加剂。当加入石灰、矿渣或粉煤灰等材料时,这些外加剂与石膏一起在水化与硬化过程中形成具有水硬性的水化硅酸钙或水化硫铝酸钙等,这些水化产物的强度与稳定性均比二水石膏的结晶结构网大得多,因此能大大改善耐水性能。此外,还可以用沥青—石蜡悬浮液以及其他水溶性聚合物对石膏制品进行改性,它一方面可以改进石膏硬化浆体的结构特征;另一方面也可以降低石膏的亲水性,从而提高其耐水性。有时为了使石膏板具有一定的防潮和防水特性,也可在其表面上涂刷防水层等。

因此,要根本改变石膏的耐水性,必须从根本上改变石膏硬化体的结构。通过加入能与之反应生成水硬性胶凝材料的物质,将气硬性石膏胶凝材料改性为水硬性胶凝材料即可实现。

1.6 石膏胶凝材料的生产

1.6.1 建筑石膏的生产

建筑石膏是二水石膏在一定温度下加热脱水，并磨细制成的以β型半水石膏为主要组成物质的气硬性胶凝材料。

高强石膏是二水石膏在加压蒸气热处理条件下，形成α型半水石膏经干燥磨细制成的气硬性胶凝材料。

建筑石膏和高强石膏的生产过程主要是对二水石膏进行热处理，使其脱水成半水石膏（熟石膏）。

建筑石膏是在常压干燥空气条件下进行热处理，水以过热蒸气的形式排出，其表达式如下：

$$CaSO_4 \cdot 2H_2O = \beta\text{-}CaSO_4 \cdot \frac{1}{2}H_2O + 1\frac{1}{2}H_2O\uparrow$$

这时生成1kg水石膏，热量消耗为580.3kJ。二水石膏脱水成半水石膏的温度与水蒸气压力有关，水蒸气压降低，使脱水温度向低的方向转移。二水石膏的脱水温度还与其本身的纯度有关，二水石膏含杂质少，脱水温度高，能量消耗也大。加热过程既要保证二水石膏脱水为半水石膏的这一反应进行得完全，又要控制尽量少生成无水石膏Ⅲ，否则会影响产品质量。

新制备的建筑石膏，应经过储存才能使用，这一工序称为陈化。陈化的本质是使熟石膏的品质均一化。一般工业生产条件下热处理二水石膏，不可能形成纯的半水石膏，而或多或少会有一些残留二水石膏和无水石膏Ⅲ或其他不稳定相。这些不同变体，它们的溶解度、水化速度各不相同，直接影响其物理力学性质。经过陈化后，极易吸水的无水石膏Ⅲ或其他不稳定相，就可能夺取残留二水石膏的结晶水，使之转化为半水石膏。陈化之后能使内比表面积减小，需水量降低，凝结时间稳定，强度提高。不过在陈化过程中要尽量避免与湿空气接触，否则无水石膏Ⅲ会从空气中吸水而不是从二水石膏中吸水，从而达不到陈化应有的效果。湿度较大时甚至半水石膏也将水化为二水石膏，引起强度降低。陈化时间则需根据具体条件来选择。

生产建筑石膏，主要工序有石膏矿石的破碎、粉磨及煅烧，常有以下三种方法：

(1)原料先进行破碎、干燥，并粉磨至一定细度，然后在炒锅、沸腾炉等煅烧设备中进行脱水。

(2)原料经破碎后，在回转窑等煅烧设备中进行脱水，然后再粉磨成细粉。

(3)原料破碎后，干燥、粉磨、加热脱水各工序集于同一设备进行，常使用风扫式磨机。

1.6.2 建筑石膏和高强石膏的主要质量标准

建筑石膏的密度通常为2500～2700kg/m³，松堆积密度为800～1100kg/m³，紧堆积密度为1250～1450kg/m³，其质量应符合国家标准GB9776－2008《建筑石膏》。标准规定建筑石膏按材料种类分为三类，见表2-1-3所示；按2h抗折强度分为3.0、2.0、1.6三个强度等级，建筑石膏技术指标见表2-1-4所示。

表2-1-3 建筑石膏种类(GB9776－2008)

类别	天然建筑石膏	脱硫建筑石膏	磷建筑石膏
代号	N	S	P

表 2-1-4　建筑石膏技术指标(GB9776—2008)

等级	细度(0.2mm 方孔筛筛余)(%)	凝结时间(min)		2h 强度(MPa)	
		初凝时间	终凝时间	抗折强度	抗压强度
3.0	≤10	≥3	≤30	≥3.0	≥6.0
2.0				≥2.0	≥4.0
1.6				≥1.6	≥3.0

石膏产品的标记应按产品名称、代号、等级及标准编号的顺序进行标记。如等级为 2.0 的天然建筑石膏标记为:建筑施工 N 2.0 GB/T 9776—2008。

我国尚未制定正式的高强石膏国家标准,高强石膏的密度通常为 2600～2800kg/m³,松堆积密度为 1000～1200kg/m³,紧堆积密度为 1200～1500kg/m³。高强石膏的细度要求为 64 孔/cm³筛的筛余不大于 2%,900 孔/cm³的筛余不大于 8%。初凝时间不早于 3min,终凝时间不早于 5min、不迟于 30min。

1.7　石膏材料的性质及应用

如前所述,石膏在其他行业中有其相应的用途,这里主要介绍石膏在建材和建筑中的应用。石膏和石灰同为最古老的建筑材料之一,公元前 2000 年就被应用在埃及金字塔的石材缝隙和灰浆抹面等装饰上。西南亚于公元前 3500—2500 年就广泛应用石膏浆进行内装修和底涂。随着工业和建筑业的发展,石膏灰泥和石膏制品得到了迅速发展,例如,美国目前 80%的新住宅均用石膏作内墙和吊顶,在日本和欧洲,石膏板应用也很普遍。

近年来,国外采用石膏材料的基本特点是:在低层建筑中直接用石膏材料代替水泥;做浇注的自流平地面垫层,可节约木材、水泥,并提高劳动生产率近 5 倍;生产粉刷石膏,如德国年产约 200 万 t,与混合砂浆粉刷相比,可减轻劳动强度,缩短施工周期,并提高使用质量;制作装饰材料和砌块等。

石膏制品已得到迅速发展,其主要原因是它具有质轻、强度较高、防火、有一定的隔声绝热性能、尺寸稳定、加工性能好、装饰美观、原料广泛、加工设备简单、燃料消耗低等优点。

1.7.1　石膏制品的性能

1.质轻

制造石膏板通常掺有锯末、膨胀珍珠岩、蛭石等填料或发泡剂,一般密度只有 900kg/m³,并且可以做得很薄,如制作 9mm 厚的板材,其质量约为 8.1kg/m²。当厚度为 10mm 时,其质量只有 7～9kg/m²。两张石膏板复合起来就是很好的内墙,加上龙骨,每平方米的墙面也不超过 30～40kg,还不到砖墙重量的 1/5,这样既节省砖材,又大大减轻了运输量,而且施工方便,没有湿作业,便于装修,经济美观。

2.防火

石膏板基本上是不可燃的,因为石膏是一种不燃烧的材料,与石膏紧贴在一起的纸板即使点燃也只是烧焦而不可能燃烧。若用喷灯火焰将 10mm 厚的石膏板剧烈加热时,其反面的温度在 40～50min 的时间内,仍低于木料的着火点(230℃)。这是因为石膏板中的二水石膏,当加热到 100℃以上时,结晶水开始分解,并在面向火焰的表面上产生一层水蒸气幕,因此,在结晶结构全部分解以前,温度上升十分缓慢。

3. 尺寸稳定，装饰美观

由于石膏制品的伸缩比很小，达到最大的吸水率57%时，其伸长也只有0.09%左右，其干燥收缩则更小，因此，制品的尺寸稳定，变形小。石膏制品的加工性能好，石膏板可切割、可锯、可钉，板上可贴各种颜色、各种图案的面纸。近年来国外也有在石膏板上贴一层0.1mm厚的铝箔，使其具有金属光泽，也有贴木薄片的，使其具有木板的外观。因此，石膏制品具有良好的装饰性能。此外，石膏制品还具有良好的绝热隔声性能，是较理想的内隔墙和吊顶材料。

4. 耐水性差

石膏本身是气硬性胶凝材料，不耐水。若以纸为面层，则两者的耐水性均差。一般要求在空气中相对湿度不超过60%～70%的室内使用。表层纸对空气湿度很敏感，纸的含湿量达到3%～5%左右时，因板的强度降低而发生下垂现象，但如采用防水纸或金属箔，在一定程度上可以防止这种现象发生。

1.7.2 石膏制品的生产特点及发展趋势

1. 原料来源广泛

除天然石膏外，还可采用化学石膏。美国、前苏联主要采用天然石膏，日本、斯洛伐克主要采用化学石膏。我国两者兼用，目前以天然石膏为主。

我国的石膏矿藏丰富，开采历史悠久。约在3000年前，我国就开始从事石膏矿的开采和使用。我国主要石膏矿有：湖北应城矿、太原西山矿、湖南平江矿、邵东西市矿、广东兴宁矿和三水矿、甘肃武威矿、江苏南京矿等。此外，随着化学工业的发展，化学石膏日益增多，这也是石膏工业可利用的一个丰富资源。

2. 制造建筑石膏的设备简单，燃料消耗低

水泥、石灰、石膏是三种传统的胶结料，同前两者相比，石膏加工设备简单，生产容易，燃料消耗低。熟石膏的生产工艺主要是粉磨和加热脱水，通常采用颚式破碎机破碎，球磨机或雷蒙磨等磨细，加热脱水常用蒸炼锅、回转窑等。蒸炼锅一般为3×3m，小型回转窑的长约6～12m，大型的为21～47m。目前，有的国家已采用悬浮状态的石膏同时磨细和焙烧的新工艺，其生产过程为：将石膏石破碎到10～40mm，然后送入有600～700℃热空气的磨机（立磨或球磨机）中同时干燥、焙烧和磨细；在集料器中使烧成的物料沉降；再用运输机送入仓库。制备熟石膏的燃料消耗量仅为石灰和水泥的1/5～1/3。

3. 石膏板产量高，生产规模趋向大型化

石膏板的干燥时间通常为1～2h，成型简单，养护周期短，生产效率高，因此发展较快。以生产规模而言，前苏联及东欧一些国家以中型为主，一般年产$5\times10^6 m^2$左右；美国、日本的石膏板厂生产规模向大型化方向发展，目前已出现月产$1.5\times10^6 m^2$以上的连续生产线和大型综合性工厂。石膏制品目前的发展趋势为：制品的尺寸精度逐步提高，厚度增加，而且向大型化发展；制品用途趋向多样化，既作基材也作装饰材料；要求以耐火、防火、隔声、隔热等性能为目标，成为法定不燃建筑材料；工业副产品石膏逐步得到应用，先后曾利用磷石膏和排烟脱硫石膏作为石膏板的原料。

1.7.3 石膏的应用

1. 石膏板

石膏板是以半水石膏为主要原料制成的一种轻质板材。如前所述，它具有轻质、隔热保

温、不燃、吸声和可锯可钉等性能，而且原料来源广泛，加工设备简单，燃料消耗低，生产周期短，是一种比较理想的内墙材料。

为了减轻密度和降低导热性，制造石膏板时可以掺加锯末、膨胀珍珠岩、膨胀蛭石、陶粒、煤渣等轻质多孔填料。为了提高抗拉强度和减少脆性，石膏板中可以掺入纸筋、麻丝、芦苇、矿棉或玻璃纤维等纤维状填料，也可在石膏板面粘贴纸板。

掺加粉煤灰、磨细的粒状高炉矿渣、硅藻土及各种有机防水剂，可在不同程度上提高石膏板的耐水性。国外在石膏板中掺加沥青质防水剂、表面经过化学处理的防水纸或聚乙烯树脂包覆，可以制成浴室和临时性建筑的外墙板。

调整石膏板的厚度、孔眼大小、孔距、空气层厚度，可制成适应不同频率的吸声板。此外，还可以做成天花板以及地面基层板等。

目前我国生产较多的石膏板主要有三类：

(1)纸面石膏板。以石膏为夹芯，以纸板护面增强而成的轻质材料，如图 2-1-16 所示。生产石膏板的主要原料为熟石膏(建筑石膏或高强石膏)，辅助原料有胶黏剂、护面纸、促凝剂或缓凝剂、发泡剂以及增强用的纤维类物质或填料等。

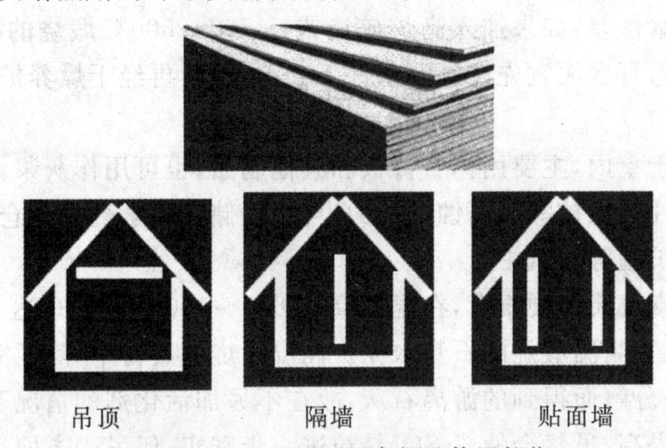

图 2-1-16　纸面石膏板及使用部位

(2)纤维石膏板。纤维石膏板采用长网铺浆缠绕工艺，主要包括料浆制备、铺浆缠绕成型和烘干等工序。其具体过程是：首先将纤维(玻璃纤维、纸浆或矿棉等)与外加剂和水松解混合，再在搅拌机中与半水石膏混合，制成料浆，然后经料浆铺设器均匀地流到连续旋转的长网上，经过自滤，真空脱水，形成纤维石膏薄层，并不断被缠绕到成型辊上，直到一定厚度，切开滚筒上的纤维坯体，使其落到接坯机上。接着，坯体在凝固皮带输送机上切边、整平、硬化，最后经过烘干窑干燥后即成纤维石膏板。

(3)石膏空心条板。石膏空心条板的生产采用类似于水泥混凝土空心板的生产工艺，即首先将各种轻质材料，如膨胀珍珠岩、膨胀蛭石等同石膏一起加水拌制成石膏浆体；然后将其浇注于带有可以移动芯棒的特制模型中，经过振动成型、抽芯、干燥后成为空心石膏板。这种空心石膏板与石膏薄板比较，石膏用量多，质量大，生产率低，但生产这种石膏空心板时，不用纸，不用胶，安装墙面时不用龙骨，设备简单，较易投产，因此也是石膏板发展的途径之一。

2. 石膏胶结材料

熟石膏是传统的抹灰材料，随着石膏制品的发展，石膏胶黏剂和嵌缝石膏也得到了相应的发展和应用。

(1)石膏胶黏剂的性能与应用。纸面石膏板、石膏装饰板、吸声板及其他装饰板材，可以直接吊挂在轻钢龙骨上，也可用胶黏剂粘贴。石膏胶黏剂是以熟石膏为基料，内掺少量有机添加剂配制而成的一种混合物。对于砖墙、混凝土和加气混凝土墙面用胶黏剂粘贴尤为方便。石膏胶黏剂具有黏结力强，施工方便，成本低廉等特点，并且可用于加气混凝土、泡沫砌块等不易粉刷的基层刷浆。

(2)抹灰石膏的应用。抹灰石膏是石膏制品应用的传统领域，最适宜和应用最广泛的是掺有化学外加剂的建筑石膏，最常用的有缓凝半水石膏和预拌轻质石膏。

在工厂中用建筑石膏加上化学外加剂和集料(如膨胀珍珠岩或蛭石等)可制成预拌轻质石膏。这些抹灰料可在各种混凝土和蛭石砌体上涂抹，因此是一种经济的饰面层。为了使工作性能良好，预拌轻质石膏掺有各种必要的外加剂，可不受气候的影响，加水后就能操作。

3.硬石膏胶凝材料

硬石膏胶凝材料是由天然或人工制取的硬石膏($CaSO_4$)及活性剂所组成的粉末材料，主要有硬石膏水泥(硬石膏胶结料)和高温煅烧石膏(水硬性石膏)。

硬石膏水泥是由天然或人工制造的硬石膏(在600～700℃下煅烧的AⅡ－U型)同活化剂共同磨细而得到的胶凝材料。

硬石膏水泥的抗水性差，如果加入高炉矿渣或经700～800℃煅烧的高岭土后，其抗水性能可以大大改善。硬石膏水泥宜先在潮湿条件下养护，然后再经干燥养护，这样可以得到较高的强度。

硬石膏水泥宜用于室内，主要用作石膏板和其他制品，也可用作灰浆。用硬石膏水泥制成的构件有较高的耐火性与抵抗酸碱腐蚀的能力，可用于储存化学药品的仓库，也可用于原子反应堆及热核实验室的护墙等建筑中。

如果天然二水石膏或天然硬石膏，在温度高达800～1000℃(有时达1200℃)的窑中经过煅烧，然后磨细则可成为高温煅烧的石膏水泥。高温煅烧的石膏中，除了完全脱水的无水石膏外，还有因硫酸钙部分分解而得到的游离石灰，故在不另加活化剂的情况下也具有水化硬化能力。这是因为温度的提高，虽然会使$CaSO_4$晶粒进一步密实，但另一方面也由于石膏的部分分解又造成内部结构的疏松，同时，新相CaO的出现，使石膏在水化时具有高碱性的环境，它可以对石膏的水化起活化作用，这就是高温煅烧石膏具有水化硬化能力的原因。

煅烧石膏时，应控制使成品中生成约3%左右的游离石灰，并在这个条件下，尽可能使用较低的煅烧温度，同时要采用快速煅烧和急速冷却的工艺，以防止石膏晶体的长大和致密。

高温煅烧石膏凝结较慢，但抗水性好，耐磨性高，宜作地板，故也称地板石膏。在地板石膏中加入少量石灰和半水石膏，或加入Na_2SO_4、明矾及其他一些盐类，均能加速凝结过程。

质量良好的高温煅烧石膏水泥应含有Ⅱ型无水石膏(硬石膏Ⅱ)75%～85%、游离氧化钙(自身产生的)、硅酸钙、铝酸钙及亚铁酸钙2%～4%、半水石膏8%～15%、黏土杂质7%～10%以下。硬石膏胶凝材料的细度应粉磨至80μm方孔筛筛余小于15%。依据GB/T 5843－2008《天然石膏》，用天然硬石膏或混合石膏做原料均可生产硬石膏胶凝材料，要求无水硫酸钙的含量不能小于80%。

与建筑石膏相比，硬石膏胶凝材料标准稠度用水量较小，凝结时间较长，强度较高，具有较好的耐水性，可以在一般潮湿环境中应用；具有较好的抗酸抗碱侵蚀的能力，适用作化学药品仓库的建筑材料。

硬石膏胶凝材料的性能与激发剂的种类和浓度关系很大，一般应通过试验正确选用。

天然硬石膏中经常含有一定量的碳酸盐，在酸性硫酸盐作用下（如石膏浆的 pH≤5 时），分解出二氧化碳气体，使石膏硬化体产生体积膨胀，造成结构破坏，强度降低。因此，在这种情况下，应加入少量铝酸钠、碳酸钾等无机盐类，使石膏浆体 pH 值提高到 6 以上，则可抑制碳酸盐分解。过多的碱也会造成强度降低、表面析“盐霜”等危害，同样值得注意。

硬石膏制品的最佳养护条件是低温（25℃以下）、湿养（相对湿度 95%以上），这是保证后期耐久性的重要条件，这是因为，要是早期得不到充分水化，残余硬石膏量过多，到后期逐渐水化，体积膨胀，强度必然下降，甚至破坏。

1.8　石膏胶凝材料的检测与质量评定

1.建筑石膏批量和抽样

(1)范围。适用于进场建筑石膏的取样。

(2)标准。《建筑石膏》(GB/T 9776－2008)，《建筑石膏 一般试验条件》(GB/T 17669.1－1999)，《建筑石膏 力学性能的测定》(GB/T 17669.3－1999)，《建筑石膏 净浆物理性能的测定》(GB/T 17669.4－1999)，《建筑石膏 粉料物理性能的测定》(GB/T 17669.5－1999)，《水泥胶砂强度检验方法(ISO 法)》(GB/T 17671－1999)。

(3)检验类别。

①出厂检验。产品出厂前应进行出厂检验。检验项目包括细度、凝结时间和抗折强度。

②型式检验。遇有下列情况之一者，应对产品进行型式检验：原材料、工艺、设备有较大变动时；产品停产半年以上恢复生产时；正常生产满一年时；新产品投产或产品定型鉴定时；国家技术监督机构提出监督检查时。检验项目包括组成、细度、凝结时间、抗压抗折强度和放射性核素限量。

(4)批量和抽样。

①批量。对于年产量小于 15 万 t 的生产厂，以不超过 60t 产品为一批；对于年产量等于或大于 15 万 t 的生产厂，以不超过 120t 产品为一批；产品不足一批时以一批计。

②抽样。产品袋装时，从一批产品中随机抽取 10 袋，每袋抽取约 2kg 试样，总共不少于 20kg；产品散装时，在产品卸料处或产品输送机具上每 3min 抽取约 2kg 试样，总共不少于 20kg。将抽取的试样搅拌均匀，一分为二，一分作试验，另一份密封保存三个月，以备复验用。

(5)包装、标志、运输与贮存。建筑石膏一般采用袋装或散装供应。袋装时，应用防潮包装袋包装。

产品出厂应带有产品检验合格证。袋装时，包装袋上应清楚标明产品标记，以及生产厂名、厂址、商标、批量编号、净重、生产日期和防潮标志。

建筑石膏在运输和贮存时，不得受潮和混入杂物。

建筑石膏自生产之日起，在正常运输与贮存条件下，贮存期为三个月。

2.试验条件

试验室温度为 20±5℃，试验仪器设备及试验材料（试样，水）的温度应为室温，空气相对湿度为 65%±10%。

试验样品应保存在密闭容器中。分析试验用水应为去离子水或蒸馏水，物理力学性能试验应为洁净的城市生活用水。

3.组成测定

称取试样 50g，在蒸馏水中浸泡 24h，然后在 40±4℃下烘干至恒重（宏观时间相隔 1h 的两次称量之差不超过0.05g时，即为恒重），研碎试样，过0.2mm筛，再按GB/T 5484－2000《石膏化学分析方法》测定结晶水含量。以测得的结晶水含量乘以4.0278，即得β半水硫酸钙含量。

4.细度测定

依据《建筑石膏 粉料物理性能的测定》(GB/T 17669.5－1999)，称取试验200g，在40±4℃下烘干至恒重，并在干燥器中冷却至室温。将筛孔尺寸为0.2mm的筛下安装接收盘，称取50.0g试样倒入其中，盖上筛盖，进行过筛。当1min的过筛量不超过0.1g时，则认为筛分完成。称取筛上物，作为筛余量。

细度的评定以筛余量与试样原始质量之比的百分数表示，精确至0.1%。重复试验至两次测定值之差不大于1%，取两者的平均值为试验的结果。

5.标准稠度测定

依据《建筑石膏 净浆物理性能的测定》(GB/T 17669.4－1999)，所用主要仪器设备为稠度仪（如图2-1-17所示）、凝结时间测定仪（即水泥净浆标准稠度与凝结时间测定仪）。稠度仪为内径ϕ50mm±0.1mm，高100mm±0.1mm的不锈钢筒体，240mm×240mm的玻璃板以及筒体提升机构所组成。筒体上升速度为150mm/s，并能下降复位。

搅拌器具用搅拌碗（不锈钢制成，碗口内径ϕ180mm，碗深60mm）和拌和棒组成（如图2-1-18所示，由三个不锈钢丝弯成的椭圆形套环组成，钢丝直径ϕ1～2mm，环长100mm）。

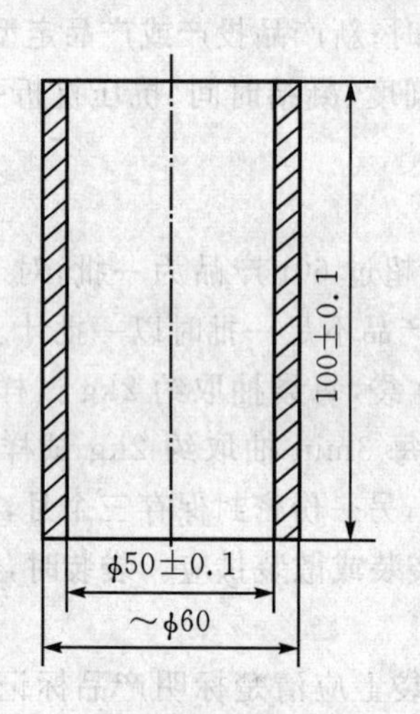

图2-1-17 稠度仪的筒体结构

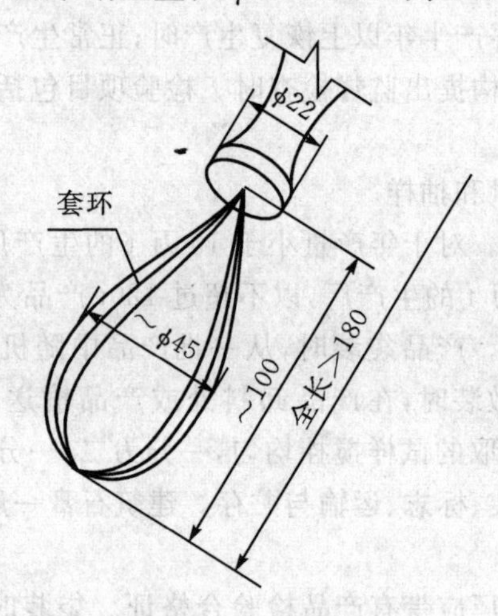

图2-1-18 拌和棒

先将稠度仪的筒体内部及玻璃板擦净，并保持湿润，将筒体复位，垂直放置于玻璃板上。将估计的标准稠度用水量的水倒入搅拌碗中。称取试样300g，在5s内倒入水中。用拌和棒搅拌30s，得到均匀的石膏浆，然后边搅拌边迅速注入稠度仪筒体内，并用刮刀刮去溢浆，使浆面与筒体上端面齐平。从试样与水接触开始至50s时，开动仪器提升按钮。待筒体提去后，测定料浆扩展成的试饼两垂直方向上的直径，计算其算术平均值。

记录料浆扩展直径等于180 mm±5 mm时的加水量和加入的水的质量与试样的质量之比，以百分数表示。取两次测定结果的平均值作为该试样标准稠度用水量，并精确至1%。

6.凝结时间的测定

依据《建筑石膏 净浆物理性能的测定》(GB/T 17669.4－1999)，按标准稠度用水量称量水，并把水倒入搅拌碗中。称取试样200g，在5s内将试样倒入水中。用拌和棒搅拌30 s，得到均匀的料浆，倒入环模中，然后将玻璃底板抬高约10 mm，上下震动五次。用刮刀刮去溢浆，并使料浆与环模上端齐平。将装满料浆的环模连同玻璃底板放在仪器的钢针下，使针尖与料浆的表面相接触，且离开环模边缘大于10 mm。迅速放松杆上的固定螺丝，针即自由地插入料浆中。每隔30s重复一次，每次都应改变插点，并将针擦净、校直。

记录从试样与水接触开始至钢针第一次碰不到玻璃底板所经历的时间，此即试样的初凝时间。记录从试样与水接触开始至钢针第一次插入料浆的深度不大于1 mm所经历的时间，此即试样的终凝时间。取两次测定结果的平均值，作为该试样的初凝时间和终凝时间，精确至1min。

7.强度测定

依据《建筑石膏 力学性能的测定》(GB/T 17669.3－1999)进行测定，所用仪器由成型试模(同水泥胶砂三联试模)、搅拌碗、搅拌棒、天平(感量1g)、电动抗折试验机和压力试验机等组成。

(1)试件制备。一次调和制备的建筑石膏量，应能填满制作三个试件的试模，并将损耗计算在内，所需料浆的体积为950 mL，采用标准稠度用水量，用下列两个式子计算出建筑石膏用量和加水量。

$$m_g = \frac{950}{0.4 + (W/P)}$$

式中，m_g——建筑石膏质量(g)；

W/P——标准稠度用水量(%)。

$$m_W = m_g \times (W/P)$$

式中，m_W——试验用加水量。

在试模内侧薄薄地涂上一层矿物油，并使连接缝封闭，以防料浆流失。

先把所需加水量的水倒入搅拌容器中，再把已称量的建筑石膏倒入其中，静置1min，然后用拌和棒在30s内搅拌30圈。接着，以3r/min的速度搅拌，使料浆保持悬浮状态，然后用勺子搅拌至料浆开始稠化(即当料浆从勺子上慢慢落到浆体表面刚能形成一个圆锥为止)。

一边慢慢搅拌，一边把料浆舀入试模中。将试模的前端抬起约10mm，再使之落下，如此重复五次以排除气泡。当从溢出的料浆判断已经初凝时，用刮平刀刮去溢浆，但不必反复刮抹表面。终凝后，在试件表面作上标记，并拆模。

(2)试件养护。遇水后2h作力学性能试验的试件，脱模后存放在试验室环境中。

需要在其他水化龄期后作强度试验的试件，脱模后立即存放于封闭处。在整个水化期间，封闭处空气的温度为20±2℃、相对湿度为90%±5%。每一类建筑石膏试件都应规定试件龄期。

到达规定龄期后，用于测定湿强度的试件应立即进行强度测定。用于测定干强度的试件先在40±4℃的烘箱中干燥至恒重，然后迅速进行强度测定。

(3)试件的数量。每一类存放龄期的试件至少应保存三条，用于抗折强度的测定。做完抗折强度测定后得到的不同试件上的三块半截试件用作抗压强度测定，另外三块半截试件用于石膏硬度测定。

(4)抗折强度的测定。将试件置于抗折试验机的两根支撑辊上，试件的成型面应侧立。试件各棱边与各辊保持垂直，并使加荷辊与两根支撑辊保持等距。开动抗折试验机后逐渐增加荷载，最终使试件断裂，记录试件的断裂荷载值或抗折强度值。

抗折强度 R_f 可以在抗折试验机的标尺中直接读取，也可按下式计算：

$$R_f = \frac{6M}{b^3} = 0.00234P$$

式中，R_f——抗折强度(MPa)；

P——断裂荷载(N)；

M——弯矩(N·mm)；

b——试件方形截面边长，b=40mm。

计算三个试件抗折强度平均值，精确至0.05MPa。如果所测得的三个 R_f 值与其平均值之差不大于平均值的15%，则取该平均值作为抗折强度值；如果有一个值与平均值之差大于平均值的±10%，应将此值舍去，以其余两个值计算平均值；如果有一个以上的值与平均值之差大于平均值的±10%，则用三个新试件重作试验。

(5)抗压强度的测定。对已做完抗折试验后的六个半截试件进行试验。将试件成型面侧立，置于抗压夹具内，并使抗压夹具的中心处于上、下夹板的轴心上，保证上夹板球轴通过试件受压面中心。开动抗压试验机，使试件在开始加荷后20～40 s内破坏。

抗压强度 R_c 可按下式计算：

$$R_c = \frac{P}{S} = \frac{P}{1600}$$

式中：R_c——抗压强度(MPa)；

P——破坏荷载(N)；

S——试件受压面积，取1600mm²。

以一组三个棱柱体抗折试验后的六个抗压强度测定的算术平均值为测试结果。如果有一个超过平均值的±10%，应剔除后再取余下五个数的平均值作为强度测试结果。如果余下五个测定值中还有超出平均值的±10%，则应重做试验。

8. 石膏硬度测定

依据《建筑石膏 力学性能的测定》(GB/T 17669.3－1999)进行测定，所用仪器是石膏硬度计。石膏硬度计具有一直径为10mm的硬质钢球，当把钢球置于试件表面的一个固定点上，能将一固定荷载垂直加到该钢球上，使钢球压入被测试件，然后静停，保持荷载，最终卸载。荷载精度2%，感量0.001 mm。

对已做完抗折试验后的不同试件上的三块半截试件进行试验，在试件成型的两个纵向面(即与模具接触的侧面)上测定石膏硬度。

将试件置于硬度计上，并使钢球加载方向与待测面垂直。每个试件的侧面布置三点，各点之间的距离为试件长度的四分之一，但最外点应至少距试件边缘20 mm。先施加10N荷载，然后在2s内把荷载加到200 N，静置15s。移去荷载15s后，测量球痕深度。

石膏硬度 H 可按下式计算：

$$H = \frac{F}{\pi D t} = \frac{200}{\pi \times 10 \times t} = \frac{6.37}{t}$$

式中，H——石膏硬度(N/mm²)；

t——球痕的平均深度(mm)；

F——荷载，取值为 200N；

D——钢球直径，取值为 10mm。

取所测的 18 个深度值的算术平均值 t 作为球痕的平均深度，再按上式计算石膏硬度，精确至 0.1 N/mm^2。球痕显现出明显孔洞的测定值不应计算在内。球痕深度小于 0.159mm 或大于 1.000mm 的单个测定值应予剔除，并且球痕深度超出 $t(1-10\%)$ 与 $t(1+10\%)$ 范围的单个测定值也应予剔除。

项目 2 石灰

1. *石灰*

石灰（见图 2-2-1）是一种以氧化钙为主要成分的无机胶凝材料，也是人类最早使用的无机胶凝材料之一，距今已有 8000—14000 年的历史。由于石灰原料分布广，生产工艺简单，成本低廉，在土木工程中应用广泛。

石灰一般指的是以碳酸钙为主要成分的原料（如石灰石）经过 900～1100℃煅烧，尽可能分解和排出二氧化碳后所得到的成品。但有时生石灰熟化以后的产物——熟石灰，也被包括在“石灰”这一范畴中。

作为建筑材料，石灰具有如下几种特性：

(1)可塑性和保水性好。生石灰熟化为石灰浆时，能形成胶体尺寸的分散颗粒，且表面吸附一层厚厚的水膜。

(2)凝结硬化慢，强度低。硬化后的强度不高，1∶3 的石灰砂浆经 28d 后的抗压强度常常只有 0.2～0.5MPa。

(3)耐水性差。石灰不宜在潮湿的环境中使用，也不宜单独用于建筑物基础。

(4)吸湿性强。块状石灰在放置过程中，会缓慢吸收空气中的水分，自动熟化为消石灰粉，再与空气中的二氧化碳作用生成碳酸钙，失去胶结能力。

(a)石灰块

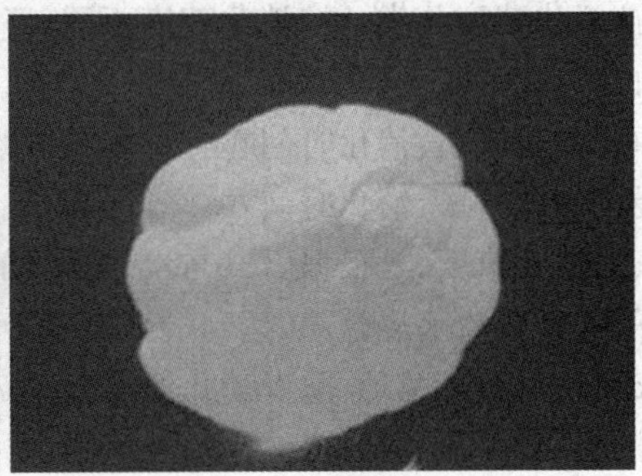

(b)石灰粉

图 2-2-1 石灰

2. 石灰的分类

石灰种类繁多，一般根据石灰的特性，结合其生产工艺，有以下几种分类方法（如图2-2-2所示）：

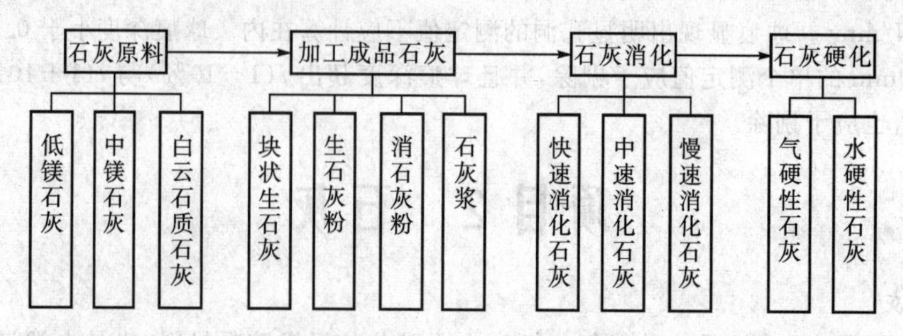

图2-2-2　石灰的分类

（1）按 MgO 含量分类。按 MgO 含量的多少，石灰可分为以下三种：

①低镁石灰（也称钙质石灰）：MgO 含量小于或等于 5%。

②镁质石灰：MgO 含量在 5%～20%之间。

③白云石质石灰（也称高镁石灰）：MgO 含量在 20%～40%之间。

（2）按加工方法分类。按成品加工方法的不同，石灰可分为以下四种：

①块状生石灰：由原料煅烧而得到的原产品，主要成分为 CaO。

②磨细生石灰：由块状生石灰磨细而得到的细粉，其细度一般要求为 4900 孔/cm^2 筛的筛余不大于 15%，其主要成分也为 CaO。

③消石灰：将生石灰用适量的水消化而得到的粉末，也称熟石灰，主要成分为 $Ca(OH)_2$。

④石灰浆：将生石灰用多量水（约为生石灰体积的 3～4 倍）消化而得到的可塑浆体，也称石灰膏，主要成分为 $Ca(OH)_2$。如果水分加得更多，所得到的是白色悬浊液，称为石灰乳。在15℃时溶有 0.3%$Ca(OH)_2$的透明液体，称为石灰水。

（3）按消化速度分类。按消化速度不同，石灰可分为以下三种：

①快速消化石灰：消化时间在 10min 以内。

②中速消化石灰：消化时间在 10～30min 之间。

③慢速消化石灰：消化时间在 30min 以上。

石灰的消化速度，是根据石灰与水作用时的放热速度确定的。消化时间是指在一定的标准条件下，从石灰与水混合起，达到最高温度所需的时间。根据最高的温度值，石灰又可分为低热石灰和高热石灰两种，前者消化温度低于 70℃，后者则高于 70℃。

（4）按使用性质分类。按使用性质不同，石灰可分为以下两种：

①气硬性石灰：目前使用的石灰大多数是气硬性石灰。它是由碳酸钙含量较高，黏土杂质含量小于 8%的石灰石煅烧而成。

②水硬性石灰：它是用黏土杂质含量大于 8%的石灰石煅烧而成，具有明显的水硬性质。

不同的石灰品种，其技术性质及质量标准不同。有效 CaO+MgO 的含量是所有石灰的主要技术性质。石灰根据其技术性质及指标划分三个质量等级：优等品、一等品、合格品。

2.1　石灰的原料及生产过程

2.1.1　石灰的原料

制造石灰的原料是以碳酸钙（$CaCO_3$）为主要成分的天然岩石，即石灰石等。

在自然界中，有两种碳酸钙矿物，即方解石和文石，其物理化学性质见表2-2-1。在自然界中，文石远少于方解石。

表2-2-1　两种主要碳酸盐矿物的性质比较

指标	方解石（冰洲石）	文石
颜色	纯净方解石无色透明，一般为白色。有杂质引入后可显灰、黄、蓝、紫、黑、浅红等色	无色或白色
比密度（g/cm^3）	2.175	2.940
硬度	莫氏硬度3.0，性脆	莫氏硬度3.5～4.0

石灰石属于沉积岩。含碳酸钙成分的细小生物残骸沉入海底，形成由贝壳、甲壳、骨骼等组成的岩层，经若干年后，岩层逐渐致密而成为坚硬的岩石，即为石灰石。因此，石灰石的化学成分、矿物组成以及物理性质变动极大，其致密程度也随形成时间的长短而变动。形成时间越久，石灰石越致密而坚硬；形成时间越短，其结构越松软，成为具有不同性质和种类的石灰石。作为制造胶凝材料原料的石灰石，其质量取决于自身结构、杂质的成分和含量以及这些杂质在石灰石中分布的均匀程度，而石灰石的质量直接影响石灰的形成过程及成品的性质。

常用的石灰原料有以下几种：

（1）致密石灰石：即普通石灰石，是煅烧石灰的主要原料。致密石灰石含$CaCO_3$较高，一般$CaCO_3$的质量百分数大于或等于90%，其中包括一定量的黏土等杂质。

（2）大理石：石灰岩变质生成的白色大理石，是含$CaCO_3$最多的岩石，它主要直接用于装饰工程。某些不适宜作装饰材料的大理石以及大理石碎块，可用来烧制石灰，所得成品几乎是化学上纯的CaO。

（3）鲕状石灰石：又称鱼卵石，是由一些球形石灰石粒黏结而成，其机械强度远比致密石灰石低，比较少见，它也可以用来生产石灰。

（4）石灰华：是一种多孔性石灰石，是由碳酸氢钙分解而成，其化学方程式如下：

$$Ca(HCO_3)_2 + H_2O = CaCO_3 + 2H_2O + CO_2\uparrow$$

由于反应时生成大量的CO_2气体，因此这种沉积物具有多孔结构。

（5）贝壳石灰石：它是各种大小不同的贝壳由碳酸钙黏合而成的松软石灰岩，因其机械强度和硬度均低，很难在立窑中进行煅烧，故在煅烧时应注意选择适当的煅烧设备。我国有些地方，直接利用贝壳烧制石灰。

（6）白垩：它是一种松软石灰岩，由小动物的外壳、贝壳堆积而成，其中也含有硅海绵的足和水草藻的骨，含$CaCO_3$，因结构疏松，容易粉碎，故在立窑中煅烧有困难，如果在旋窑内煅烧，则较方便。

除上述天然原料外，还可以利用有机合成工厂中消化电石而得到的电石渣（主要成分为氢氧化钙）以及用氨碱法制碱的残渣（主要成分为碳酸钙）来生产石灰。

2.1.2 石灰的生产过程

石灰的生产工艺流程如图 2-2-3 所示，具体如下：

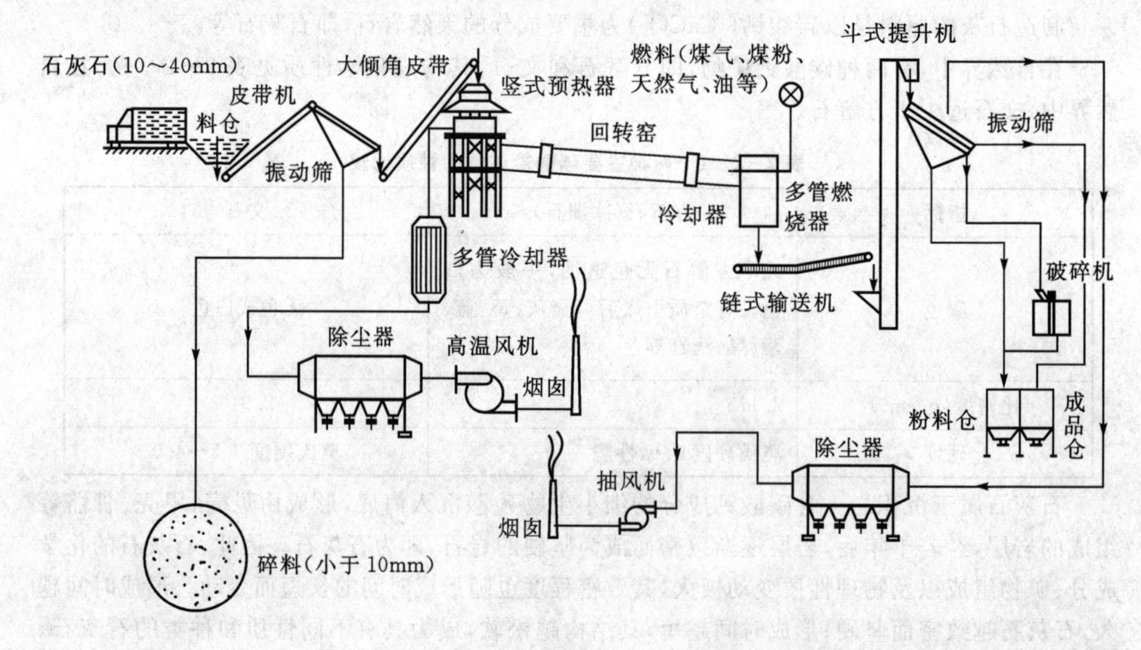

图 2-2-3 石灰的生产工艺流程

合格的石灰石存放在料仓内，经提升机提升并运入预热器顶部料仓。在预热器顶部料仓内由料位计控制加料量，然后通过下料管将石灰石均匀分布到预热器各个室内。

石灰石在预热器被 1150℃窑烟气加热到 900℃左右，约有 30%分解，经液压推杆推入回转窑内，经烧结分解为 CaO 和 CO_2。分解后生成的石灰石进入冷却器，被鼓入的冷空气冷却到 100℃以下排出。经热交换的 600℃热空气进入窑和煤气混合燃烧。废气在兑入冷风经引风机进入袋式除尘器，再经排风机进入烟囱。出冷却器的石灰经振动喂料机、链斗输送机、斗式提升机、胶带输送机等设备送入石灰成品库。

石灰生产设备主要有立窑、回转窑、土窑和工业微波炉。

立窑应用较广泛，耗能少，产品质量高。立窑及结构图如图 2-2-4 所示。

回转窑多用来煅烧松软、强度低或小块的石灰石。回转窑及结构图如图 2-2-5 所示。

土窑生产能力低，耗能大，产品质量差。土窑如图 2-2-6 所示。

工业微波炉生产高质量石灰产品，产量小，周期极短，耗能小，产品质量高。工业微波炉如图 2-2-7 所示。

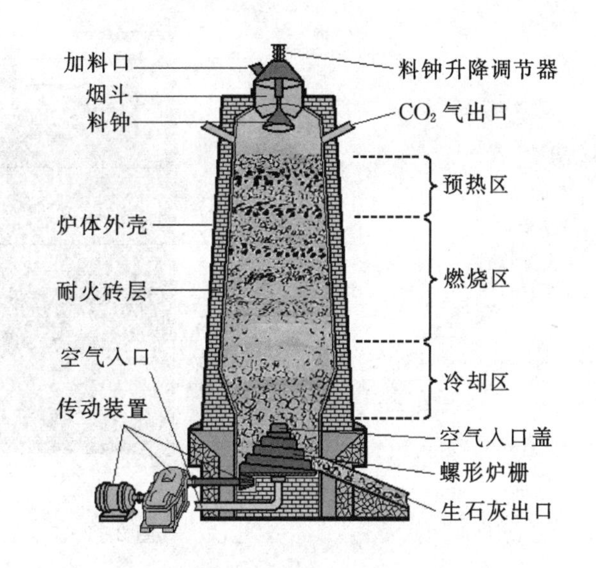

图 2-2-4　石灰立窑及结构图

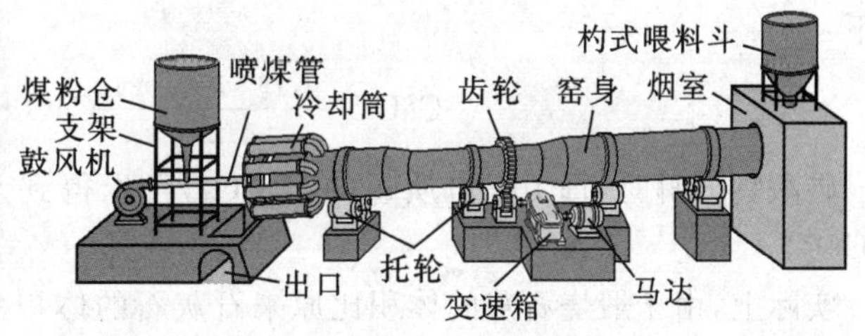

图 2-2-5　石灰煅烧回转窑及结构图

图 2-2-6　石灰土窑

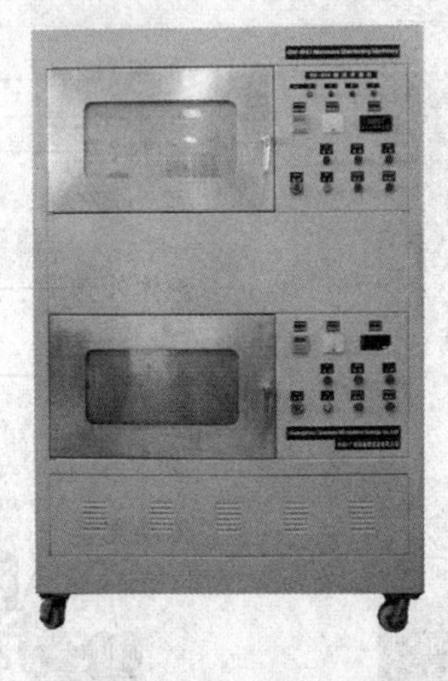

图 2-2-7 工业微波炉

2.1.3 碳酸钙的分解

石灰是石灰石在煅烧过程中，由碳酸钙分解而成。分解反应的进行要吸收热量，其反应式如下：

$$CaCO_3 \xrightarrow[\Delta]{1.78\times10^5 J/mol} CaO + CO_2\uparrow$$

碳酸钙分解时，每 100 份质量的 $CaCO_3$，可以得到 56 份质量的 CaO，并失去 44 份质量的 CO_2。

实际上，由于煅烧石灰的体积比原来石灰石的体积一般只缩小 10%～15%，故石灰具有多孔结构。

碳酸钙的分解作用是吸热反应，从反应式可知，分解 lkg 的 $CaCO_3$，理论上需要热量 17.8×10^5 J。实际上，煅烧石灰石所需要的热量比这个数值要高得多，因为还有其他方面的热量消耗。例如，原料中水分蒸发的耗热量，废气带走的热量，窑体的热损失以及出窑石灰带走的热量等。

碳酸钙的分解决定于煅烧温度。在 550℃时碳酸钙已开始分解，此时，由于分解压力很低，反应很容易达到平衡，因此碳酸钙分解速度很小。800～850℃时，分解加快，到 898℃时，分解压力达到 1 个大气压，通常就把这个温度作为 $CaCO_3$ 的分解温度。若继续提高温度，则分解速度继续加快。

碳酸钙的分解过程是可逆的，根据煅烧温度和周围介质中 CO_2 的分压不同，反应可以向任何一个方向进行，表 2-2-2 为碳酸钙在不同温度下的分解压力。当周围介质中的 CO_2 分压大于该温度下 CO_2 分解压力时，反应即向逆方向进行，显然这是人们所不希望的。为了使反应向正方向进行，必须适当提高煅烧温度并及时排出 CO_2 气体，以降低周围介质中 CO_2 的分压，使其压力小于该温度下 CO_2 的分解压力。

表 2-2-2 碳酸钙在不同温度下的分解压力

温度(℃)	分解压力		温度(℃)	分解压力	
	(mmHg)	(Pa)		(mmHg)	(Pa)
550	0.11	55	898	1.000	0.100
605	2.30	307	960.3	1.151	0.117
701	23.0	3066	937	1.770	0.179
800	180.0	23998	1082.5	8.892	0.900
852	381.0	50796	1157.7	16.687	1.691
891	684.0	91193	1220.3	34.333	3.479

2.1.4 石灰石的煅烧过程

前述碳酸钙的分解温度，是在实验室里得到的。在实际生产中，为了加快石灰石的煅烧过程往往采用更高的温度。在热作用下，每块石灰石的分解是以一定速度由表及里逐渐进行的。据有关文献介绍，比较纯净的石灰石，当温度为 960℃时，石灰石块以 3mm/h 的分解速度向内移动，当温度为 1100℃时，以 14mm/h 的速度向内移动，这时的分解速度为 900℃时分解速度的 4.77 倍。因此，为了提高煅烧石灰的产量，同时考虑到热损失，实际煅烧温度都高于理论分解温度。

在实际生产中，石灰石的致密程度、料块大小以及杂质的含量，对其煅烧温度都有较大的影响。石灰石越致密，则其煅烧温度越高；小块度的石灰石比大块度的石灰石煅烧得快。由于往往忽视了这一点，结果在很多情况下，一些学者在实验室做出的各个分解曲线和分解温度值相差很大。

不少学者曾试图将块度大小与碳酸盐分解速度之间的联系列出数学公式。V.J.阿茨伯通过煅烧温度、煅烧时间及热量转换提出了“煅烧消耗”这一概念，并提出“煅烧消耗”与石灰石颗粒平均直径的平方之间成正比的观点。

J.伍勒(J. Wuhrer)对无限膨胀的片状石灰石进行试验，并设表面为恒温，提出这种片状石灰石的分解温度 T 的数学关系式为：

$$T=\frac{\rho Ra^2}{2\lambda\Delta\theta 10}$$

式中，ρ——石灰石的堆积密度；

a——石灰石的 1/2 厚度；

R——热量，单位质量的石灰石在煅烧时流经单位表面的热量；

λ——生石灰的导热系数；

$\Delta\theta$——表面温度与分解温度之差。

该公式只适用于片状石灰石，对其他形状的石灰石，J.伍德又补充了形状因素。如果片状的因数 $F_{片状}=1$，则圆柱体状的因数 $F_{圆柱体}=0.55$，立方体状的因数 $F_{立方体}=0.48$，球体状的因数 $F_{球体}=0.37$。

这些因素适用于各种石灰和各种分解温度，它的实际意义很明显，一个立方体要比片体分解时间短得多。在确定煅烧温度时，除了注意石灰石的致密程度以外，还必须注意石灰石的粒度和形状，力求使用一定大小而又呈球形的石灰块。

石灰石中往往含有一定数量的黏土杂质，黏土中的酸性氧化物会与石灰石分解后所得的 CaO 在煅烧带经固相反应生成 β 型硅酸二钙（β-C_2S）、铝酸一钙（CA）和铁酸二钙（C_2F）。这些化合物的数量，随着石灰石中黏土杂质含量的增加而提高，从而对煅烧温度产生明显的影响。有人深入地研究了这些杂质对 $CaCO_3$ 的分解开始点和分解温度的影响，结果显示，石灰石的杂质对其分解温度有着显著的影响，杂质的存在可使分解温度下降数百摄氏度。

碱对石灰石煅烧性能也有影响，较高的碱含量导致较小的收缩，某些情况下甚至石灰石或生石灰在煅烧时出现膨胀。

石灰石中所含的菱镁矿杂质，其分解温度比 $CaCO_3$ 低得多，前者在 600～650℃时分解很快，此时所得的 MgO 具有良好的消化性能。但随着温度的升高，MgO 变得紧密，甚至成为方镁石结晶体，其消化能力大大降低。故当原料中菱镁矿含量增加时，在保证 $CaCO_3$ 分解完全的前提下，应尽量降低煅烧温度。对于硅酸盐制品，为避免其体积安定性不良，应限制石灰石中菱镁矿的含量。

综上所述，石灰石的煅烧温度，并不是一成不变的，应随着石灰石成分、质量、块度的不同而做相应地改变。一般来说，石灰石的煅烧温度波动在 1000～1200℃之间或者更高一些。在硅酸盐制品中，还需要根据对石灰消化性能的要求，对其煅烧温度作必要的调整。

2.2　石灰的结构特性

正常温度和时间煅烧而成的生石灰，一般具有多孔结构，内部孔隙率大，表观密度较小，晶粒细小，与水反应迅速，这种石灰称为正火石灰。若煅烧温度低或时间短，则石灰石表层为正火石灰，而内部会有未分解的石灰石核心，这种石灰称为欠火石灰。若煅烧温度过高或高温持续时间过长，则会因高温烧结而使石灰内部孔隙率减少，体积收缩，晶粒变得粗大，其结构较致密，与水反应速度很慢，往往需要很长时间才能产生明显的水化效果，这种石灰称为过火石灰。

D. R. 格拉森（D. R. Glasson）对煅烧石灰的研究表明，新制备石灰的"活性"，即其与水反应的能力，主要是由两种因素决定的：①内比表面积；②晶格变形程度。形成 CaO 所用原材料的结构、煅烧温度、煅烧时间以及煅烧时环境的状态（在真空下或是在空气中煅烧）对其活性都有巨大的影响，见图 2－2－8。真空下煅烧碳酸钙，内比表面积开始快速增大，5h 后达到最大内比表面积，继续煅烧内比表面积减小；空气中煅烧碳酸钙，内比表面积的变化具有类似的规律，煅烧温度越高，内比表面积越小，得到的 CaO 活性越小。

D. R. 格拉森在试验中除了用碳酸钙加热分解获得 CaO 以外，还用氢氧化钙和草酸钙进行热分解以获得 CaO。他对整个煅烧过程进行研究后指出，不论原始材料是碳酸钙、氢氧化钙或草酸钙，它们均经过三个变化阶段：

（1）碳酸钙（或氢氧化钙）分解。形成具有碳酸钙（或氢氧化钙）假晶的氧化钙，这时的产物仍然保持着碳酸钙（或氢氧化钙）晶格，Ca^{2+} 和 O^{2-} 均保持在原来的晶格位置上，因此，也可以把它称之为亚稳的氧化钙。图 2－2－9 为碳酸钙晶体结构图。

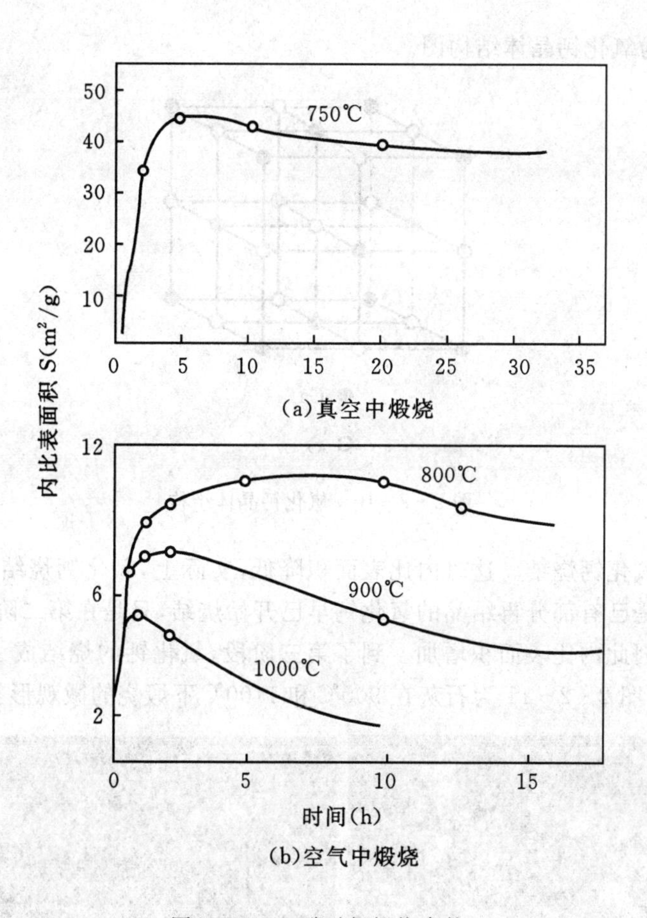

图 2-2-8　碳酸钙煅烧参数

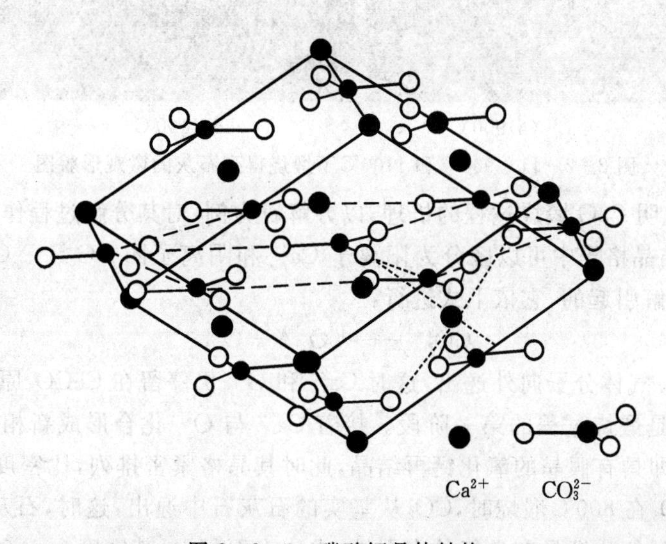

图 2-2-9　碳酸钙晶体结构

(2)亚稳的氧化钙晶体再结晶成更稳定的氧化钙晶体,这时其内比表面积达到最高点。同时经 X-射线衍射图表明,不论何种原材料,不论什么温度,都得到相同面心立方体氧化钙晶格。图 2-2-10 为氧化钙晶体结构图。

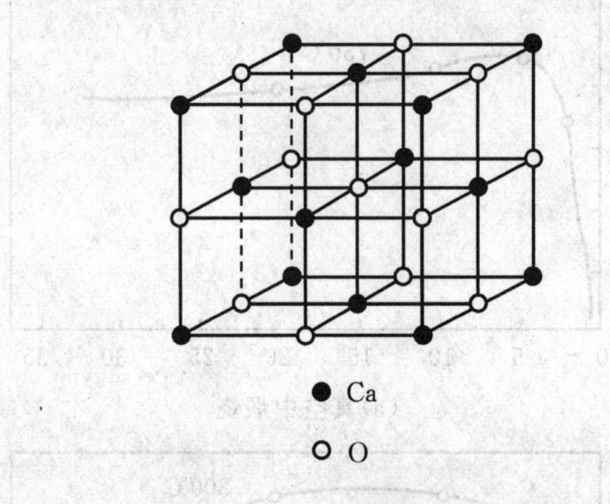

图 2-2-10　氧化钙晶体结构

(3)再结晶的氧化钙烧结。这时内比表面积降低,实际上,氧化钙烧结在第二阶段完成以前就开始了,也就是已有部分再结晶的氧化钙早已开始烧结,只是在第二阶段主要是大量的亚稳氧化钙再结晶,因此内比表面积增加。到了第三阶段,氧化钙的烧结成了主要的过程,因此内比表面积减少。图 2-2-11 为石灰在 900℃和 1100℃下煅烧的微观形貌图。

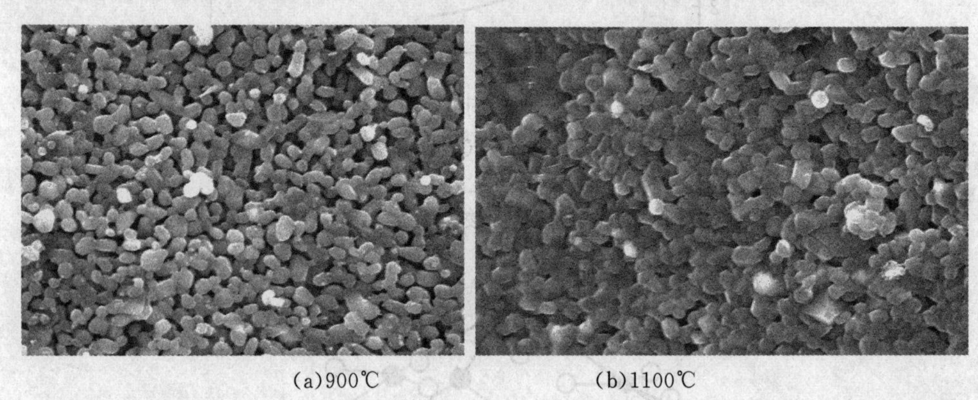

(a)900℃　(b)1100℃

图 2-2-11　900℃和 1100℃下煅烧得到石灰的微观形貌图

为了进一步说明 CaO 煅烧过程的机理,以方解石为例,对其分解过程作进一步描述。

在 $CaCO_3$ 的结晶格子中可以区分为阳离子 Ca^{2+} 和阴离子团 $CO_3{}^{2-}$。$CaCO_3$ 的分解是由 $CO_3{}^{2-}$ 离子团的分解引起的,它依下式进行:

$$CO_3^{2-} \longrightarrow CO_2\uparrow + O^{2-}$$

分解后的 CO_2 气体分子向外逸出,这时 Ca^{2+} 和 O^{2-} 仍停留在 $CaCO_3$ 原来的位置上,形成假晶氧化钙,这便是煅烧过程的第一阶段。接着 Ca^{2+} 与 O^{2-} 化合形成新相 CaO,这便是煅烧过程的第二阶段,即具有假晶的氧化钙再结晶,此时其晶格紧密排列,比密度为 3.34。但是在一般情况下,$CaCO_3$ 在 800℃煅烧时,CO_2 从坚实的石灰石中逸出,这时,石灰石的体积实际上没有改变,所形成的氧化钙具有良好的多孔性,内比表面积大,其密度为 1.57g/cm^3,与理论值相近。在 1400℃或更高温度时,经过长时间恒温煅烧就能得到完全烧结的、堆密度(容重)接近比密度(3.34)的试样,这就是通常所说的"死烧",也就是完成了煅烧过程的第三阶段,这时,CaO 与水要起反应就非常困难了。

由此可知，石灰的结构及其物理特性，对于其与水的反应能力有显著的影响。与其他胶凝材料（如石膏、水泥）相比，石灰这种特有的结构及其物理化学性质，使其在水化反应方面显示出许多特点，尤其是 CaO 剧烈的放热和显著的体积膨胀。

2.3 石灰的水化过程及浆体结构的形成

2.3.1 石灰的水化反应

生石灰的水化（又称消化、熟化或消解），是指石灰与水作用生成氢氧化钙的化学反应，其反应式如下：

$$CaO+H_2O \rightleftharpoons Ca(OH)_2+64.9\ kJ$$

石灰的水化反应具有可逆性。反应方向决定于温度及周围介质中水蒸气的压力。在常温下，反应向右方进行；在 547℃时，反应向左方进行，即 $Ca(OH)_2$ 分解为 CaO 和 H_2O，当其水蒸气分解压力达到 1.01×10^5 Pa 时，在较低温度下，也能部分分解。因此，石灰水化时，要注意控制温度及周围介质中的蒸气压，才能保证反应向右方进行。

石灰的水化反应产物氢氧化钙，又称为消石灰（或熟石灰）。但人们对生石灰消化后是否形成稳定的水化物是有争议的。有人认为氢氧化钙没有稳定的水合物，但是 B. 考斯曼（B. Kosmann）认为，根据 CaO 消化时的体积状态看，形成了 $8molH_2O/molCaO$ 的水合物，然而这一观点未能得到证实。倘若根据目前的知识水平仍不能肯定有氢氧化钙的稳定水合物存在，那么可以肯定几乎所有的消石灰都含有一定量的、超出 $CaO\cdot H_2O$ 成分的过剩水，这是由于表面吸附所致，且在加热时不断放出。吸附结合的水量取决于比表面积、沉淀条件等。上限为 $1molH_2O/mol\ Ca(OH)_2$，正是这个事实使人们在纯分析试验中推测有稳定的氢氧化钙水合物存在。A. 巴克曼（A. Backmann）认为，生石灰水化时生成一种亚稳中间产物 $CaO\cdot 2H_2O$ 或 $Ca(OH)_2\cdot H_2O$，但也未能明确证明其存在。

A. 巴克曼（A. Backmann）将消石灰形成过程分成以下几个反应步骤，而实际上这些步骤是交替进行的：

(1)吸水。

(2)形成中间产物 $CaO\cdot H_2O$。

(3)转化反应 $CaO\cdot 2H_2O \rightarrow Ca(OH)_2+H_2O$。

(4)凝聚、硬化。

石灰水化反应时放热很剧烈。一般煅烧良好、氧化钙含量高、杂质少的生石灰，不仅消化速度快，而且放热量大。与其他胶凝材料相比，石灰具有强烈的水化反应能力。石灰水化时放出的热量是半水石膏的 10 倍，在最初 1h 所放出的热量几乎是普通硅酸盐水泥 1d 放出热量的 9 倍，是 28d 放出热量的 3 倍。例如，1kgCaO 放出的热量足以将 2.8kg 的水从 0℃加热到沸点，热量损失尚且不算。

影响石灰水化反应能力的因素很多，如煅烧温度、水化温度以及掺入外加剂等。

1. 煅烧条件

不同温度条件下煅烧的石灰，其结构的物理特征有很大的差异，主要表现在 CaO 的内比表面积和晶粒大小上，因此其水化反应过程是有差别的。图 2-2-12 为相关试验数据，曲线 1 为 15%欠烧的欠火石灰；曲线 2 为正常煅烧的正火石灰；曲线 3 为 15%过烧的过火石灰；曲线 4 为含 32%MgO 的苦土石灰。试验表明：有 15%欠烧的石灰，当它与水拌和 5min 后就达到最高温度，而有15%过烧的石灰，经27min才达到最高温度，而且后者的最高温度远远低于前者。

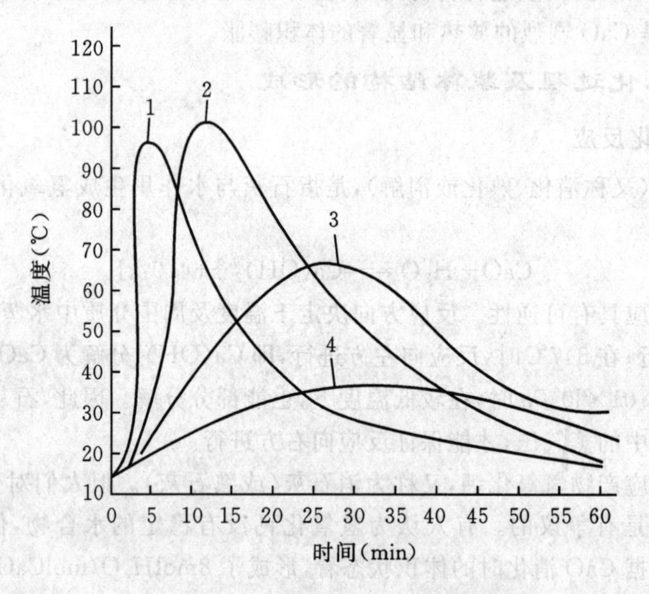

图2-2-12 石灰水化时的温度变化情况

有一定量的石灰石，其水化反应能力比含有定量“过烧”石灰水化反应能力大得多，其原因并不是因“欠烧”的那一部分有水化反应能力(该部分仍然是$CaCO_3$，不具备任何水化能力)，而是因为在实际生产中，入窑石灰石的粒度较大，表面达到分解温度时，其中心温度不一定达到，如果石灰石中心达到分解温度，其表面部分就可能超过其分解温度(如图2-2-13所示)。因此，含有一定量“欠烧”的石灰，往往是在较低温度下煅烧的，具有较大的内比表面积，CaO晶粒较小，其水化反应能力就大。相反，含有一定量“过烧”的石灰，往往是在较高温度下煅烧的，具有较小的内比表面积，CaO晶粒较大，其水化反应能力就小。在石灰分类中，根据石灰的水化速度，分为快速、中速和慢速石灰，实质上就是由于其煅烧温度不同，从而其结构具有不同的物理特性。试验表明，CaO晶粒大小显著地影响石灰水化反应速度。根据维列尔的资料，在室温下，0.3μm的CaO晶体的消化速度要比10μm颗粒的消化速度大120倍左右；而颗粒为1μm的石灰的水化速度要比10μm的快30倍。

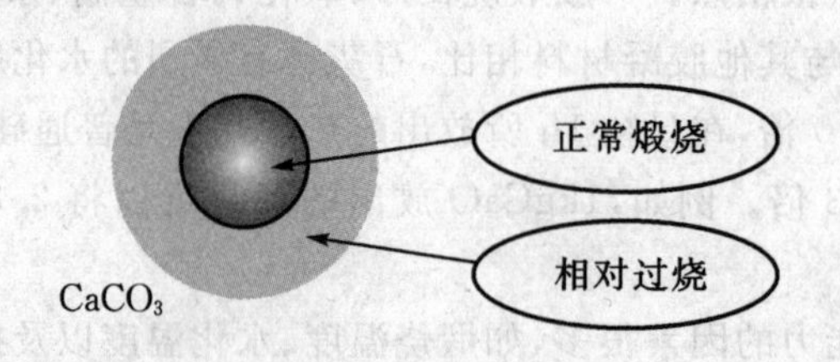

图2-2-13 石灰煅烧模拟图

2. 水化温度

石灰水化反应速度随着水化温度的提高而显著增加。在0～100℃的范围内进行的试验表明，温度每升高10℃，其消化速度增加1倍，即当反应温度由20℃提高到100℃时，石灰的水

化反应速度加快 2^8(256)倍。

3. 外加剂

在水中加入各种外加剂,对石灰的水化反应速度也具有明显的影响。例如,氯盐($NaCl$、$CaCl_2$等)能加快石灰的消化速度,而磷酸盐、草酸盐、硫酸盐和碳酸盐等会延缓石灰的消化速度。通常某种外加剂和石灰互相作用时,生成比 $Ca(OH)_2$ 易溶的化合物,这种外加剂就能加速石灰的消化,同时它还有助于消除 CaO 颗粒周围的局部过饱和现象,从而进一步加速了石灰的水化反应。反之,当某种外加剂和石灰相互作用时,生成比 $Ca(OH)_2$ 难溶的化合物,这种外加剂就会延缓石灰的消化,因为难溶的化合物沉淀在 CaO 颗粒的表面上,从而阻碍 CaO 和水的相互作用。需注意的是,如果所形成的化合物的溶解度大大超过 $Ca(OH)_2$ 的溶解度(如己糖二酸钙)时,则由于钙离子在这种石灰溶液中的浓度和在饱和石灰溶液中的浓度差别不大,钙离子进入溶液的能力减小,从而使石灰的消化速度反而减慢,这一点是应该注意的。

某些有机表面活性物质也会使石灰水化速度降低,例如,木质磺酸素是强烈的减速剂,它会对石灰的水化过程起抑制作用。

2.3.2 石灰水化时的体积变化

1. 体积变化的实质

石灰水化过程中,除了上述强烈的放热反应外,还伴随着体积的显著增大。石灰的这一特性,在使用过程中必须予以特别注意。

石灰—水系中体积变化的情况见表 2-2-3。

表 2-2-3　石灰—水系中体积变化的情况

<table>
<tr><th rowspan="2">反应式</th><th rowspan="2">分子量</th><th rowspan="2">比密度</th><th colspan="2">系统的绝对体积(cm^3)</th><th colspan="2">系统的相对体积(cm^3)</th><th colspan="2">绝对体积的变化(cm^3)</th><th rowspan="2">反应所需的相对水量</th></tr>
<tr><th>反应前</th><th>反应后</th><th>反应前</th><th>反应后</th><th>系统</th><th>固相</th></tr>
<tr><td rowspan="3">$CaO+H_2O=Ca(OH)_2$</td><td>56.08</td><td>3.34</td><td rowspan="3">34.81</td><td rowspan="3">32.23</td><td rowspan="3">16.79</td><td rowspan="3">33.23</td><td rowspan="3">−4.54</td><td rowspan="3">+97.92</td><td rowspan="3">0.321</td></tr>
<tr><td>18.02</td><td>1.00</td></tr>
<tr><td>74.10</td><td>2.23</td></tr>
</table>

从表 2-2-3 中可以看出,当石灰和水进行化学反应时,其固相的绝对体积反应后比反应前增加了 97.92%。但是,就石灰—水系统来说,反应后固相的总体积不仅没有增加,反而减少了 4.54%。由此可知,石灰和水进行化学反应时,产生了化学减缩。事实上,所有的胶凝材料(包括水泥、石膏等),当和水进行化学反应时,都不可避免地产生化学减缩,在这个意义上来说,石灰和水泥、石膏等胶凝材料是一样的。

在实际上,石灰与水作用时,外观体积确实增大,O. B. 库恩采维奇曾经在试验室测定了磨细生石灰在水灰比为 0.33 的情况下,石灰浆体体积增大的数值,数据显示,试件在没有外加荷载作用的情况下,膨胀率达 14%,而且膨胀的大部分是发生在石灰拌水后 30min 以内。如果要完全控制石灰的膨胀,则需要加 14MPa 以上的外力(称之为"膨胀应力")。显然,石灰的膨胀应力相当大,人们常常利用石灰桩来加固含水的软弱基础,就是利用石灰的这种吸水和膨胀压力的特征。然而,当使用石灰来制作石灰制品和硅酸盐制品时,如果不设法抑制或消除石灰的这种有害膨胀,就会使制品发生破坏性的体积变形。

为了消除这种危害，石灰膏在使用之前应进行陈化(或者称为陈伏)。陈化是指石灰乳(或石灰膏)在储灰坑中放置 14d 以上的过程。陈化期间，石灰膏表面应保有一层水分，使其与空气隔绝。

2. 体积变化的机理

当从理论上研究胶凝材料系统的体积变化时，石灰与水泥等其他胶凝材料一样，都是收缩的。然而在实际中，石灰与水拌和后，体积确实增大了(一些硅酸盐制品往往采用带模养护的原因也就是在这里)。究竟是什么原因使石灰水化时产生如此显著的体积增大呢？以下从两方面加以分析：

(1)从水化过程中物质转移的观点来分析。当石灰与水拌和后，立即发生两类物质的转移过程：一是水分子(或氢氧根离子)进入石灰粒子内部，并与之发生水化反应，生成水化产物；二是水化反应产物向原来充水空间转移，如果水化速度与水化产物转移速度相适应时，石灰—水系统的体积就不会发生膨胀。但是，由于石灰的结构特性，即内比表面积大，水化速度很快，常常是水化速度大于水化产物的转移速度，这时，由于石灰粒子周围的反应产物还没有转移走，里面的反应产物又大量产生了，这些新的反应产物，将冲破原来的反应层，使粒子产生机械跳跃，因而使得试件膨胀和开裂，甚至使石灰浆体散裂成粉末(当石灰在低水灰比水化时的情况就是这样)。按照这种观点，石灰和水拌和后，产生体积增大的原因，是反应产物的转移速度远远小于水化反应速度。因此，控制石灰水化时体积增大的办法，或是降低水化反应速度；或是增大反应产物的转移速度，使两者相适应。

(2)从孔隙体积增量的观点来分析。奥新认为，石灰水化过程中，固相体积增加的同时，要引起孔隙体积的增加，从而产生体积的膨胀。

固相体积增加包括两个因素，一个因素是指 CaO 与 H_2O 反应时，生成 $Ca(OH)_2$ 的固相体积要比 CaO 的固相体积增大 97.92%。另一个因素是指石灰在水化过程中，石灰粒子分散，比表面积增大，这时在分散粒子的表面上吸附水分子，由于被吸附的水分子具有某种固体的性质，因此，把这种被吸附的水分子也看作固相体积的增加。固相体积的增加就是指这两个因素的总和。

固相体积的增加，为什么会引起孔隙体积的增加呢？现在用图 2-2-14 给以近似地说明，图中小球为固相的最初体积，大球为固相的最终体积，小球与大球之间的间隔为孔隙的最终体积，划斜线的部分为孔隙体积增量，包含斜线部分的球之间的间隔为孔隙的最终体积。

图 2-2-14 孔隙体积增量效应

假定石灰粒子水化前后均为球形粒子，按理想的紧密六角形堆积理论，其固相粒子体积占74%，孔占26%，其相对比例保持不变，且与粒子直径无关，但孔隙体积的绝对值却随固相体积的改变而改变。以图2-2-14为例，小球表示固相的最初体积，如果在这个固体表面铺放上任何其他薄层物质，使之变成大球那样大小，并仍然按紧密六角形堆放时，孔隙的绝对体积会随球体绝对体积的增加而增加，即球体的绝对体积每增加1%，孔隙绝对体积增加0.351%。所以，当石灰水化时，固相体积增大，必然会引起孔隙的增大，固相体积和孔隙体积增量之和就可能超过石灰—水系统的空间，从而引起石灰浆体体积的增大。

以上两种分析，从不同角度阐明了石灰水化时体积显著增加的机理，前者从水化动力学的观点，说明了引起体积增加的“力”；后者从“量”的观点，说明了石灰体积增大的原因。应该指出，对这个问题的认识还远远没有完结，还需要通过进一步实践和科学研究来加以探讨。

3. 体积变化的影响因素

通过对石灰消化时体积变化机理的研究，可以获得影响石灰消化的因素并初步确定控制体积变化的一些主要方法。

(1)石灰细度的影响。石灰的细度对石灰消化时产生的体积膨胀有明显的影响。石灰磨的越细，石灰消化时的体积变化就越小。

(2)水灰比的影响。水灰比增大，石灰在其水化期的膨胀值减少。当然，随着水灰比增大，石灰浆体硬化后的强度降低。

(3)介质温度的影响。石灰消化时的介质温度对石灰浆体体积变化有显著影响。随着石灰消化时介质温度的增高，石灰浆体的体积明显增大；同时，由于水化速度加快，膨胀的极限值将在更早的时间内达到。

(4)石膏掺合料的影响。石灰中掺5%左右的石膏，将使石灰消化时的膨胀值显著减小。当水灰比为1.0，介质温度为80℃时，掺5%的生石膏，可使石灰浆体的膨胀值控制在1%左右。

石膏抑制石灰浆体体积膨胀的原因，一方面，由于它是一种石灰水化抑制剂，可以延缓石灰的水化速度，从而使石灰水化速度与水化产物转移速度相适应；另一方面，由于石膏的存在，压缩了石灰水化时吸附水扩散层的厚度，从而减少了孔隙体积增量。正是以上两方面的原因，从不同角度降低了石灰消化时的体积膨胀。

2.3.3 石灰在水化作用下的分散与浆体结构形成过程

1. 石灰在水化作用下的溶解与分散

当磨细生石灰与水拌和后，在其颗粒表面上立即开始水化，生成氢氧化钙。由于反应产物能溶解于水，所以立即进入溶液内并离解成钙离子和氢氧根离子，其反应式如下：

$$Ca(OH)_2 \rightarrow Ca^{2+} + 2OH^-$$

由于氢氧化钙在水中溶解很少，在实际石灰浆体中，拌和石灰的水也很少，因此，达到饱和溶液时所消耗的石灰是极少的一部分。

当达到$Ca(OH)_2$饱和溶液后，水对未消化石灰的作用并未停止。这一方面是水分子和OH^-，沿着石灰粒子的微细裂纹向内深入，并在裂纹的两壁形成吸附层，由于这种吸附层降低了石灰粒子内部的表面张力，因此，在热运动的作用下，将加速石灰粒子沿着这些裂纹分裂成更细的颗粒，这种分散称为吸附分散。另一方面，水分子或OH^-直接与CaO反应，形成

$Ca(OH)_2$晶体。显然，这时$Ca(OH)_2$晶体的形成，不是通过溶解，而是通过OH^-和石灰粒子中的Ca^{2+}、O^{2-}重新排列来实现。当CaO转变为$Ca(OH)_2$时，固相体积增大，这种膨胀也会使石灰粒子分散，这种分散称为化学分散。

石灰粒子在水作用下的吸附分散和化学分散的过程中，存在以下几个特点：

(1)石灰粒子分散过程是一个放热过程，温度快速上升。此时如果不及时引出热量，就会造成物料沸腾，形成粉状的消石灰。

(2)固相的比表面积急剧增大。标准细度的石灰，其比表面积一般为0.2～0.4m^2/g(系用透气法测定)，可消石灰的比表面积达10～30m^2/g，比表面积几乎增大100倍。这是由于吸附分散和化学分散形成了大量胶体尺寸的新生成物。

(3)固相体积明显增大。

(4)石灰粒子分散后，形成胶体尺寸粒子，在固体核周围吸附了一层Ca^{2+}和反离子OH^-构成吸附层，最外面浓集了一群OH^-构成反离子扩散层。这层离子是水合的，它们保有很大一部分水，这样，与石灰拌和的水，一部分与CaO结合生成$Ca(OH)_2$，另一部分进入扩散层，从而使石灰浆体迅速稠化并失去流动性。

2.石灰浆体凝聚结构的形成及其特性

石灰粒子在吸附分散和化学分散以后，在石灰浆体中形成了相当数量的胶体尺寸的粒子。这些粒子中，一部分是水化产物即$Ca(OH)_2$晶体，也有一部分是经吸附分散但尚未水化的石灰粒子。在这微细粒子周围包裹一层水分子扩散层，形成石灰—水浆体。

这种石灰—水浆体，具有其他分散体系的性质。在分散体系中，当带有水分子扩散层的胶体粒子之间的距离较大时，粒子依靠其重力作用逐渐沉降而相互靠近。当粒子靠近到某一程度时(约10^{-5}cm)，若继续靠近，就要消耗功来排除扩散层中的水分子。在这种情况下，可以把水扩散层看成是各个粒子之间打入的“楔子”，使相邻的两个离子不能互相靠近。这个阻止离子互相靠近的力称之为“楔入力”。随着粒子的靠近，楔入力迅速增长，这时把水从固体粒子之间的空隙内压出来变得越来越难。但是如果这个水夹层越来越小、越来越薄的话，则在水夹层的厚度接近到某一程度(约为10^{-7}cm)后，固体粒子之间的范德华分子引力经过水夹层开始发生作用，随着粒子之间距离的继续减小，范德华引力很快增大并开始超过符号相反的楔入力，这时粒子结合，胶体开始凝聚。

石灰粒子与水拌和后，水逐渐渗透到粒子内部。当石灰粒子的表面层已经成为水扩散层时，粒子内层欲继续水化，必须从扩散层吸入结合最弱的水分子，生成新的胶体物质，从而发生粒子的紧密过程。并且使石灰浆体中粒子之间的水夹层厚度减小，胶体扩散层压缩，这时，粒子在热运动的作用下碰撞不断加剧，当粒子的碰撞发生在活性最大区段(如端、棱、角处)时，分子引力可能超过楔入力，于是粒子就在分子力的作用下互相黏结起来，并逐渐形成一个凝聚结构的空间网。在这个空间网内，分布着吸附水和游离水。同时，这个由凝聚而产生的凝聚结构，将随着扩散层的进一步压缩和胶体体系的进一步紧密而加强。

需要指出的是，这种凝聚结构具有触变性，即它在外力作用下，体系发生破坏，悬浮体重新变成流动状态；但只要外力一取消，由于布朗运动，粒子彼此碰撞而重新黏结起来，整个系统又具有凝聚结构的特性。

石灰浆凝聚结构的形成与强度发展，可以通过各种途径加以控制，它与单位体积浆体中固相粒子的数量、粒子的细度以及粒子间扩散层的厚度等一系列因素有关。

3. 石灰浆体结晶结构的形成及其条件

石灰浆体的凝聚结构是由于石灰胶粒的接触而产生的，胶体粒子非常细小，具有巨大的表面自由能。从热力学第一定律可知，任何储有大量自由能的系统，都力求自发地向具有最小自由能转变。

石灰浆体在凝聚结构的基础上向结晶结构转变是一个自发过程，它是通过细分散状态的氢氧化钙晶粒的溶解和较粗大的氢氧化钙晶粒的长大并互相连生而形成的。

但是，石灰浆体由凝聚结构转向结晶结构的转化期间，极易产生一系列的破坏因素，诸如激烈地放热反应、显著的体积膨胀、过大的水灰比以及重新搅拌等，都会阻碍结晶网的形成，甚至破坏已形成的结晶网。

石灰浆体即使形成了硬化结构，过一段时间以后，特别是在潮湿的环境中，强度会明显地下降。这是由于在硬化结构形成过程中产生的结晶接触点，在热力学上是不稳定的。它与正规形成的、足够粗大的同一化合物相比较，具有较高的溶解度，在潮湿养护条件下，即在硬化结构中的孔隙中保留有水的情况下，水化结束之后，由于结晶接触点的溶解，从而引起强度不可逆的降低。

2.4 石灰浆体的硬化

石灰浆体的硬化包含了干燥、结晶和碳化三个交错进行的过程。建筑业所使用的石灰浆体是通过干燥结晶硬化和碳酸化而获得强度的。图 2-2-15 为石灰硬化过程示意图。

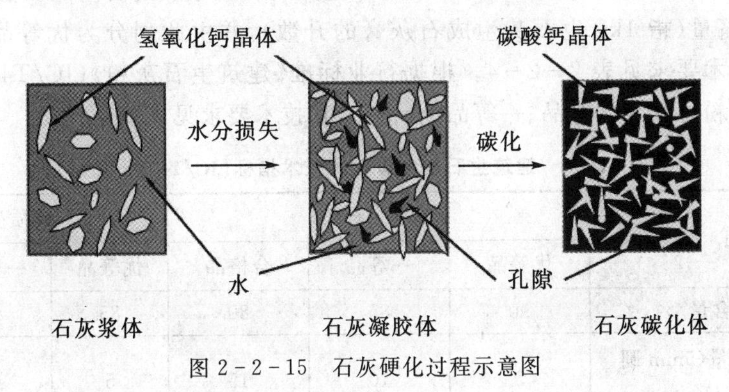

图 2-2-15 石灰硬化过程示意图

2.4.1 石灰浆体的干燥硬化和结晶硬化

石灰浆在干燥过程中，由于水分的蒸发，引起溶液某种程度的过饱和，氢氧化钙结晶析出，将砂子黏结在一起，促使浆体硬化，产生结晶强度，但是从溶液内析出的氢氧化钙晶体数量较少，因此这种结晶引起强度增长并不显著。

石灰浆体在干燥过程中，由于水分的蒸发形成孔隙网，这时留在孔隙内的自由水，由于水的表面张力，在最窄处具有凹形弯月面，从而产生毛细管压力，使石灰粒子更加紧密而获得附加强度。这种强度类似于黏土失水后而获得的强度，这个强度值不大，而且，当浆体再遇水时，其强度又会丧失。

2.4.2 硬化石灰浆体的碳酸化

氢氧化钙从空气中吸收二氧化碳，可以生成溶解度更低的碳酸钙，并释放出水分，这个过程称为碳酸化。碳酸钙的晶粒或是互相共生，或与石灰粒子及砂粒共生，从而提高了强度。此外，当发生碳酸化反应时，碳酸钙固相体积比氢氧化钙固相体积稍微增大一些，使硬化石灰浆体更加紧密，从而使它坚固起来。因此，石灰浆体在碳酸化后获得最终强度，这个强度可以称为碳酸化强度。

古代留下的一些石灰砌筑的建筑物，至今仍有很高的强度，并不是因为古代石灰质量特别好，只是由于长年累月的碳化所致。用气硬性石灰制造的石灰三合土地坪能够抗水，正是因为石灰三合土地坪表面有一层碳化膜。

碳酸化反应，需要在有水的存在下才能进行，当使用干燥 CO_2 作用于完全干燥的石灰水合物粉末时，碳酸化作用几乎不进行。

石灰浆体碳酸化的速度，除了与环境中 CO_2 的浓度有关外，还与溶液中石灰的浓度有关，向石灰中掺入能提高石灰溶解度的外加剂，也可以人工加速碳酸化反应。此外，碳酸化速度，还受到界面大小的影响。碳化作用在孔壁有水，而孔中无水时，才进行较快。此时，"固体—液体—气体"三相系统具有最大界面，也就是材料具有最适宜的湿度，可以增大"溶液—气体"的界面，从而加速人工碳酸化过程。而当材料表面碳酸钙达到一定厚度时，会阻碍空气中 CO_2 的渗入，也阻碍了内部水分向外蒸发，这就是石灰凝结硬化慢的原因。

2.5 石灰材料的性质及应用

2.5.1 石灰现行标准与技术要求

根据现行行业标准《建筑生石灰》(JC/T479－92)，建筑生石灰的技术要求包括有效氧化钙和氧化镁含量、未消化残渣含量(即欠火石灰、过火石灰及杂质的含量)、二氧化碳含量(欠火石灰含量)、产浆量(指 1kg 生石灰生成石灰膏的升数)，并由此划分为优等品、一等品、合格品，各等级的技术要求见表 2－2－4。根据行业标准《建筑生石灰粉》(JC/T480－1992)的规定，建筑生石灰粉可分为优等品、一等品、合格品，其技术要求见表 2－2－5。

表 2－2－4 建筑生石灰各等级的技术指标(JC/T479－1992)

项目	钙质生石灰			镁质生石灰		
	优等品	一等品	合格品	优等品	一等品	合格品
(CaO＋MgO)含量/%，≮	90	85	80	85	80	75
未消化残渣含量(5mm 圆孔筛余量)/%，≯	5	10	15	5	10	15
CO_2/%，≯	5	7	9	6	8	10
产浆量/(L/kg)，≮	2.8	2.3	2.0	2.8	2.3	2.0

表 2－2－5 建筑生石灰粉各等级的技术指标(JC/T480－1992)

项目		钙质生石灰粉			镁质生石灰粉		
		优等品	一等品	合格品	优等品	一等品	合格品
(CaO＋MgO)含量/%，≮		85	80	75	80	75	70
CO_2/%，≯		7	9	11	8	10	12
细度	0.9mm 筛余量/%，≯	0.2	0.5	1.5	0.2	0.5	1.5
	0.125mm 筛余量/%，≯	7.0	12.0	18.0	7.0	12.0	18.0

根据《建筑生石灰粉》(JC/T480－1992)的规定，按技术指标将钙质消石灰粉、镁质消石灰

粉和白云石消石灰粉分为优等品、一等品和合格品三个等级，其具体指标见表 2-2-6。

表 2-2-6 建筑消石灰粉各等级的技术指标(JC/T481—1992)

项目		钙质消石灰粉			镁质消石灰粉			白云石消石灰粉		
		优等品	一等品	优等品	一等品	合格品	合格品	优等品	一等品	合格品
(CaO+MgO)含量/%,≮		70	65	60	65	60	55	65	60	55
游离水/%		0.4—2	0.4—2	0.4—2	0.4—2	0.4—2	0.4—2	0.4—2	0.4—2	0.4—2
体积安定性		合格	合格	—	合格	合格	—	合格	合格	—
细度	0.9mm 筛余量/%,≯	0	0	0.5	0	0	0.5	0	0	0.5
	0.125mm 筛余量/%,≯	3	10	15	3	10	15	3	10	15

2.5.2 石灰的应用

石灰石、生石灰和熟石灰在许多行业中都是不可缺少的，诸如钢铁工业、化学工业、建材工业、建筑工程和农业中都离不开石灰。图 2-2-16 为石灰的应用情况。

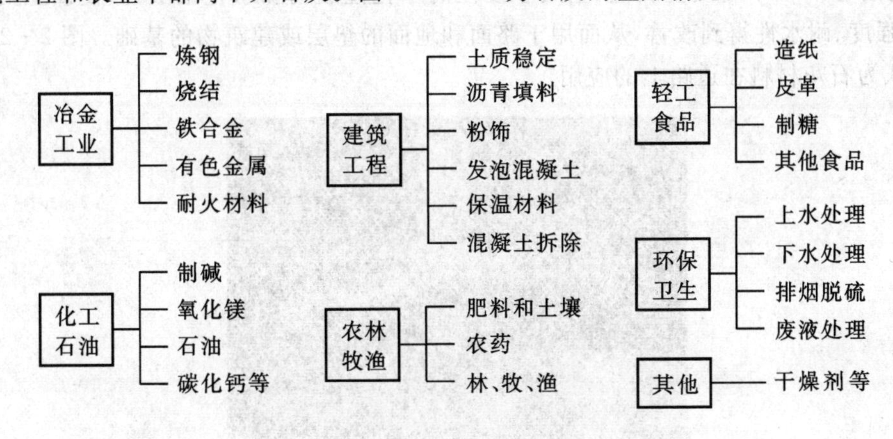

图 2-2-16 石灰材料应用

在钢铁工业中，冶炼时加入石灰，以结合不需要的伴生元素，如硅、铝、硫和磷等，而生成碱性炉渣。没有氧化钙载体，现代冶炼过程是不能想象的。

在化学工业中，有大量各式各样的流程都需要石灰。其中，石灰有的为最终产品的组成部分，如碳化钙等；有的仅仅在生产工艺过程中作为辅助剂，如制糖、制苏打等；工业废水和生活废水的净化处理主要用石灰作沉淀剂，从而有利于环境保护。

在建筑工程上，石灰主要用于粉刷和砌筑砂浆中。使用前，先将煅烧好的块状生石灰加水消化，除去未消化的颗粒，沉淀后即得到以 $Ca(OH)_2$ 为主体的石灰膏，然后再按其用途或是加水稀释成石灰乳用于室内粉刷；或是掺入适量的砂子或是掺入水泥、砂子，配制成石灰砂浆或水泥石灰混合砂浆用于墙体砌筑或饰面。在筑路工程中，石灰石作为碎石和填料。在建筑中，石灰石作为混凝土集料。石灰产品在工程中的应用见表 2-2-7。

表 2-2-7 石灰产品在工程中的应用

品种	适用范围
生石灰	配置石灰膏，磨细成生石灰粉
生石灰粉(磨细生石灰粉)	调制石灰砌筑砂浆或抹面砂浆，配置无熟料水泥(石灰矿渣水泥、石灰粉煤灰水泥、石灰火山灰水泥等)，制作硅酸盐制品(如灰砂砖等)，制作碳化制品(如碳化石灰空心板)，石灰土(灰土)和三合土
消石灰粉	制作硅酸盐制品，石灰土和三合土
石灰膏	调制石灰砌筑砂浆或抹面砂浆，稀释成石灰乳(石灰水)涂料
石灰乳	用于内墙和平顶刷白抹面砂浆

在道路工程中，修筑简易道路以及对重荷载道路的路基进行加固时，在黏性土质中加入生石灰或熟石灰，可使路基稳固化。消石灰与黏土和砂(或碎石、炉渣等)拌和，即制成三合土。三合土在夯实或压实下，密实度大大提高，而且在潮湿环境中，黏土颗粒表面的少量活性氧化硅和氧化铝与 $Ca(OH)_2$ 发生反应，生成水硬性的水化硅酸钙和水化铝酸钙，使黏土的抗渗能力、抗压强度、耐水性得到改善，从而用于路面和地面的垫层或建筑物的基础。图 2-2-17 和 2-2-18 为石灰材料在道路上的应用。

图 2-2-17 三合土用于铺筑步道砖的垫层

图 2-2-18 石灰材料用于道路的稳定层

在农业上，石灰可防止土壤的酸化，同时还是一种很好的肥料。在钙质饲料中，以碳酸钙形式加入的钙有利于骨骼的生长。

在建筑材料工业中，广泛使用石灰石作为水泥工业、玻璃工业的原材料，广泛使用磨细生石灰作为无熟料水泥及硅酸盐制品。将磨细生石灰与具有活性的材料，如天然火山灰质材料、烧黏土、粉煤灰、煤矸石、炉渣以及高炉矿渣等混合，并掺入适量的石膏制作无熟料水泥；也可将磨细生石灰与含 SiO_2 的材料加水混合，经过消化、成型、养护等工序制作硅酸盐制品。此外，用磨细生石灰在人工碳化条件下制作的石灰碳化制品也逐渐得到人们的重视。

2.6　石灰材料的检测与质量评定

通过实训操作练习，掌握建筑生石灰主要技术性质的检验方法、仪器使用、操作技能及其数量的确定方法。

2.6.1　建筑生石灰检测的一般规定

(1)出厂检验。建筑生石灰有生产厂的质检部门批量进行出厂检验。检验项目为技术要求全项。

①批量检验：日产量 200t 以上，每批量不大于 200t；日产量不足 200t，每批量不大于 100t；日产量不足 100t，每批量不大于日产量。

②取样：按上述规定的批量取样，从整批物料的不同部位选取。取样点不少于 25 个，每点的取样量不少于 2kg，缩分至 4kg 装入密封容器内。

(2)复检。用户对产品质量产生异议时，可以复检以上全部项目，取样方法相同，由质量监督部门指定单位检验。

2.6.2　产浆量和未消化残渣含量检验

(1)仪器设备。圆孔筛：孔径 5mm，20mm 各一只；生石灰浆渣测定仪(如图 2-2-19 所示)；玻璃量筒：500mL；天平：称量 1000g，分度值 1g；搪瓷盘：200mm × 300mm；钢板尺：300mm；烘箱：最高温度 200℃；保温套。

图 2-2-19　生石灰浆渣测定仪

(2)试样制备。将 4kg 试样破碎全部通过 20mm 圆孔筛，其中小于 5mm 以下粒度的试样量不大于 30%，混均，备用，生石灰粉样混均即可。

(3)检测步骤。称取已制备好的生石灰试样 1kg 倒入装有 2500mL，(20±5℃)清水的筛筒(筛筒置于外筒内)。盖上盖,静置消化 20min,用圆木棒连续搅动 2min,继续静置消化 40min,再搅动 2min。提起筛筒,用清水冲洗筛筒内残渣至水流不浑浊(冲洗用清水仍倒入筛筒内,水总体积控制在 3000mL),将渣移入搪瓷盘(或蒸发皿)内,在 100~105℃烘箱中,烘干至恒重,冷却至室温后用 5mm 圆孔筛筛分。称量筛余物,计算未消化残渣含量。浆体静置 24h 后,用钢板尺量出浆体高度(外筒内总高度减去筒口至浆面的高度)。

(4)结果处理。按下式计算未消化残渣量:

$$W=\frac{m'}{m}\times 100\%$$

式中,W——未消化残渣含量(%);

m'——未消化残渣质量(g);

m——试样质量(g)。

按下式计算产浆量:

$$Q=\frac{R^2\pi H}{1\times 10^6}$$

式中,Q——产浆量(L/kg);

R——浆筒内筒半径(mm);

H——浆体高度(mm)。

产浆量和未消化残渣含量的计算结果精确至 0.01。

2.6.3 CaO 和 MgO 含量的测定

用 EDTA 标准溶液滴定法检测 CaO 和 MgO 的含量。

2.6.4 质量评定

所检测项目的技术指标全部达到 JC/T479—1992 技术要求中的相应等级时,判定为该相应等级;其中有一项指标低于合格品的要求时,判定为不合格。

项目 3　镁质胶凝材料

镁质胶凝材料,是以 MgO 为主要成分的气硬性胶凝材料,如菱苦土(也叫苛性苦土)、苛性白云石(主要成分是 MgO 和 $CaCO_3$)等。

菱苦土是一种白色或浅黄色的粉末,其主要成分是氧化镁(MgO)。菱苦土作为胶凝材料与石灰水化硬化的原理不同,石灰最终反应的化学原理是 $Ca(OH)_2 \rightarrow CaCO_3$,生成物是 $CaCO_3$,而菱苦土的反应生成物是 $Mg(OH)_2$。

3.1 镁质胶凝材料的生产

镁质胶凝材料,是将菱镁矿(见图 2-3-1)或天然白云石经煅烧、磨细而制成。菱镁矿煅烧时的反应式如下:

$$MgCO_3 \xrightarrow{600\sim650℃} MgO + CO_2\uparrow$$

实际生产时,煅烧温度为 800~850℃。

白云石的分解分两步进行,首先是复盐分解,然后是碳酸镁的分解:

$$CaMg(CO_3)_2 \xrightarrow{650\sim750℃} MgCO_3 + CaCO_3$$

图 2-3-1　天然菱镁矿结晶体

$$MgCO_3 \xrightarrow{600\sim650℃} MgO + CO_2\uparrow$$

煅烧温度对镁质胶凝材料的质量有重要影响。煅烧温度过低时，$MgCO_3$分解不完全，易产生“生烧”而降低胶凝性能；温度过高时，MgO 烧结收缩，气孔率降低，颗粒变得坚硬，称为过烧，胶凝性很差，水化反应速度慢。

煅烧适当的菱苦土为白色或浅黄色粉末，密度为 3.1～3.4g/cm^3，堆积密度为 800～900kg/m^3。煅烧所得菱苦土磨得越细，使用时强度越高；相同细度时，MgO 含量越高，质量越好。

3.2　镁质胶凝材料的水化硬化

以菱苦土为例，介绍镁质胶凝材料的水化硬化过程。菱苦土用水拌和时，生成$Mg(OH)_2$，疏松、胶凝性差。因此通常用 $MgCl_2$、$MgSO_4$、$FeCl_3$ 或 $FeSO_4$ 等盐类的水溶液拌和，以改善其性能。其中，以 $MgCl_2$溶液拌和最好，浆体硬化较快，其硬化浆体的主要产物为氯氧化镁水化物($xMgO \cdot yMgCl_2 \cdot zH_2O$)和氢氧化镁等，强度高(可达 40～60MPa)，但吸湿性强，耐水性差(水会溶解其中的可溶性盐类)。温度对凝结硬化很敏感，氯化镁掺量可作适当调整。氯化镁溶液(密度为 1.2g/cm^3)的掺量一般为菱苦土的 55%～60%。掺量太大则凝结速度过快，且收缩大、强度低。掺量过少，则硬化太慢、强度也低。菱苦土用 $MgCl_2$ 溶液拌和的反应式如下：

$$MgO + MgCl_2 + H_2O \rightarrow MgO \cdot xMgCl \cdot yH_2O$$

3.3　镁质胶凝材料的应用

菱苦土能与木质材料很好地黏结，而且碱性较弱，不会腐蚀有机纤维，但对铝、铁等金属有腐蚀作用，不能让菱苦土直接接触金属。在建筑上常用来制造木屑地板、木丝板、刨花板等，菱苦土材料应用如图 2-3-2 所示。

菱苦土木屑地面有弹性，能防爆(碰撞时不发出火星)、防火，导热性小，表面光洁，不产生噪音与尘土，宜用于纺织车间等。菱苦土木丝板、刨花板和零件则可用于临时性建筑物的内墙、天花板、楼梯扶手等。目前，菱苦土材料主要用作机械设备的包装构件，可节省大量木材。

菱苦土制品只能用于干燥环境中，不适用于受潮、遇水和受酸类侵蚀的地方。

菱苦土运输和储存时应避免受潮，也不可久存，以防其吸收空气中水分而成为$Mg(OH)_2$，再碳化为 $MgCO_3$，从而失去胶凝能力。

苛性白云石的性质、用途与菱苦土相似，但质量稍差。

图 2-3-2　菱苦土材料应用

项目 4　水玻璃

4.1　水玻璃的组成

水玻璃俗称泡花碱，是由不同比例的碱金属氧化物和二氧化硅结合而成的可溶于水的一种硅酸盐物质，其化学通式为 $R_2O \cdot nSiO_2$，式中的 R_2O 为碱金属氧化物；n 为 SiO_2 和 R_2O 的摩尔比值，称为水玻璃模数。根据碱金属氧化物种类的不同，水玻璃主要品种有硅酸钠水玻璃，简称钠水玻璃（$Na_2O \cdot nSiO_2$）、硅酸钾水玻璃（$K_2O \cdot nSiO_2$）等。土建工程中，最常用的是钠水玻璃。水玻璃产品有块状、粉状和液态三种形态，如图 2-4-1 所示。

(a)块状

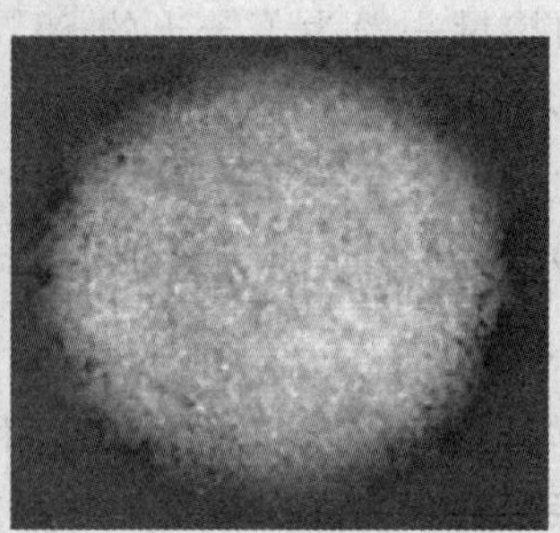

(b)粉状

(c)液态

图 2-4-1　水玻璃产品

质量好的水玻璃溶液无色而透明，若在制备过程中混入不同的杂质，则会呈淡黄色到灰黑色之间的各种色泽。市场销售的水玻璃，模数通常在 1.5～3.5 之间；建筑上常用的水玻璃的模数一般为 2.5～2.8。固体水玻璃在水中溶解的难易程度，随模数而改变。当 n 为 1 时，能溶于常温水中；n 增大则只能在热水中溶解；当 n 大于 3 时，要在 0.4MPa 以上的蒸气中才能溶解。液体水玻璃可以以任何比例加水混合成不同浓度或密度的溶液。

水玻璃分类情况如下：

(1)按模数大小分：高模数水玻璃和低模数水玻璃。

(2)按碱金属氧化物分：钾水玻璃、钠水玻璃和混合水玻璃。

(3)按溶制时的原料，特别是碱金属氧化物原料分：纯碱(碳酸盐)水玻璃和硫酸钠水玻璃。

(4)按水玻璃中二氧化硅含量多少分：中性水玻璃、碱性水玻璃，水解后都为碱性水玻璃。

水玻璃的生产工艺有干法和湿法两种，其具体反应式如下：

湿法：$R_2O + nSiO_2 + H_2O \rightarrow$ 水玻璃

干法：$R_2O + nSiO_2 \rightarrow R_2O \cdot nSiO_2 + H_2O \rightarrow$ 水玻璃

4.2 水玻璃的硬化

液体水玻璃吸收空气中的二氧化碳，形成无定形二氧化硅凝胶，并逐渐干燥而硬化，其反应式为：

$$Na_2O \cdot nSiO_2 + CO_2 + mH_2O \rightarrow nSiO_2 \cdot mH_2O + Na_2CO_3$$

由于空气中 CO_2 浓度较低，上式的反应过程进行得很慢，为加速硬化，可加热或掺入促硬剂氟硅酸钠(Na_2SiF_6)，促使二氧化硅凝胶加速析出，氟硅酸钠的适宜掺量为水玻璃质量的12%～15%。掺量太少，不但硬化慢、强度低，而且未经反应的水玻璃易溶于水，从而使耐水性变差；掺量太多，会引起凝结过速，使施工困难，而且渗透性大，强度也低。

4.3 水玻璃的性质

水玻璃的性质有：

(1)黏结力强，强度较高。水玻璃硬化后具有较高的强度，如水玻璃胶泥的抗拉强度大于2.5MPa，水玻璃混凝土的抗压强度为15～40MPa。此外，水玻璃硬化析出的硅酸凝胶还可堵塞毛细孔隙而防止水渗透。对于同一模数的液体水玻璃，其浓度愈稠、密度愈大，则黏结力愈强。而不同模数的液体水玻璃，模数越大，其胶体组分越多，黏结力也随之增加。

(2)耐酸能力强。硬化后的水玻璃，由于起胶凝作用的主要成分是含水硅酸凝胶($nSiO_2 \cdot mH_2O$)，所以能抵抗大多数无机酸和有机酸的作用，但水玻璃类材料不耐碱性介质侵蚀。

(3)耐热性好。由于硬化水玻璃在高温作用下脱水、干燥并逐渐形成 SiO_2 空间网状骨架，所以具有良好的耐热性能。

4.4 水玻璃的应用

水玻璃的应用有：

(1)配制耐酸砂浆和混凝土。水玻璃具有很高的耐酸性，以水玻璃为胶结材料，加入促硬剂和耐酸粗、细骨料，可配制成耐酸砂浆或耐酸混凝土，用于耐腐蚀工程。如铺砌的耐酸块材用于浇筑地面、整体面层、设备基础等。

(2)配制耐热砂浆和混凝土。水玻璃耐热性能好，能长期承受一定的高温作用，用它与促硬剂及耐热骨料等可配制耐热砂浆或耐热混凝土，用于高温环境中的非承重结构及构件。

(3)加固地基。将模数为2.5～3的液体水玻璃和氯化钙溶液交替压入地下，由于两种溶液发生化学反应，析出硅酸胶体，将土壤颗粒包裹并填实其孔隙。由于硅酸胶体膨胀挤压可阻止水分的渗透，使土壤固结，因而提高了地基的承载力。

(4) 涂刷或浸渍材料。将液体水玻璃直接涂刷在建筑物表面,可提高其抗风化能力和耐久性。而以水玻璃浸渍多孔材料,可使材料的密实度、强度、抗渗性均得到提高。这是因为水玻璃在硬化过程中所形成的凝胶物质封堵和填充材料表面及内部孔隙的结果。需要注意的是,不能用水玻璃涂刷或浸渍石膏制品,因为水玻璃与硫酸钙反应生成体积膨胀的硫酸钠晶体会导致石膏制品的开裂以至破坏。

(5) 修补裂缝、堵漏。将液体水玻璃、粒化矿渣粉、砂和氟硅酸钠按一定比例配合成砂浆,直接压入砖墙裂缝内,可起到黏结和增强的作用。在水玻璃中加入各种矾类的溶液,可配制成防水剂,能快速凝结硬化,适用于堵漏填缝等局部抢修工程。水玻璃不耐氢氟酸、热磷酸及碱的腐蚀,而水玻璃的凝胶体在大孔隙中会有脱水干燥收缩现象,降低使用效果。水玻璃的包装容器应注意密封,以避免水玻璃和空气中的二氧化碳反应而分解,并避免落进灰尘、杂质。

模块知识巩固

1. 生产石膏胶凝材料的主要原材料有哪些?
2. 天然二水石膏的分类及影响天然二水石膏品级的因素。
3. β 型半水石膏及 α 型半水石膏的形成机理。
4. 半水石膏水化的溶解析晶理论。
5. 影响半水石膏水化过程的主要因素。
6. 为什么在潮湿环境下,石膏硬化体的强度会下降?
7. 如何用溶解析晶理论分析影响石膏浆体结构强度发展的因素?
8. 液相过饱和度对石膏浆体结构强度的影响。
9. 石膏硬化浆体耐水性差的原因及解决措施。
10. 石灰的分类。
11. 消化速度、陈伏和碳化的定义。
12. 如何提高碳酸钙的分解率?
13. 影响碳酸钙煅烧温度的因素。
14. 石灰水化反应的条件。
15. 影响石灰水化反应的因素。
16. 石灰水化特点及控制体积变化的措施。
17. 石灰的硬化。
18. 镁质胶凝材料的水化硬化机理。
19. 镁质胶凝材料的应用。
20. 水玻璃材料的水化硬化机理。
21. 水玻璃材料的应用。

扩展阅读

【材料1】树干涂白用的什么材料?为什么树干要涂白?

树干涂白的主要成分是石灰浆。树干涂白的主要原因:

(1)杀菌、防止病菌感染,并加速伤口愈合。

(2)杀虫、防虫。杀死树皮内的越冬虫卵和蛀干昆虫。由于害虫一般都喜欢黑色、肮脏的地方,不喜欢白色、干净的地方。树干涂上了雪白的石灰水,土壤里的害虫便不敢沿着树干爬到树上，此外，还可防止树皮被动物咬伤。

(3)防冻害和日灼，避免早春霜害。冬天，夜里温度很低，到了白天，受到阳光的照射，气温升高，而树干是黑褐色的，易于吸收热量，树干温度也上升很快。这样一冷一热，使树干容易冻裂。尤其是大树，树干粗，颜色深，而且组织韧性又比较差，更容易裂开。涂了石灰水后，由于石灰是白色的，能够使40%～70%的阳光被反射掉，因此树干在白天和夜间的温度相差不大，就不易裂开。此外，涂石灰水还能延迟果树萌芽和开花期，防止早春霜害。

(4)方便夜间行路。树木刷成白色后，会反光，夜间的行人，可以将道路看得更加清楚，并起到美化作用，给人一种很整齐的感觉。

题图2-1　树干涂白

【材料2】建筑石膏及其制品为什么适用于室内，而不适用于室外使用?

建筑石膏及其制品适用于室内装修，主要是由于建筑石膏及其制品在凝结硬化后具有以下的优点：

(1)石膏表面光滑饱满，颜色洁白，质地细腻，具有良好的装饰性。加入颜料后，可具有各种色彩。建筑石膏在凝结硬化时产生微膨胀，故其制品的表面较为光滑饱满，棱角清晰完整，形状、尺寸准确、细致，装饰性好。

(2)硬化后的建筑石膏中存在大量的微孔，故其保温性、吸声性好。

(3)硬化后石膏的主要成分是二水石膏，当受到高温作用或遇火后会脱出21%左右的结晶水，并能在表面蒸发形成水蒸气幕，可有效地阻止火势的蔓延，具有一定的防火性。

(4)建筑石膏制品还具有较高的热容量和一定的吸湿性，故可调节室内的温度和湿度，改变室内的小气候。

在室外使用建筑石膏制品时，必然要受到雨水冰冻等的作用，而建筑石膏制品的耐水性差，且其吸水率高，抗渗性、抗冻性差，所以不适用于室外使用。

模块三 水硬性胶凝材料

模块概述

水硬性胶凝材料不仅能在空气中，而且能更好地在水中硬化，保持并继续发展其强度，如各种水泥。水泥的发明为建筑工程的发展提供了物质基础，使其由陆地工程发展到水中、地下工程，由民用建筑、港口码头等重点工程到国防工程等。水泥发明至今已有一百多年的历史，它始终是用途最广、用量最多、无可替代的一种重要的胶凝材料。

知识目标

能正确认知水硬性胶凝材料的类型及特性；
能了解硅酸盐水泥的原材料及生产工艺；
能熟练掌握通用硅酸盐水泥的分类和各自的组成及特性；
能熟练掌握通用硅酸盐水泥的技术指标；
能正确分析硅酸盐水泥熟料矿物的形成及水化特性；
能掌握水泥石的工程性质及应用；
能了解特种水泥的类型及工程应用；
能熟练掌握通用硅酸盐水泥的检测标准和规范等。

技能目标

能分析并鉴别通用硅酸盐水泥的特性和类型；
能独立完成硅酸盐类水泥抽样及各主要技术指标检测，对水泥是否合格做出正确判断；
能独立处理数据，正确填写试验报告；
具备从事水泥检测等试验员及材料员岗位的能力；
具有根据工程特点及所处环境，正确选择和使用水泥品种的能力，会运用现行检测标准发现、分析和处理建筑施工中出现的技术问题。

课时建议

42 学时

项目 1 硅酸盐水泥

水泥是具有水硬性的一类无机胶凝材料。通过与水的化学反应(称为水化)，水硬性水泥凝结和硬化，在此反应过程中，水泥与水化合形成如岩石般的固体，称为水泥石。将水泥浆与集料(砂和砂砾、碎石或其他粒状物质)混合时，起胶结作用的水泥浆可将集料胶结在一起形成砂浆和混凝土。

按照《通用硅酸盐水泥》(GB175－2007)规定：凡细磨材料，加入适量水后，成为塑性浆状，能在空气中硬化，又能在水中硬化，并能把砂、石等材料牢固地胶结在一起的水硬性胶凝材料，通称水泥。

水泥的品种很多，一般按照其所含主要水硬性矿物的不同，分为硅酸盐水泥、铝酸盐水泥、硫铝酸盐水泥、氟铝酸盐水泥以及工业废渣或地方材料为主要成分的水泥。

另外，水泥还可以根据其用途和性能的不同分为通用水泥、专用水泥和特种水泥三大类。

通用水泥是指大量用于土木工程一般用途的水泥，包括硅酸盐水泥、普通硅酸盐水泥、矿渣硅酸盐水泥、火山灰质硅酸盐水泥、粉煤灰硅酸盐水泥和复合硅酸盐水泥等。

专用水泥是指有专门用途的水泥，如油井水泥、大坝水泥、道路水泥、砌筑水泥等。

特种水泥是指具有某种特殊性能的水泥品种，如膨胀水泥、快硬硅酸盐水泥、低热矿渣水泥、抗硫酸盐水泥、白色硅酸盐水泥和彩色硅酸盐水泥等。

广义来讲，硅酸盐水泥是以硅酸钙为主要成分的熟料所制得的一系列水泥的总称。从狭义来讲，硅酸盐水泥是一种基本不掺混合材料的以硅酸钙为主要成分的熟料所制得的水泥品种。如掺入一定数量的混合材料，则需在硅酸盐水泥名称前面冠以混合材料的名称，如矿渣硅酸盐水泥、火山灰质硅酸盐水泥、粉煤灰硅酸盐水泥等。

按照《通用硅酸盐水泥》(GB175－2007)规定，凡由硅酸盐水泥熟料、0～5%的石灰石或粒化高炉矿渣、适量石膏磨细制成的水硬性胶凝材料，称为硅酸盐水泥(即波特兰水泥)。硅酸盐水泥分为两种类型：不掺混合材料的称为Ⅰ型硅酸盐水泥，代号P·Ⅰ；掺加不超过水泥质量5%的石灰石或粒化高炉矿渣的称为Ⅱ型硅酸盐水泥，代号P·Ⅱ。

水泥广泛应用于各个领域，如建筑、交通、水利、电力和国防工程等都离不开水泥。因此，新中国成立以来，我国水泥工业得到了大力发展，如图3-1-1为安徽海螺水泥厂。

中国建筑材料联合会2011年10月18日颁布的《建筑材料行业“十二五”科技发展规划》指出了有关水泥材料与工程技术创新发展的三个方面，即“新型干法水泥技术”、“水泥产业向生态环保产业转型”和“新型节能低碳水泥”，它是“十二五”时期中国水泥实现产业转型升级、引领世界水泥发展的三个支撑点，是“十二五”时期科技创新赶超的重点目标。

在21世纪乃至更长的时期，水泥和水泥混凝土以及其制品，仍将是主要的建筑材料，水泥的产量仍将持续增长。在水泥品种方面，将加速发展快硬、高强、低热、膨胀、油井等特种用途的水泥和水泥外加剂，增加高强度等级水泥的比重，以适应能源、交通和国防等部门的需要。

图3-1-1 安徽海螺水泥厂

1.1 硅酸盐类水泥的生产

水泥品种繁多，虽种类与特性各异，但是水泥的生产均是经过生料制备、熟料烧成、粉磨包装等工艺过程构成。我国水泥产量的90％左右属以硅酸盐为主要水硬性矿物的硅酸盐水泥。因此，本项目在讨论水泥的生产时，以硅酸盐水泥为基础。

硅酸盐水泥是通过磨细熟料来生产的，熟料主要由水硬性硅酸钙组成，也含有一些铝酸钙、铁铝酸钙，将一种或多种形式的硫酸钙(石膏)与熟料一起磨细，即可得到硅酸盐水泥。

1. 生产硅酸盐水泥的原料

用于生产硅酸盐水泥熟料的原料中必须含有适当的氧化钙、氧化硅、氧化铝和三氧化二铁组分。生产过程中，需要对所有的材料进行化学分析以保证水泥质量优异、均匀。生产硅酸盐水泥的原料，主要有石灰质原料和黏土质原料两类。石灰质原料主要提供CaO，可选用石灰岩、泥灰岩、白垩及贝壳等。黏土质原料主要提供引SiO_2、Al_2O_3，以及少量的Fe_2O_3，可选用黏土、黄土、页岩和泥岩等。如果所选用的两种原料，按一定的配比组合还满足不了形成熟料矿物所要求的化学组成时，则要加入第三甚至第四种校正原料加以调整。例如，生料中Fe_2O_3含量不足时，可加入硫铁矿渣或含铁量高的黏土加以校正；如果生料中SiO_2含量不足，可选用硅藻土、硅藻石、蛋白石、火山灰、硅质渣等加以校正；如果生料中Al_2O_3含量不足时，可加入铁矾土废料或含铝高的黏土加以调整。此外，为了改善煅烧条件，常加入少量的矿化剂，如萤石、石膏、重晶石尾矿、铝锌尾矿或铜矿渣等。

生产水泥所用原料(见表3-1-1)在采石场经过选矿(见图3-1-2)并运输至水泥厂，对原材料均化后进行粉碎(见图3-1-3)、磨细并按照一定比例配合使混合物具有预期的化学组成。

表3-1-1 硅酸盐水泥的原料来源

组分	氧化钙	三氧化二铁	氧化硅	氧化铝	硫酸钙
原料来源	石灰石、文石、方解石、大理石、页岩、碱性废渣、水泥窑灰、水泥用灰岩、白垩、泥灰岩、海贝壳、矿渣、漂白土、黏土	铁矿石、黏土、高炉烟道灰、铁磷、洗矿液、页岩、黄铁矿渣	黏土、泥灰岩、砂岩、页岩、矿渣、暗色岩、硅酸钙、水泥用灰岩、粉煤灰、漂白土、石灰石、黄土、稻壳灰、洗矿液、石英岩	黏土、粉煤灰、矾土、含铝矿石废料、水泥用灰岩、铜矿渣、漂白土、花岗闪长岩、石灰石、黄土、洗矿液、页岩、矿渣、十字石	硬石膏、石膏、硫酸钙

注：许多工业副产品都可能是潜在的生产硅酸盐水泥的原料。

图 3-1-2　原材料矿山开采

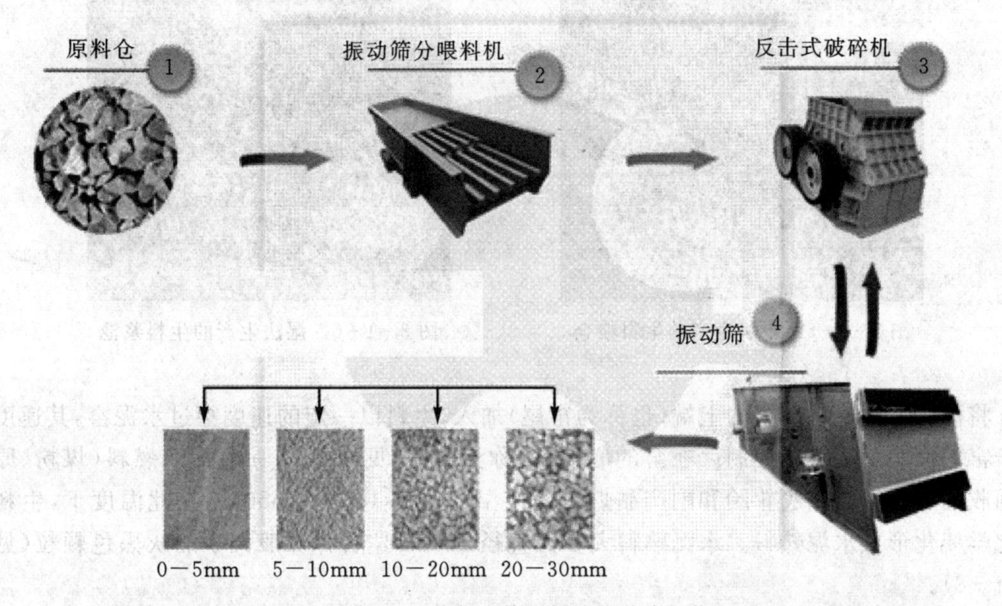

图 3-1-3　石灰石等原料矿物破碎工艺

随着工业的发展，综合利用工业废渣已成为水泥工业的一项重大任务。如粉煤灰、硫铁渣、电石渣、煤矸石、石煤等在水泥生产中都有应用。

2.硅酸盐水泥的生产流程

硅酸盐水泥生产工艺流程图如图 3-1-4 所示。

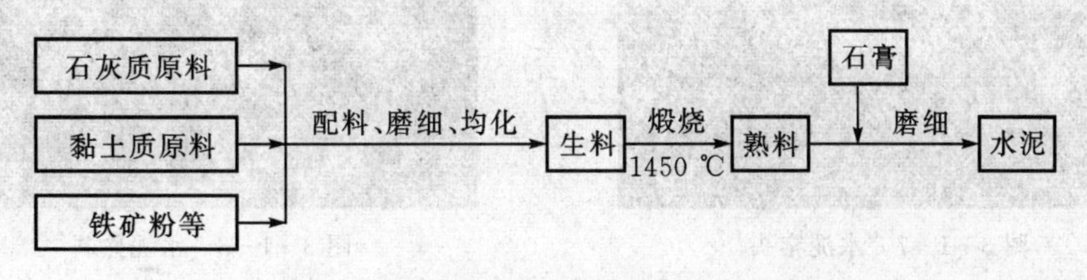

图 3-1-4　新型干法水泥生产工艺流程图

硅酸盐水泥的生产分为三个阶段：

(1)生料的制备。将石灰石原料、黏土质原料与少量铁质、硅质、铝质等校正原料经破碎或烘干，按一定比例配合、磨细后，就可调配成成分合适、质量均匀的生料。

(2)熟料的煅烧。将生料在水泥窑内煅烧至部分熔融，即可制得以硅酸钙为主要成分的硅酸盐水泥熟料。

(3)水泥的粉磨。将硅酸盐水泥熟料、适量石膏，有时再加入一定量的混合材料共同磨细即可得到硅酸盐水泥。概括而言，硅酸盐水泥的生产包括“两磨一烧”。

水泥一般可用干法和湿法工艺生产。干法工艺中(见图3-1-5)，生料的粉磨和混合都是以干燥状态进行的，特点是能耗低但粉尘大；湿法工艺中(见图3-1-6)，生料的粉磨和混合都是将原料加水拌和使之成为料浆后进行的，主要的湿法生产线是利用湿料(如河泥)进行生产的，特点是粉尘小但能耗高。除此之外，干法和湿法工艺在其他方面是极为相似的。

图3-1-5　干法生产的生料粉仓

图3-1-6　湿法生产的生料浆池

将混合好的生料从窑的上端(也称为窑尾)加入，生料以一定的速度穿过水泥窑，其速度取决于窑的倾斜度和转速控制。在窑的底端(又称为窑头，见图3-1-7)加入燃料(煤粉、原油或回收油、天然气、橡胶轮胎和副产品燃料)，使温度达到1400～1550℃，在此温度下，生料发生化学变化形成水泥熟料。水泥熟料大多为直径20mm左右弹珠般大小的灰黑色颗粒(见图3-1-8)。

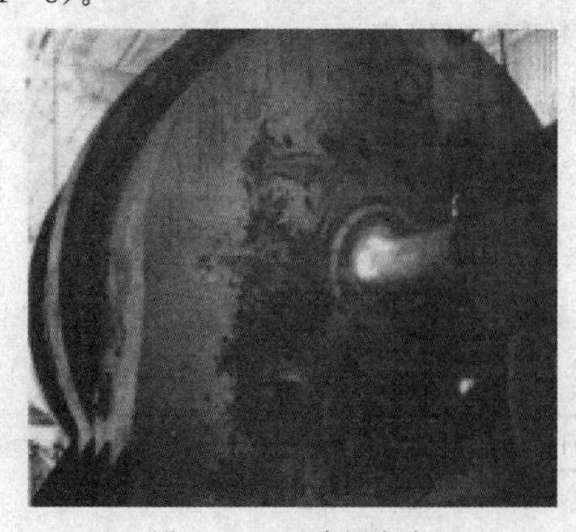

图3-1-7　水泥窑头

图3-1-8　水泥熟料

熟料冷却后，将其磨细，在粉磨过程中，需要加入适量的石膏(见图3-1-9)，以调整水泥的凝结时间和改善其收缩及强度发展的性能。熟料在磨机内要粉磨至足够细，使其几乎都能够通过 80μm 筛，这种极细的灰色粉末即为硅酸盐水泥（见图 3－1－10）。

图 3－1－9 石膏

图 3－1－10 硅酸盐水泥

1.2 通用硅酸盐水泥技术指标

国家标准《通用硅酸盐水泥》（GB/T 175－2007）对硅酸盐水泥的主要技术性质要求如下：

1.2.1 化学指标

1. 化学成分对水泥性能的影响

为了保证水泥的使用质量，水泥的化学性质指标主要是控制水泥中有害的化学成分，要求其不超过一定的限量，如果超过限量则意味着对水泥性能和质量可能产生有害或潜在的影响。

（1）氧化镁。在硅酸盐水泥熟料矿物中常含有少量游离氧化镁，这种游离氧化镁是熟料冷却时形成的方镁石晶体，它与水反应生成氢氧化镁的速度很慢，常常会在水泥硬化以后才开始水化，并在水化时产生很大的体积膨胀，可导致水泥石和混凝土产生裂缝甚至破坏，因此，过量的游离氧化镁是引起水泥体积安定性不良的原因之一。

（2）三氧化硫。水泥中的三氧化硫主要是在生产水泥时为了调整凝结时间加入石膏而带入的，也可能是煅烧熟料时加入石膏矿化剂而带入的。适当的石膏可以改善水泥的性能（如提高水泥的强度，降低收缩，改善抗冻性、耐腐蚀性和抗渗性等），但是如果石膏超过一定限量后，会在水泥硬化后与水化铝酸钙反应生成水化硫铝酸钙，并因体积膨胀而导致水泥石或混凝土开裂甚至破坏，因此，水泥中过量的石膏也是导致水泥体积安定性不良的原因之一，必须限制水泥中三氧化硫的最大含量。

（3）烧失量。水泥煅烧不佳或受潮后，均会导致烧失量增加。烧失量测定是以水泥试样在 950～1000℃下烧灼 15～20min，冷却至室温称重，如此反复灼烧，直至恒重，然后按下式计算烧失量：

$$X_L=\frac{m_0-m_1}{m_0}\times 100\%$$

式中，X_L——烧失量（%）；

m_0——灼烧前试样质量（g）；

m_1——灼烧后试样质量（g）。

（4）不溶物。测定水泥中的不溶物，先用盐酸溶解，然后滤去不溶残渣，经碳酸钠处理后，再用盐酸中和，高温灼烧后称重，按下式计算：

$$X_N=\frac{m_1}{m_0}\times 100\%$$

式中，X_N——不溶物(%)；

m_0——试样质量(g)；

m_1——灼烧后不溶物质量(g)。

(5)水化热。水化热是指水泥和水之间发生化学反应放出的热量，通常以焦耳/千克(J/kg)表示。水泥水化放出的热量以及放热速度，主要决定于水泥的矿物组成和细度。熟料矿物中铝酸三钙和硅酸三钙的含量愈高，颗粒愈细，则水化热愈大。这对一般建筑的冬季施工是有利的，但对于大体积混凝土工程是有害的。为了避免由于温度应力引起水泥石的开裂，在大体积混凝土工程施工中，不宜采用硅酸盐水泥，而应采用水化热低的水泥，如中热水泥、低热矿渣水泥等。水化热的数值可根据国家标准规定的方法测定。

2. 化学指标要求

通用硅酸盐水泥的化学指标应符合表 3-1-2 规定。

表 3-1-2 通用硅酸盐水泥的化学指标

<table>
<tr><th>品种</th><th>代号</th><th>不溶物(%)</th><th>烧失量(%)</th><th>三氧化硫(%)</th><th>氧化镁(%)</th><th>氯离子(%)</th></tr>
<tr><td rowspan="2">硅酸盐水泥</td><td>P·I</td><td>≤0.75</td><td>≤3.0</td><td rowspan="3">≤3.5</td><td rowspan="3">≤5.0①</td><td rowspan="8">≤0.06③</td></tr>
<tr><td>P·Ⅱ</td><td>≤1.50</td><td>≤3.5</td></tr>
<tr><td>普通硅酸盐水泥</td><td>P·O</td><td>—</td><td>≤5.0</td></tr>
<tr><td rowspan="2">矿渣硅酸盐水泥</td><td>P·S·A</td><td>—</td><td>—</td><td rowspan="2">≤4.0</td><td>≤6.0②</td></tr>
<tr><td>P·S·B</td><td>—</td><td>—</td><td>—</td></tr>
<tr><td>火山灰质硅酸盐水泥</td><td>P·P</td><td>—</td><td>—</td><td rowspan="3">≤3.5</td><td rowspan="3">≤6.0②</td></tr>
<tr><td>粉煤灰硅酸盐水泥</td><td>P·F</td><td>—</td><td>—</td></tr>
<tr><td>复合硅酸盐水泥</td><td>P·C</td><td>—</td><td>—</td></tr>
<tr><td colspan="7">①如果水泥压蒸试验合格，则水泥中氧化镁的含量(质量分数)允许放宽至 6.0%。
②如果水泥中氧化镁的含量(质量分数)大于 6.0%时，需进行水泥压蒸安定性试验并合格。
③当有更低要求时，该指标由买卖双方协商确定。</td></tr>
</table>

1.2.2 碱含量(选择性指标)

水泥中碱含量按 $Na_2O+0.658K_2O$ 计算值表示。若使用活性骨料，用户要求提供低碱水泥时，水泥中的碱含量应不大于 0.60%或由买卖双方协商确定。

碱含量过高对于使用活性骨料的混凝土来说十分不利。因为活性骨料会与水泥中所含的碱性氧化物发生化学反应，生成具有膨胀性的碱硅酸凝胶物质，会对混凝土的耐久性产生很大影响，这一反应也是通常所说的碱—集料反应。

1.2.3 物理力学指标

(1)细度。细度是指水泥颗粒粗细的程度，它是影响水泥需水量、凝结时间、强度和安定性能的重要指标。颗粒越细，与水反应的表面积越大，水化反应的速度越快，水泥石的早期强度越高，但硬化体的收缩也越大，使水泥在储运过程中易受潮而降低活性。因此，水泥细度应适当。根据国家标准GB175－2007规定，硅酸盐水泥的细度用透气式比表面仪测定，要求其比表面积应大于300m^2/kg。

(2)标准稠度及用水量。在测定水泥凝结时间、体积安定性等性能时，为使所测结果有准确的可比性，规定在试验时所使用的水泥净浆必须以标准方法(按GB/T1346规定)测试，并达到统一规定的浆体可塑性程度(标准稠度)。水泥净浆标准稠度用水量，是指拌制水泥净浆时为达到标准稠度所需的加水量，它用水与水泥质量之比的百分数表示。

(3)凝结时间。国家标准规定：硅酸盐水泥初凝时间不得早于45min，终凝时间不得迟于6.5h。凝结时间是指水泥从加水开始到失去流动性，即从可塑状态发展到开始形成固体状态所需的时间，分为初凝时间和终凝时间。初凝时间为水泥从开始加水拌和起至水泥浆开始失去可塑性所需的时间；终凝时间是从水泥开始加水拌和起至水泥浆完全失去可塑性，并开始产生强度所需的时间。水泥的凝结时间对施工有重大意义，水泥的初凝不宜过早，以便在施工时有足够的时间完成混凝土或砂浆的搅拌、运输、浇捣和砌筑等操作；水泥的终凝不宜过迟，以免拖延施工工期。

(4)体积安定性。水泥体积安定性简称水泥安定性，是指水泥浆体硬化后体积变化的稳定性。安定性不良的水泥，在浆体硬化过程中或硬化后产生不均匀的体积膨胀，并引起开裂。水泥安定性不良的主要原因是熟料中含有过量的游离氧化钙、游离氧化镁或掺入的石膏过多等。因此，国家标准规定，水泥熟料中游离氧化镁含量不得超过5.0%，三氧化硫含量不得超过3.5%，用沸煮法检验必须合格。体积安定性不合格的水泥不能用于工程中。

(5)水泥的强度与等级。水泥强度是表征水泥力学性能的重要指标，它与水泥的矿物组成、水泥细度、水灰比大小、水化龄期和环境温度等密切相关。为了统一试验结果的可比性，水泥强度必须按《水泥胶砂强度试验方法(ISO法)》(GB/T 17671－1999)的规定制作试块，然后养护并测定其抗压和抗折强度值，该值是评定水泥等级的依据。不同品种不同强度等级的通用硅酸盐水泥，其不同各龄期的强度应符合表3-1-3的规定。

表 3-1-3　通用硅酸盐水泥各龄期的强度值(GB/T 175—2007)

品　种	强度等级	抗压强度(MPa)		抗折强度(MPa)	
		3d	28d	3d	28d
硅酸盐水泥	42.5	≥17.0	≥42.5	≥3.5	≥6.5
	42.5R	≥22.0		≥4.0	
	52.5	≥23.0	≥52.5	≥4.0	≥7.0
	52.5R	≥27.0		≥5.0	
	62.5	≥28.0	≥62.5	≥5.0	≥8.0
	62.5R	≥32.0		≥5.5	
普通硅酸盐水泥	42.5	≥17.0	≥42.5	≥3.5	≥6.5
	42.5R	≥22.0		≥4.0	
	52.5	≥23.0	≥52.5	≥4.0	≥7.0
	52.5R	≥27.0		≥5.0	
矿渣硅酸盐水泥 火山灰硅酸盐水泥 粉煤灰硅酸盐水泥 复合硅酸盐水泥	32.5	≥10.0	≥32.5	≥2.5	≥5.5
	32.5R	≥15.0		≥3.5	
	42.5	≥15.0	≥42.5	≥3.5	≥6.5
	42.5R	≥19.0		≥4.0	
	52.5	≥21.0	≥52.5	≥4.0	≥7.0
	52.5R	≥23.0		≥4.5	

注：R 指早强型。

表 3-1-3 为国家标准中规定的硅酸盐水泥各龄期的强度值，硅酸盐水泥各龄期的强度值均不得低于表中相对应的强度等级所要求的数值。为提高水泥早期强度，我国现行标准将水泥分为普通型和早强型(R 型)，早强型水泥 3d 抗压强度可达 28d 抗压强度的 50%。

1.3　硅酸盐水泥熟料矿物形成的物理化学过程

在硅酸盐水泥生产的三个阶段中，熟料的煅烧是影响水泥性能的主要阶段。生料在煅烧过程中形成硅酸盐水泥熟料的物理化学过程是十分复杂的，大体可以分为五个阶段：

(1)生料的干燥和脱水。

(2)碳酸盐的分解。

(3)固相反应。

(4)液相的形成和熟料的烧结。

(5)熟料的冷却。

图 3-1-11 为水泥熟料从生料到成品的生产过程中形态的变化示意图。

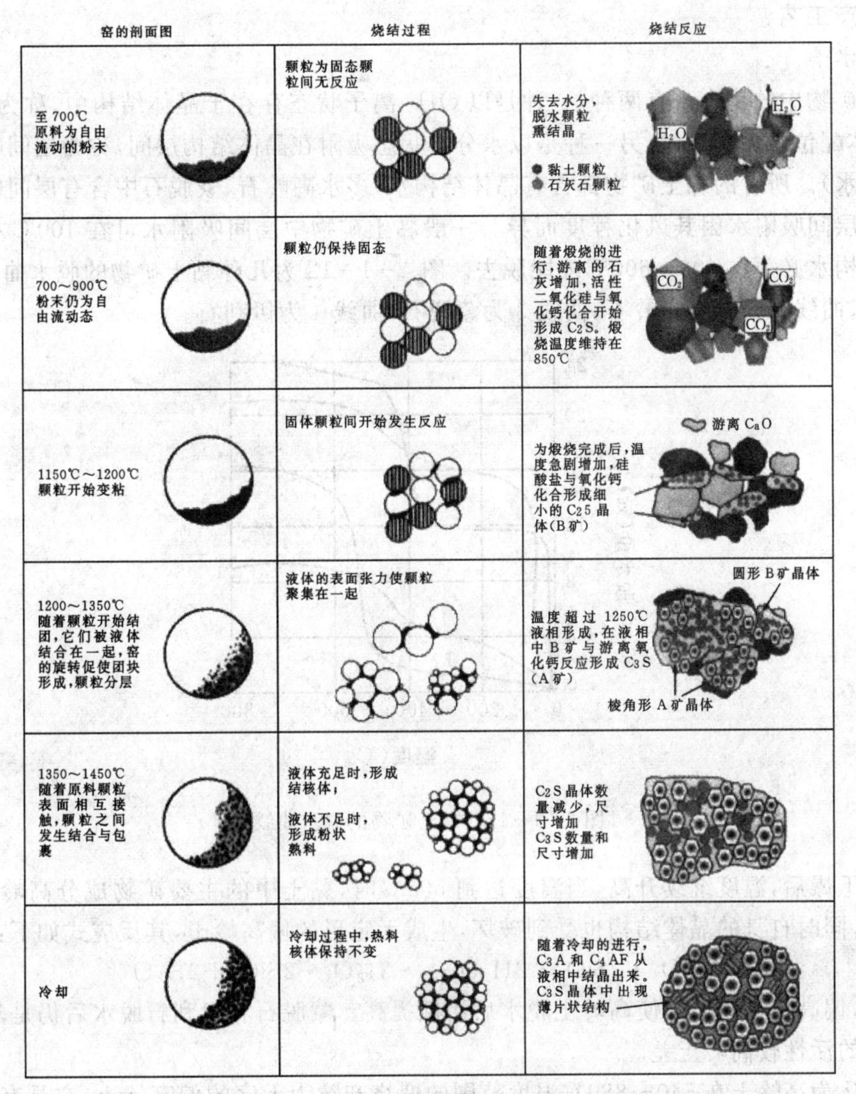

图3-1-11　水泥熟料从生料到成品的形态变化示意图

1.3.1　生料的干燥和脱水

生料的干燥是指其中自由水的蒸发。生料中黏土矿物分解并放出其中化合水的过程称为脱水。

1. 干燥

在入窑的生料中一般都会含有一定量的水分，但不同生产方法和窑型的生料含水量也不同。干法窑生料的含水率一般不超过1%，立窑和立波尔窑生料含水率为12%～15%，为保证生料浆的可泵性，湿法窑生料浆的含水率通常为30%～40%。

生料入窑后，物料温度逐渐升高，当温度达到100℃左右时，生料中的自由水开始蒸发，到150℃时，自由水全部蒸发。一般每1kg水蒸发潜热高达2257kJ（539kcal）。湿法回转窑每生产1kg熟料用于蒸发自由水的热量高达2100kJ，占总能耗的35%以上。所以，降低料浆水分或将料浆加工成料块，可以降低熟料的热耗，增加窑的产量，因此，一般采用耗能较低的干法或半干法的生产工艺。

2. 脱水

黏土矿物中的化合水有两种，一种是以 OH^- 离子状态存在于晶体结构中，称为晶体结构水（或晶体配位水、结晶水）；另一种是以水分子状态吸附在晶体结构层间，称为层间吸附水（或晶体层间水）。所有的黏土矿物都含有晶体结构水，多水高岭石、蒙脱石中含有层间吸附水，伊利石中的层间吸附水因其风化程度而异。一般黏土矿物中层间吸附水可在 100℃左右脱去，而晶体结构水必须在 400～600℃才能脱去。图 4－1－12 为几种黏土矿物的脱水曲线，曲线 1 为高岭石，曲线 2 为多水高岭石，曲线 3 为蒙脱石，曲线 4 为伊利石。

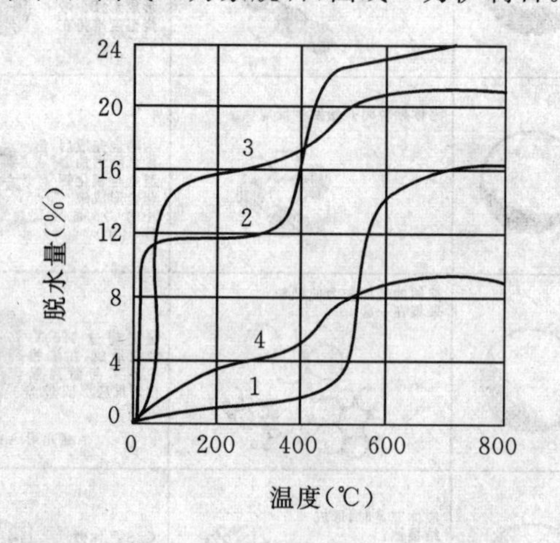

图 3－1－12　黏土矿物的脱水曲线

生料干燥后，温度继续升高，当温度达到 500℃时，黏土中的主要矿物成分高岭土脱去晶体结构水，同时自身的晶体结构也受到破坏，生成无定形的偏高岭土，其反应式如下：

$$Al_2O_3 \cdot 2SiO_2 \cdot 2H_2O \longrightarrow Al_2O_3 \cdot 2SiO_2 + 2H_2O$$

因此，偏高岭土的生成使高岭土脱水后活性提高。蒙脱石和伊利石脱水后仍是晶体结构，所以它们的活性较高岭土差。

研究认为高岭土在 540～880℃温度范围的煅烧产物为无序的偏高岭土，它具有较大的反应活性，但是当温度继续提高，则会形成稳定的莫来石，使其活性降低。但若采用急烧制度，虽然温度较高，但由于来不及形成稳定的莫来石，因而煅烧高岭土的产物仍可处于活性状态。

黏土矿物脱水分解反应是个吸热过程，每 1kg 高岭土在 450℃时吸热为 934kJ，但因黏土质原料在生料中含量较少，所以其吸热反应不显著。

1.3.2　碳酸盐分解

当窑内温度升高到 600℃时，生料中的碳酸钙和碳酸镁等碳酸盐开始分解，并放出二氧化碳，其反应式如下：

$$CaCO_3 \xrightarrow[\Delta]{1645J/g} CaO + CO_2\uparrow$$

$$MgCO_3 \xrightarrow[\Delta]{(1047\sim1214)J/g} MgO + CO_2\uparrow$$

1. 碳酸盐分解反应的过程

碳酸盐分解反应可分为以下五个过程：

(1)热气流向物料颗粒表面的传热过程。

(2)热量以传导的方式由颗粒表面向内部分解反应面传递的传热过程。

(3)碳酸盐在一定温度下,吸收热量进行分解并释放出二氧化碳的化学反应过程。

(4)分解出的二氧化碳穿过氧化钙层向表面扩散的传质过程。

(5)表面的二氧化碳通过扩散作用向周围气流中扩散的传质过程。

以上的五个过程中有四个物理传递过程和一个化学过程。由于每一个过程进行的速度不同,所以碳酸钙分解速度取决于其中最慢的一个过程。

根据B.富斯顿(B. Vosteen)的研究,当碳酸钙颗粒小于30μm时,由于传热和传质过程的阻力较小,因此,分解速度主要决定于化学反应所需的时间;当颗粒尺寸大于1cm后,则分解速度主要决定于传质过程,而化学反应过程降为次要地位。

在回转窑内,虽然生料粉的粒径通常只有30μm,但由于物料在窑内呈堆积状态,传热面积比较小,传热系数也很低,所以碳酸钙分解速度主要取决于传热过程;立窑和立波尔窑的生料为球状,由于颗粒较大,因而传热速度慢,传质的阻力也很大,所以决定碳酸钙分解速度的为传热和传质过程;在悬浮预热器和分解炉内,由于生料粉悬浮在气流中,其传热面积大,传热系数高(据测定其传热系数比回转窑内高2.5~10倍;传热面积比回转窑内大1300~4000倍,比立窑和立波尔窑大100~450倍),同时其传质阻力很小,所以,碳酸钙分解速度取决于化学反应过程。

2.碳酸盐分解反应的特点

(1)吸热反应:碳酸盐分解时需要吸收大量的热量,是熟料煅烧过程中热量消耗最多的一个过程,分解时吸收的热量约占干法窑热耗的1/2,湿法生产中热耗的1/3。

(2)可逆反应:碳酸盐分解反应受系统温度和周围介质中CO_2的分压影响很大,因此为使反应顺利进行,必须保持较高的煅烧温度,并把分解出的二氧化碳及时排走。

(3)受温度影响明显:碳酸钙约在600℃时就开始分解,但速度非常缓慢;到894℃时,分解出的二氧化碳分压达0.1MPa,碳酸盐分解速度加快;到1100—1200℃时,分解极为迅速。试验证明:温度每升高50℃,分解反应时间约可缩短50%。

3.影响碳酸钙分解反应的因素

碳酸钙在水泥生料中所占比率为80%左右,其分解过程需要吸收大量的热量,是熟料煅烧过程中能耗最大的,所以提高分解反应速度可以提高热效率,有利于降低能耗。碳酸钙分解反应是一个缩核型强吸热气固反应,并且烧失量大。影响碳酸钙分解反应速度的因素有:

(1)反应温度:提高反应温度,可以加快分解速度。

(2)系统中二氧化碳的分压:加强通风,及时排除二氧化碳降低其分压,有利于碳酸钙的分解。

(3)生料细度和颗粒级配:生料细度提高,颗粒均匀,粗粒少,可使生料的表面积增大,传热和传质速度加快,有利于碳酸钙的分解。

(4)生料的悬浮分散程度:如果生料的悬浮分散程度差,则相应增加了颗粒尺寸,减少了传热面积,降低了分解速度;提高生料的悬浮分散程度,即可增大传热面积,减少传质阻力,提高分解速度。窑外分解窑的悬浮预热系统(见图3-1-13)就是通过提高生料的悬浮分散程度达到提高碳酸钙分解反应的目的。

(5)石灰石的结构和物理性质:结构致密、质点排列整齐、结晶粗大、晶体缺陷少的石灰石

图 3-1-13 窑外分解窑的悬浮预热器

分解反应困难，如大理石。质地松软的白垩和内含其他成分多的泥灰岩，则分解反应容易、反应速度快。

(6)生料中黏土质组分的性质：黏土质原料中高岭土的活性大，蒙脱石和伊利石次之，石英砂最差。由于在800℃时黏土质组分会和氧化钙直接进行固相反应生成低钙矿物，所以黏土质原料的主导矿物是活性大的高岭土时，可以加速碳酸钙的分解。

1.3.3 固相反应

固相反应是指在固体与固体之间通过质点的相互扩散而进行的化学反应。在水泥熟料的煅烧过程中，从碳酸钙开始分解起，物料中就充满性质活泼的氧化钙，它与黏土质原料中的氧化硅、氧化铝及铁质原料中的氧化铁进行固相反应，形成相应的熟料矿物。其反应过程如下：

$$CaO+Al_2O_3 \longrightarrow CaO\cdot Al_2O_3 \quad (CA)$$

$$CaO+Fe_2O_3 \longrightarrow CaO\cdot Fe_2O_3 \quad (CF)$$

$$CaO+CaO\cdot Fe_2O_3 \longrightarrow 2CaO\cdot Fe_2O_3 \quad (C_2F)$$

$$2CaO+SiO_2 \longrightarrow 2CaO\cdot SiO_2 \quad (C_2S)$$

在800～900℃时，之前形成的CA继续与CaO进行如下反应：

$$5CaO+7(CaO\cdot Al_2O_3) \longrightarrow 12CaO\cdot 7Al_2O_3 \quad (C_{12}A_7)$$

在900～1000℃时，$C_{12}A_7$转化为C_3A，$C_{12}A_7$与C_2F反应生成C_4AF，具体反应式如下：

$$9CaO+12CaO\cdot 7Al_2O_3 \longrightarrow 7(3CaO\cdot Al_2O_3) \quad (C_3A)$$

$$2CaO+7(2CaO\cdot Fe_2O_3)+12CaO\cdot 7Al_2O_3 \longrightarrow 7(4CaO\cdot Al_2O_3\cdot Fe_2O_3) \quad (C_4AF)$$

在1100～1200℃时，大量形成C_3A和C_4AF，C_2S含量达到最大。

固相反应能够进行的主要原因是固态物质结构上存在缺陷。经过粉磨的固体粉末，其表面存在严重的晶体缺陷，使表面上的原子、分子或离子比较活泼。当温度升高时，这些晶体质点振动的振幅增大而脱离了固体表面参与反应。同时反应得以向内部扩散仍然是晶体结构本身的缺陷所致，如晶体内部存在空位，其他质点就有机会向内部扩散。当达到一定温度时，质点的能量增加到足够程度时，扩散就可以进行了，于是，固相反应也得以继续进行。所以，固相反应是放热的，生产硅酸盐水泥熟料时，每克原料在反应中放热量约为420～500J。

影响上述固相反应速度的因素主要有：

(1)固相反应的温度。固相反应一般包括固相界面上的反应和物质扩散迁移两个过程。当温度较低时，由于固体物质自身质点(原子、离子、分子)间有很大的作用力，固体的化学活性低，因此，在固相界面上的反应活性和反应速率均较低，而质点扩散迁移速度更慢，所以，固相反应通常需要在较高的温度下进行，提高温度就可以加快固相反应。

(2)生料的细度和均匀性。生料磨得越细，其颗粒尺寸越小，比表面积越大，各组分间接触面积越大，同时表面质点的自由能也越大，可以使反应和扩散能力加强，使反应速度加快。图3-1-14表示生料的细度对熟料游离氧化钙含量的影响，曲线1表示0.2mm以上占4.6%，0.09mm以上占9.9%；曲线2表示0.2mm以上占1.5%，0.09mm以上占4.1%；曲线3表示0.2mm以上占0.6%，0.09mm以上占2.3%。

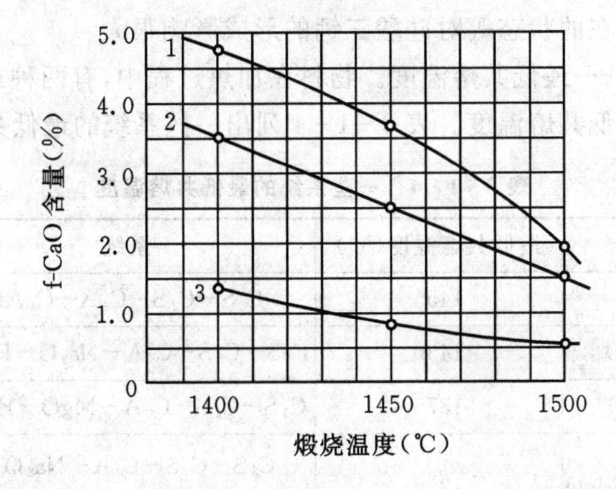

图3-1-14　生料细度对熟料中 *f*-CaO 含量的影响

由图3-1-14可以看出，当生料中粒度大于0.2mm的颗粒占4.6%，煅烧温度为1400℃时，熟料中未化合的游离氧化钙含量达4.7%；当粒度大于0.2mm颗粒减少到0.6%时，在同样温度下，熟料中游离氧化钙含量减少到1.5%以下。

但是，当生料磨细到一定程度后，如继续磨细，固相反应速度的增加不明显，而磨机的产量却会大大降低，粉磨电耗急剧增加。所以实际生产中应综合考虑，优化控制生料细度。生料均匀性好，即生料内各组分均匀混合，可以增加各组分间的接触，有利于加速固相反应。

(3)生料的物质状态。当相互反应的物质都处于晶型转变或刚分解的新生态时，由于其内部质点间的相互作用力较弱，因此，固相反应速度较快，能耗较低。

(4)矿化剂。矿化剂可以通过与反应物形成固溶体而使晶格活化，从而增强反应能力；或是与反应物形成某些活性中间体而处于活化状态；或是与反应物形成低共熔物，使物料在较低温度下出现液相，加速扩散和固相的溶解作用；或是促使反应物断键而提高其反应速度。因此，加入矿化剂可以加速固相反应。

1.3.4　液相的形成和熟料的烧结

1. 熟料的烧结

熟料的烧结主要是指硅酸盐水泥熟料中的主要矿物成分硅酸三钙的形成过程。若仅通过固相反应形成硅酸三钙，则需要反应温度为1600℃。为了降低硅酸三钙的形成温度，必须在烧成过程中出现液相。一般当物料温度达到1250～1280℃时，铁铝酸四钙、铝酸三钙、氧化镁及碱等开始熔融，氧化钙和硅酸二钙也逐步溶解于液体中。在液相中，硅酸二钙吸收氧化钙生成硅酸三钙。其反应式如下：

$$2CaO \cdot SiO_2 + CaO \longrightarrow 3CaO \cdot SiO_2(C_3S)$$

随着反应温度升高和时间的延长，液相量不断增加，液相黏度逐渐减小，氧化钙和硅酸二钙不断溶解反应，形成硅酸三钙，并使晶体逐渐发育长大，最终形成发育良好的阿利特晶体。当物料温度降到1300℃以下时，液相开始凝固，硅酸三钙形成的反应也就基本结束，完成了熟料的烧结。此时物料中少量未与硅酸二钙反应的氧化钙，则成为游离氧化钙。

2.影响熟料烧结的因素

在熟料的烧结过程中，液相生成温度、液相量、液相黏度、液相的表面张力、氧化钙溶于液相的速度以及反应物存在的状态等对硅酸三钙的形成影响很大。

(1)液相出现温度——最低共熔温度。物料在加热过程中，有两种或两种以上组分开始出现液相时的温度称为最低共熔温度。表3-1-4列出一些系统的最低共熔温度。

表3-1-4　一些系统的最低共熔温度

系统	最低共熔温度(℃)	系统	最低共熔温度(℃)
$C_3S-C_2S-C_3A$	1455	$C_3S-C_2S-C_3A-C_4AF$	1338
$C_3S-C_2S-C_3A-Na_2O$	1430	$C_3S-C_2S-C_3A-Na_2O-Fe_2O_3$	1315
$C_3S-C_2S-C_3A-MgO$	1375	$C_3S-C_2S-C_3A-MgO-Fe_2O_3$	1300
$C_3S-C_2S-C_3A-Na_2O-MgO$	1365	$C_3S-C_2S-C_3A-Na_2O-MgO-Fe_2O_3$	1280

由表3-1-4中可见：最低共熔温度与组分的数目和性质有关。由于硅酸盐水泥熟料中含有氧化镁、氧化钠、氧化钾、氧化钛、氧化磷、硫等次要组分，因此其最低共熔温度约为1250～1280℃。矿化剂和其他微量元素对降低最低共熔温度也有一定的作用。

(2)液相数量。熟料中生成液相量的多少与生料的化学成分、煅烧温度有关。同样的生料化学成分，当温度升高时，液相量增加；在同样的温度下，生料的化学成分不同，液相量也不同。一般硅酸盐水泥熟料在烧成阶段的液相量为20%～30%。

增加液相量，能够溶解更多的氧化钙和硅酸二钙，形成硅酸三钙速度也快。但是液相量过多，煅烧时易结大块，因而影响正常的生产，甚至造成煅烧过程的故障。因此，对一定的生料系统，其煅烧温度应控制在一个适当的温度范围内，即控制合适的烧结范围。

烧结范围是指生料加热至出现烧结所必需的、最少的液相量时的温度(即开始烧结的温度)与开始出现结大块(超过正常液相量)时温度的差值。若生料中液相量随温度升高增加很快，则其烧结范围较窄；而生料中液相量随温度升高增加缓慢，其烧结范围就较宽。烧结范围宽的生料，窑内温度波动时，不易发生生烧或烧结成大块的现象。过窄的烧结范围对煅烧操作的控制是不利的，一般铝率过低的生料，其烧结范围较窄。

(3)液相的性质。影响硅酸三钙形成的液相的性质包括液相的黏度和表面张力等。

液相黏度影响着硅酸三钙的形成速度和晶体尺寸。液相黏度小，则其黏滞阻力小，质点在液相中扩散速度快，有利于硅酸三钙的形成和晶体的发育成长。但黏度过小则不利于煅烧操作，黏度大则会由于其黏滞阻力大而使硅酸三钙形成困难。液相的黏度会随温度和组分的不同而变化。温度升高，可以降低液相黏度；提高生料的铝率，则可增大液相的黏度。

液相的表面张力越小，越容易润湿生料颗粒或固相物质，有利于固相反应与固液反应的进行，可以促进熟料矿物，特别是硅酸三钙的形成。液相的表面张力随温度升高而降低，物料中含有镁、硫、碱等物质时，也可以降低液相的表面张力，从而促进熟料的烧成。

(4)氧化钙和硅酸二钙在液相中的溶解速度。氧化钙在液相中的溶解量，或氧化钙在液相中的溶解速度，对氧化钙与硅酸二钙反应生成硅酸三钙的反应影响很大，这个溶解速度与氧化钙的颗粒大小有关。表3-1-5表示在实验室条件下，不同粒径的氧化钙在不同温度下完全溶解于液相中所需时间。随着氧化钙颗粒粒径减小和温度升高，氧化钙溶于液相的时间越短，速度越快。

表3-1-5　氧化钙溶解于熟料液相中的速度

温度(℃)	不同粒径的溶解时间(min)			
	0.1mm	0.05mm	0.025mm	0.01mm
1340	115	59	25	12
1375	28	14	6	4
1400	15	5.5	3	1.5
1450	5	2.3	1	0.5
1500	1.8	1.7	—	—

硅酸二钙在液相中的溶解速度与硅酸二钙晶体尺度和晶格缺陷的多少以及晶格排列的无序化程度有关。晶粒尺寸越小、缺陷多、无序度越大，越易于液相中，有利于硅酸三钙的形成。

(5)反应物存在的状态。研究发现，在熟料烧结时，当氧化钙和硅酸二钙处于晶体尺寸小、晶体缺陷多的新生态时，其活性大，易溶于液相中，有利于硅酸三钙的形成。此外，以极快的速度升温(600℃/min)，可使黏土矿物脱水、碳酸盐分解、固相反应、固液相反应几乎重合，使反应物处于新生态的高活性状态下，在极短的时间内，同时生成液相、贝利特和阿利特，使熟料的形成过程基本上始终处于固液相反应过程中，大大加快了质点的扩散速度，加快反应速度，促使阿利特的快速形成。

1.3.5　熟料的冷却

熟料烧成后就要进行冷却。一般所说的冷却过程是指液相凝固以后的过程(温度低于1300℃)。但是严格地讲，当熟料过了最高温度1450℃以后，就算进入冷却阶段。在实际中，对熟料要进行快速的冷却(称为淬冷)，其目的是：

(1)当冷却速度很快时，可使液相来不及结晶而成为玻璃体。

(2)快速冷却可以使硅酸三钙和硅酸二钙呈介稳状态，防止C_3S在1250℃分解出现二次游离氧化钙，降低熟料的强度；防止C_2S在500℃时发生晶型转变，产生“粉化”现象；防止C_3S晶体长大而降低强度且难以粉磨。

当熟料以较快速度冷却时，会使γ-C_2S的晶核来不及形成，阻止β-C_2S转变为γ-C_2S，所以常温时熟料中的C_2S主要是β-C_2S。硅酸三钙在1250℃以下是不稳定，会分解为硅酸二钙和二次游离氧化钙，而此分解过程一般只有在缓慢冷却条件下才能进行，所以快速冷却可使硅酸三钙来不及分解而保持下来。

(3)快速冷却使方镁石晶体的尺寸因来不及长大而保持细小均匀分布状态，减少MgO晶体析出，使其凝结于玻璃体中，避免造成水泥安定性不良。

(4)快速冷却还可以在熟料内部产生较大的结晶应力，使其形成较多的微细裂纹，从而提高熟料的活性。

1.4 酸盐水泥熟料矿物组成、结构及其与胶凝性能的关系

1.4.1 硅酸盐水泥熟料的化学成分

硅酸盐水泥熟料的化学成分主要为氧化钙(CaO)、氧化硅(SiO_2)、氧化铝(Al_2O_3)和氧化铁(Fe_2O_3)四种氧化物,它们通常在熟料中占95%左右。此外约有5%的其他氧化物,如氧化镁(MgO)、碱(Na_2O和K_2O)、氧化钛(TiO_2)、三氧化硫(SO_3)、氧化锰(MnO_2)、氧化磷(P_2O_5)等。由于熟料中的主要矿物是由各主要氧化物在高温下煅烧而成的,因此可以根据氧化物的含量推测出熟料中各主要矿物的含量,并可得出硅酸盐水泥的性质。

1. 氧化钙(CaO)

氧化钙是水泥熟料的主要成分,其主要作用是与氧化硅、氧化铝、氧化铁反应生成硅酸三钙、硅酸二钙、铝酸三钙、铁铝酸四钙,其中硅酸三钙是由氧化钙与硅酸二钙反应后形成的,因此氧化钙的含量直接影响硅酸三钙的含量。氧化钙含量过低,则生成的硅酸三钙太少,影响熟料的质量;若氧化钙含量过多,则会出现较多游离氧化钙,导致水泥安定性不良。所以氧化钙的含量要适当,一般控制在62%~68%。

2. 氧化硅(SiO_2)

氧化硅是水泥熟料矿物的主要成分之一,它可与氧化钙生成硅酸二钙和硅酸三钙,所以它的含量决定了水泥熟料中硅酸盐矿物的数量。当氧化钙含量一定时,增加二氧化硅含量,不利于硅酸三钙的形成,导致熟料中硅酸三钙含量少;如果氧化硅含量过低,就会降低硅酸盐矿物的含量,降低水泥的强度。因而氧化硅含量直接影响着水泥的质量,其含量约为20%~24%。

3. 氧化铝(Al_2O_3)

熟料中含有4%~7%的氧化铝,它与氧化钙、氧化铁发生固相反应生成铝酸三钙和铁相固溶体(铁铝酸四钙)。氧化铝含量增多,会使物料易烧,但也会使熟料中铝酸三钙含量增加,导致水泥凝结硬化加快,水化放热量增多;同时过多的氧化铝使液相黏度增大,不利于硅酸三钙的形成。

4. 氧化铁(Fe_2O_3)

氧化铁的含量一般为2.5%~6.0%。在煅烧过程中,氧化铁与氧化钙、氧化铝发生固相反应生成铁铝酸四钙,并熔融为液相,以降低熟料的烧成温度,加速硅酸三钙的形成。但过多的氧化铝和氧化铁,会使液相量过多,导致物料结大块而影响窑的正常工作。

在考虑熟料的化学成分时,既要使氧化铁和氧化铝的总量适当,又要使它们的比例适当,才能在水泥熟料矿物中生成适当的铝酸三钙和铁铝酸四钙。

5. 氧化镁(MgO)

熟料中少量的氧化镁能有助于降低液相出现的温度,有利于熟料的烧成,并最终以掺杂物的形态存在于其他水泥熟料矿物和玻璃相中,这时氧化镁对水泥性能没有不良影响。但氧化镁含量超过一定量时,它就以方镁石的形态存在,会造成水泥安定性不良,所以熟料中氧化镁含量应该小于5%。

6. 碱(Na_2O和K_2O)

熟料中少量的碱有助于降低液相出现的温度。但碱含量过高会使水泥凝结时间不正常,收缩增大,降低水泥与外加剂的相容性;还会与含有活性氧化硅的骨料发生碱骨料反应,导致混凝土膨胀开裂破坏,所以应严格控制熟料中的碱含量。

1.4.2 硅酸盐水泥熟料的矿物组成及其结构

在硅酸盐水泥熟料中，氧化钙、氧化硅、氧化铝和氧化铁等不是以单独的氧化物形式存在，而是经高温烧结后，由两种或两种以上氧化物反应生成了多种熟料矿物。1883年，法国的Le. Chatelier通过金相显微镜观测，发现硅酸盐水泥熟料中主要有四种不同的矿物，后经他研究证实并分别取名为阿利特(Alite)、贝利特(Belite)、才利特(Celite)和菲利特(Felite)。直到1930年前后，人们才确认阿利特为含有少量杂质的硅酸三钙，贝利特和菲利特为含有少量杂质的硅酸二钙，才利特为铁相固溶体。图3-1-15为硅酸盐水泥熟料的放大照片。

(a)

(b)

图3-1-15 硅酸盐水泥熟料矿物的放大照片

除了以上四种主要熟料矿物之外，还有少量的游离氧化钙(f-CaO)、方镁石(结晶氧化镁)、含碱矿物和玻璃体等。

硅酸盐水泥熟料矿物中硅酸三钙和硅酸二钙共占75%左右，称之为硅酸盐矿物，见图3-1-16，图中(a)放大倍数为400X的显微镜下观察到的水泥熟料抛光薄片，图中光亮的、棱角形晶体为C_3S，深色倒圆角的晶体为C_2S；(b)放大倍数为3000X的扫描电镜下熟料C_3S晶体。铝酸三钙和铁相固溶体占22%左右，它们和氧化镁、碱在1250～1280℃会熔融成液相，以促进硅酸三钙的顺利形成，故又称为熔剂矿物。

水泥熟料矿物的主要特征如表3-1-6所示。

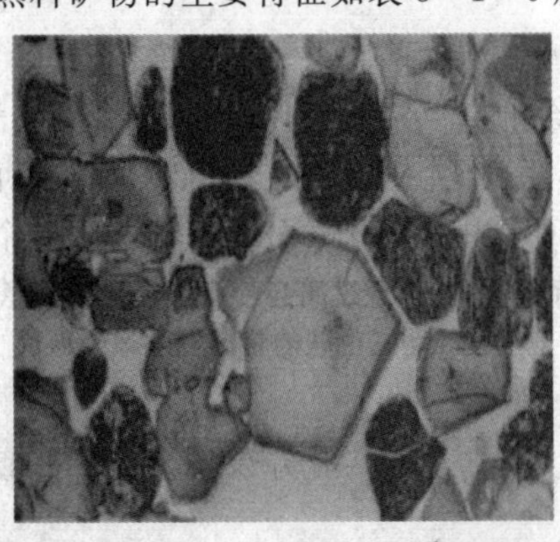

(a)

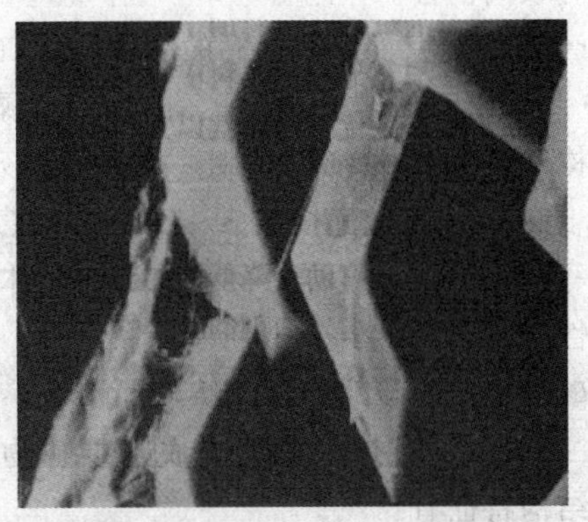

(b)

图3-1-16 硅酸盐矿物

表 3-1-6　水泥熟料矿物的主要特性

矿物名称	硅酸三钙	硅酸二钙	铝酸三钙	铁铝酸四钙
含量范围(%)	37～67	15～30	7～15	10～18
水化反应速度	快	慢	最快	快
强度	高	早期低，后期高	低	低(含量多时对抗折强度有利)
水化热	较高	低	最高	中

1. 硅酸三钙($3CaO \cdot SiO_2$，C_3S)

硅酸三钙是硅酸盐水泥熟料中最主要的矿物，其含量通常为 50%～60%。硅酸三钙具有活性的结构特征为：

(1)介稳结构，即常温下存在的介稳的高温型矿物，所以其结构是热力学不稳定的。

通过研究 $CaO-SiO_2$ 二元系统发现，硅酸三钙只有在 1250℃以上稳定，如果它在此温度下缓慢冷却时就会按下式分解：

$$3CaO \cdot SiO_2 \longrightarrow 2CaO \cdot SiO_2 + CaO$$

硅酸三钙按上式的分解速率随温度的降低而迅速减弱，如果在急冷条件下，其分解的速率小到可以忽略，因此熟料的快速冷却使硅酸三钙在室温下可以呈介稳状态而存在，但从热力学观点来看，它是不稳定的。

(2)固溶体结构，即 Al^{3+} 和 Mg^{2+} 进入到硅酸三钙的结构中形成固溶体，且固溶程度越大，硅酸三钙的活性越高。

在硅酸盐水泥熟料中，并不是以纯的硅酸三钙存在，而是总含有少量其他氧化物，如氧化镁、氧化铝、氧化铁等，它们进入硅酸三钙晶格并形成固溶体，人们称之为阿利特或 A 矿。

阿利特的组成因其他氧化物的含量及其固溶程度的不同而不同，研究发现，在阿利特中除了含有氧化镁和氧化铝之外，还含有少量的氧化铁、碱、氧化钛和氧化磷等，但是其组成还是接近硅酸三钙，所以通常把它近似看作硅酸三钙。阿利特矿物单晶为六方板状或片状结构，形成固溶体后表现为带状结构。通常其固溶程度越高，晶格变形程度和无序程度越大，活性越大，强度也越高。

(3)硅酸三钙晶体结构中钙离子配位数是 6，低于正常配位数，且处于不规则状态，因而使钙离子具有较高活性。

Jeffery 首先研究了硅酸三钙的晶体结构，硅酸三钙的晶胞由 9 个硅、27 个钙和 45 个氧组成，即由 9 组硅氧四面体($[SiO_4]^{4-}$根)和 9 个剩余的氧以及联系他们的 27 个钙离子所组成。在晶体结构中，$[SiO_4]^{4-}$四面体朝一个方向排列，联系他们的钙离子为$[CaO_6]^{10-}$八面体，其配位数为 6，比钙离子正常配位数 8～12 小，且在八面体中氧离子的分布也不规则，5 个集中在一边，而另一边只有 1 个，这样使硅酸三钙的晶体结构中存在较大的“空穴”，所以硅酸三钙具有较高的活性，如图 3-1-17(a)所示。

2. 硅酸二钙($2CaO \cdot SiO_2$，C_2S)

硅酸二钙也是硅酸盐水泥熟料的主要矿物之一，其含量一般为 20%左右。硅酸二钙表现为活性的结构特征有：

(1)介稳结构。β-C_2S 也是在常温下存在的介稳的高温晶型矿物，具有热力学不稳定性和活性。

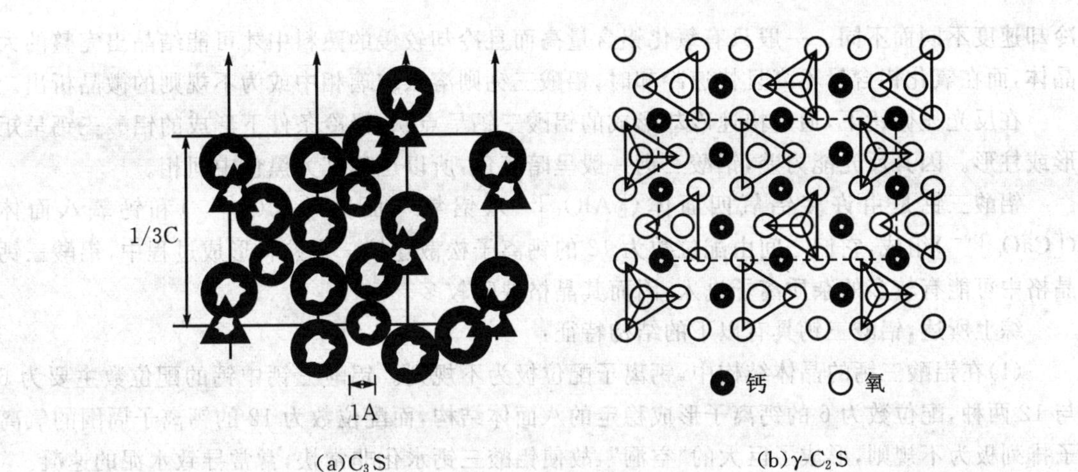

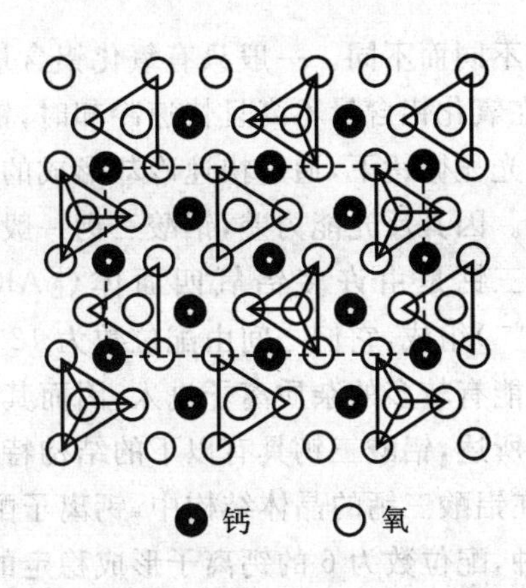

(a)C_3S (b)γ-C_2S

图 3－1－17 晶体结构

注：图(a)中1、2、3是$[SiO_4]^{4-}$四面体的截面，空白圆圈表示对称面上的氧原子；图(b)硅原子没有显示，其位于四面体中心。

硅酸二钙有四种晶型，即α-C_2S、α'-C_2S、β-C_2S和γ-C_2S。这四种晶型在1450℃以下，会发生晶型转变。

将γ-C_2S加热时，晶型转变如下：

$$\gamma\text{-}C_2S \rightarrow \alpha'\text{-}C_2S \rightarrow \alpha\text{-}C_2S)$$

但将α-C_2S冷却时，晶型转变为：

$$\alpha\text{-}C_2S \rightarrow \alpha'\text{-}C_2S \rightarrow \beta\text{-}C_2S \rightarrow \gamma\text{-}C_2S$$

从以上结果可见，把γ-C_2S加热至α-C_2S后，再由α-C_2S冷却至γ-C_2S，其晶型转变的路径不同，即是不可逆转的。

α-C_2S一般只在高温(1450℃以上)时存在，所以熟料中没有α-C_2S。快速冷却时，α'-C_2S通常转变为β-C_2S，只有在慢冷时，β-C_2S才会转变为γ-C_2S。由于β-C_2S的密度为3.28 g/cm^3，γ-C_2S的密度为2.97g/cm^3，所以β-C_2S转变为γ-C_2S时体积膨胀约10%，而且由于γ-C_2S具有规则的配位结构[见图3－1－17(b)]，因此其是非活性的，几乎无水硬性。

在熟料冷却时，以较快速度降温，可以使γ-C_2S的晶核来不及形成，阻止β-C_2S转变为γ-C_2S，所以常温时熟料中的C_2S主要是β-C_2S。

(2)固溶体结构。硅酸二钙在熟料中与少量的MgO、Al_2O_3、Fe_2O_3、R_2O等氧化物形成固溶体，通常称为贝利特或B矿，所以硅酸盐水泥熟料中的硅酸二钙或B矿为β-C_2S。固溶体结构使硅酸二钙具有活性。

(3) β-C_2S中的钙离子具有不规则配位，活性较高。β-C_2S中一半钙离子的配位数为6，另一半的配位数为8，并且各个氧离子与钙离子的距离不等，使晶体结构中存在“空洞”，因而具有活性，可以与水反应，但因其“空洞”比较小，使得水化速度较慢。

3.铝酸三钙(3CaO·Al_2O_3，C_3A)

铝酸三钙在熟料中的含量一般为7%～15%。纯的铝酸三钙为无色晶体，密度为3.04 g/cm^3。结晶完善的铝酸三钙为立方体、八面体或十二面体，但其在水泥熟料中的结晶形状随冷却速度不同而不同。一般只有氧化铝含量高而且冷却较慢的熟料中才可能结晶出完整的大晶体，而在氧化铝含量不高且快速冷却时，铝酸三钙则溶入玻璃相中或为不规则的微晶析出。

在反光显微镜下，通过快速冷却形成的铝酸三钙呈点状，慢冷条件下形成的铝酸三钙呈矩形或柱形。因其反光能力差，铝酸三钙一般呈暗灰色，所以也称其为黑色中间相。

铝酸三钙是由许多铝氧四面体（$[AlO_4]^{5-}$）、铝氧八面体（$[AlO_6]^{9-}$）和钙氧八面体（$[CaO_6]^{10-}$）组成，它们之间由配位数为12的钙离子松散连接。在熟料形成过程中，铝酸三钙晶格中可能有较多的杂质离子进入，因而其晶格缺陷较多。

综上所述，铝酸三钙具有以下的结构特征：

(1)在铝酸三钙的晶体结构中，钙离子配位极为不规则。铝酸三钙中钙的配位数主要为6与12两种，配位数为6的钙离子形成稳定的八面体结构，而配位数为12的钙离子周围的氧离子排列极为不规则，形成了巨大的“空洞”，故使铝酸三钙水化非常快，常常导致水泥的速凝。

(2)在铝酸三钙晶体结构中，铝氧四面体晶格变形。铝酸三钙中的铝离子的配位数为4与6，其中配位数为4的铝氧四面体（$[AlO_4]^{5-}$）产生较大的晶格变形，因而活性大。

4. 铁铝酸四钙($4CaO \cdot Al_2O_3 \cdot Fe_2O_3$, C_4AF)

铁铝酸四钙在熟料中的含量为10%～18%，在反光显微镜下，其由于反光能力强，呈现白色，故铁铝酸四钙也称为白色中间体。铁铝酸四钙的晶体结构是由四面体$[FeO_4]^{5-}$与与八面体$[A1O_6]^{5-}$互相交叉组成，这两种四面体和八面体由钙离子相互连接。

铁铝酸四钙具有活性的结构特征为：

(1)固溶体结构。在高温形成过程中，铁铝酸四钙中常溶有少量的MgO、SiO_2、Na_2O、K_2O、TiO_2等氧化物形成固溶体，所以也把其称为才利特或C矿。固溶体的形成引起晶格稳定性降低，使铁铝酸四钙具有活性。

(2)钙离子配位不规则。铁铝酸四钙中钙离子的配位数为6与10两种，其中配位数为10的钙离子周围氧离子分布不规则，使结构中也有“空洞”，使其易于水化。

5. 玻璃体

在实际水泥生产中，由于熟料的冷却速度快，有部分液相来不及结晶而成为过冷体，即玻璃体。在玻璃体中质点排列无序，组成也不确定，其主要成分为Al_2O_3、Fe_2O_3、CaO、Na_2O、K_2O、MgO等，所以玻璃体在热力学中是不稳定的，且具有活性。

6. 游离氧化钙和氧化镁

游离氧化钙(f-CaO)是指经高温煅烧而未化合的氧化钙，又称游离石灰。它在偏光显微镜下为无色圆形颗粒，有明显解理，有时有反常的干涉色；在反光显微镜下用蒸馏水浸湿后呈彩虹色，很容易识别。

高温煅烧的游离氧化钙呈“死烧”状态，结构致密，水化反应很慢，通常要在3d后才明显反应。水化生成氢氧化钙后体积膨胀，会在已经硬化的水泥石内部产生局部膨胀应力。因此，随着游离氧化钙含量的增加，首先是抗拉、抗折强度降低，进而使3d后的强度倒缩，严重时会引起水泥安定性不良，导致水泥石开裂，甚至破坏。所以，应严格控制熟料中游离氧化钙的含量。一般回转窑熟料应控制在1.5%以下，立窑熟料应控制在2.8%以下。

方镁石是指熟料中呈现游离状态的氧化镁晶体。氧化镁一般以三种形式存在于熟料中，即溶解于熟料矿物中形成固溶体；溶于玻璃体中；或以游离状态的方镁石形式存在。前两种形式的氧化镁对水泥石没有破坏作用。

熟料煅烧时，少量的氧化镁可以进入熟料矿物中形成固溶体，或溶于液相中；如果材料中氧化镁的含量超过限量，则多余的氧化镁会以方镁石晶体存在，方镁石水化速度比游离氧化钙更为缓慢，要在半年到一年后才明显开始反应，而且水化生成的氢氧化镁体积膨胀148%，会导致水泥安定性不良。

1.4.3 硅酸盐水泥熟料具有水化反应能力结构本质

通过以上对硅酸盐水泥熟料矿物组成结构特征的分析，可以认为水泥熟料矿物在结构上是不稳定的，其水化过程是自动的，由此可以总结出硅酸盐水泥熟料具有水化反应能力的结构本质为：

(1)熟料矿物结晶结构的有序度低，结晶结构具有不稳定性。具体表现为：

①主要熟料矿物为介稳的高温晶型结构(如硅酸三钙、β型硅酸二钙)。

②熟料矿物中存在固溶体(如阿利特、贝利特)。

③一微量杂质导致晶格结构畸变。

由于以上原因使晶格的有序度降低，因而使其稳定性降低，水化反应能力增大，所以通常可以把有序度作为衡量晶体结晶结构不稳定度的综合性指标。

(2)水泥熟料矿物具有水化反应活性的另一个结构特征是在晶体结构中存在活性阳离子。具体表现为：

①矿物中钙离子的氧离子配位数降低或者氧离子分布不规则(如铝酸三钙中的钙离子)。

②铝氧四面体($[AlO_4]^{5-}$)结构的变形。

③在结构中的电场分布不均匀。

由于上述原因，阳离子处于活性状态，即价键不饱和状态。因此，在一定意义上可以认为，熟料矿物水化反应的实质是这种活性阳离子在水介质作用下与极性离子OH^-或极性水分子互相作用并进入溶液，使熟料矿物溶解和解体。

从结晶化学的观点看，阳离子的活性程度取决于阳离子与氧离子的距离及其键能的大小，其中阳离子的半径起重要作用。因为阴离子(如氧离子)紧密堆积留下空隙，若阳离子的半径小于空隙，则不影响阴离子的堆积状态；如果阳离子半径大于空隙，则将阴离子的紧密堆积体撑开，使离子间的结合不紧密，所以离子间的距离越大，结合键能越低，水化能力越大。

1.4.4 硅酸盐水泥熟料矿物组成计算

1.硅酸盐水泥熟料的率值

因为硅酸盐水泥熟料是由两种或两种以上的氧化物化合而成，所以在水泥生产中常用率值来表示熟料各氧化物之间的相对含量，并来反映熟料矿物的组成和性能特点，也用率值作为生产控制的指标。

(1)石灰饱和系数KH。石灰饱和系数是指熟料中氧化硅生成硅酸二钙和硅酸三钙(C_3S+C_2S)所需的氧化钙量与氧化硅理论上全部生成硅酸三钙所需氧化钙量的比值，简单地说，石灰饱和系数表示氧化硅被氧化钙饱和生成硅酸三钙的程度。

在硅酸盐水泥熟料的四种主要氧化物中，氧化钙为碱性氧化物，其余三种为酸性氧化物。古特曼(A. Guttmann)与杰耳(F. Gille)认为酸性氧化物形成碱性最高的矿物为C_3S、C_3A、C_4AF，从而提出了他们的石灰理论极限含量。为计算方便，将C_4AF简化为C_3A和CF，则每1%酸性氧化物反应时所需石灰量分别为：

1%Al_2O_3生成C_3A所需CaO为：

$$3\times CaO分子量/Al_2O_3分子量=3\times 56.08/101.96=1.65$$

1%Fe_2O_3生成CF所需CaO为：

$$CaO分子量/Fe_2O_3分子量=56.08/159.70=0.35$$

1%SiO_2生成C_3S所需CaO为：

$$3\times CaO分子量/SiO_2分子量=3\times 56.08/60.09=2.80$$

因此，由每1%酸性氧化物所需石灰量乘以相应酸性氧化物含量，便可得到石灰理论极限含量的计算式：

$$CaO=2.80SiO_2+1.65Al_2O_3+0.35Fe_2O_3$$

金德和容克根据以上极限含量提出了石灰饱和系数。他们认为在实际生产中的硅酸盐水泥四种主要矿物中，Al_2O_3和Fe_2O_3始终为CaO所饱和，唯独SiO_2不完全饱和生成C_3S，而存在部分C_2S，则生成硅酸二钙和硅酸三钙所用氧化钙量为：$CaO-1.65Al_2O_3-0.35Fe_2O_3$，而全部二氧化硅都生成硅酸三钙所需氧化钙量为：$2.80SiO_2$。所以石灰饱和系数为：

$$KH=(CaO-1.65Al_2O_3-0.35Fe_2O_3)/2.80SiO_2$$

考虑到熟料中还有游离氧化钙、游离氧化硅和石膏，所以将上式写为：

当IM≥0.64时，石灰饱和系数为：

$$KH=(CaO-CaO_{游}-1.65Al_2O_3-0.35Fe_2O_3-0.7SO_3)/2.80(SiO_2-SiO_{2游})$$

当IM<0.64时，熟料中全部Al_2O_3和部分Fe_2O_3与CaO化和生成C_4AF外，尚有Fe_2O_3剩余，这部分剩余的Fe_2O_3与CaO水化生成C_2F(铁酸二钙)，此时的熟料矿物组成为C_3S、C_2S、C_4AF、C_2F，石灰饱和系数为：

$$KH=(CaO-CaO_{游}-1.1Al_2O_3-0.7Fe_2O_3-0.7S_3O)/2.80(SiO_2-SiO_{2游})$$

石灰饱和系数与C_3S、C_2S质量百分数的关系为：

$$KH=(C_3S+0.8838C_2S)/(C_3S+1.3256C_2S)$$

由上式可见，当$C_3S=0$时，KH=0.667，即熟料中只有C_2S、C_4AF、C_3A，而无C_3S。当$C_2S=0$，KH=1时，即熟料中只有C_3S、C_4AF、C3A，而无C_2S。所以实际上KH值介于0.667～1.0之间。

KH实际上反映了熟料中C_3S与C_2S百分含量的比例。KH值越高，则熟料中C_3S含量越多，C_2S含量少，如果煅烧充分，熟料的凝结硬化较快，强度高；但KH值过高，物料煅烧困难，易出现过多游离氧化钙，同时窑的产量低，能耗高。KH值低，说明C_2S含量多，这种熟料制成的水泥凝结硬化慢，早期强度低。所以在实际生产水泥时，为了使熟料中不含过多游离氧化钙，同时保证熟料早期强度较高，石灰饱和系数一般控制在0.82～0.94之间。

(2)硅率(SM或n)。硅率表示硅酸盐水泥熟料中二氧化硅的含量与氧化铝和氧化铁含量之和的比值，即：

$$n=SiO_2/(Al_2O_3+Fe_2O_3)$$

硅率反映了熟料中硅酸盐矿物(硅酸二钙和硅酸三钙)与熔剂矿物(铝酸三钙和铁铝酸四钙)的相对含量，即反映了熟料的易烧性和质量。当Al_2O_3/Fe_2O_3大于0.64时(且熟料矿物组成为：C_3S、C_2S、C_4AF、C_3A)，硅率与矿物组成的关系为：

$$n=(C_3S+1.325C_2S)/(1.434C_3A+2.046C_4AF)$$

可见，硅率过低时，即熟料中熔剂矿物过多，而硅酸盐矿物过少，从而影响水泥强度，且在煅烧过程中出现液相量过多，窑中易结大块、结圈，影响窑的操作。硅率过大时，熟料中熔剂矿物减少，在煅烧时出现的液相量少，此时熟料难烧，要提高烧成温度，增加能耗，产量降低。所以，硅酸盐水泥熟料的硅率一般控制在1.7～2.7之间。

(3)铝率(IM或p)。铝率是硅酸盐水泥熟料中氧化铝与氧化铁的质量比，即：

$$p = Al_2O_3 / Fe_2O_3$$

铝率反映了熟料中铝酸三钙和铁铝酸四钙的相对含量，即反映了熟料的液相黏度，而液相黏度的大小直接影响熟料的煅烧难易程度，同时也关系到熟料的凝结快慢。当Al_2O_3/Fe_2O_3大于0.64时，铝率与矿物组成的关系为：

$$IM = 0.64 + 1.15C_3A/C_4AF$$

铝率高说明熟料中铝酸三钙多，液相黏度大，不利于硅酸二钙与氧化钙的进一步反应生成硅酸三钙；同时会使水泥凝结硬化快，此时石膏掺量应相应增加。铝率过低时，则液相黏度低，有利于质点在液相中扩散形成硅酸三钙，但烧结温度范围变窄，会使窑内易结块，不利于窑的操作，同时铝酸三钙含量降低，铁铝酸四钙含量增加，使水泥趋于缓凝。因此，硅酸盐水泥熟料的铝率一般控制在0.9～1.7之间。抗硫酸盐水泥或低热水泥的铝率可低于0.7。

总之，要使熟料既易烧成，又能获得较高的质量与要求的性能，必须对三个率值或四个矿物成分或四个化学成分加以控制，力求相互协调、配合适当。

2.熟料矿物组成的计算

(1)为了计算方便，先列出有关的摩尔量比值。

C_3S是由C_2S和CaO反应而成，所以C_3S与生成C_3S所需CaO的摩尔量比为：

$$M_{C_3S}/M_{CaO} = 228.33/56.08 = 4.07$$

CaO先与SiO_2反应生成C_2S，然后剩余的CaO再与部分C_2S生成C_3S，所以CaO与生成C_2S所需SiO_2的摩尔量比为：$2M_{CaO}/M_{SiO_2} = 2\times56.08/60.09 = 1.87$

C_4AF与Fe_2O_3摩尔比为：$M_{C_4AF}/M_{Fe_2O_3} = 485.98/159.70 = 3.04$

C_3A与Al_2O_3摩尔比为：$M_{C_3A}/M_{Al_2O_3} = 270.20/101.96 = 2.65$

$CaSO_4$与SO_3摩尔比为：$M_{CaSO_4}/M_{SO_3} = 136.14/80.06 = 1.70$

Al_2O_3与Fe_2O_3摩尔比为：$M_{Al_2O_3}/M_{Fe_2O_3} = 101.96/159.70 = 0.64$

C_4AF与Al_2O_3摩尔比为：$M_{C_4AF}/M_{Al_2O_3} = 485.98/101.96 = 4.77$

(2)由化学组成计算率值和矿物组成。设与SiO_2反应的CaO量为Cs，与CaO反应的SiO_2量为Sc，则由石灰饱和系数的计算公式可有以下公式：

$$Sc = SiO_2 - SiO_{2游}$$

$$Cs = CaO - CaO_{游} - (1.65Al_2O_3 + 0.35Fe_2O_3 + 0.7S_3O) = 2.80KHSc \quad ①$$

与SiO_2反应生成C_2S所需CaO量为1.87Sc，则可由剩余CaO量(Cs−1.87Sc)计算C_3S的含量：

$$C_3S = 4.07(Cs - 1.87Sc) = 4.07Cs - 7.60Sc \quad ②$$

将式①代入式②中，可得：

$$C_3S = 4.07\times2.80KHSc - 7.60Sc = 3.80\times(3KH-2)Sc$$

因为$C_3S + C_2S = Sc + Cs$，则可计算出C_2S的含量：

$$C_2S = Sc + Cs - C_3S = Sc + Cs - (4.07Cs - 7.60Sc) = 8.60Sc - 3.07Cs$$
$$= 8.60Sc - 3.07\times2.80KHSc = 8.60\times(1-KH)Sc$$

C_4AF的含量由Fe_2O_3含量计算得出，即

$$C_4AF=3.04\ Fe_2O_3$$

计算C_3A的含量时，应该先从Al_2O_3中扣除生成C_4AF所消耗的Al_2O_3，即$0.64\ Fe_2O_3$，然后计算它的含量：

$$C_3A=2.65(Al_2O_3-0.64\ Fe_2O_3)$$

$CaSO_4$含量可直接由SO_3含量计算得出：

$$CaSO_4=1.70\ SO_3$$

同理，可计算出$IM<0.64$时的熟料矿物含量：

$$C_3S=3.80\times(3KH-2)Sc$$

$$C_2S=8.60\times(1-KH)Sc$$

$$C_4AF=4.77\ Al_2O_3$$

$$C_2F=1.70(Fe_2O_3-1.57\ Al_2O_3)$$

应该指出的是，以上计算式是根据充分煅烧和缓慢冷却使化学反应与结晶过程完全达到平衡的条件下建立的。实际上，由于水泥熟料矿物相互形成固溶体，并且在急冷时形成组分不定的玻璃体；还可能在矿物形成时，液相和结晶相之间会有不平衡的反应。这些情况会使理论计算结果与真实的矿物组成有一定的偏差。但是，这种计算结果作为一个大体的估计还是可以的。

【例3-1】 已知熟料的化学成分(见表3-1-7)，求熟料的矿物组成。

表3-1-7 熟料的化学成分

氧化物	SiO_2	Al_2O_3	Fe_2O_3	CaO	MgO	SO_3	f-CaO
含量(质量%)	21.40	6.22	4.35	65.60	1.56	0.63	1.50

解：①先计算铝率，然后求出石灰饱和系数。

$IM=Al_2O_3/Fe_2O_3=6.22/4.35=1.43$

$KH=(CaO-CaO_{游}-1.65\ Al_2O_3-0.35\ Fe_2O_3-0.7SO_3)/2.80SiO_2$

$=(65.60-1.50-1.65\times6.22-0.35\times4.35-0.70\times0.63)/2.80\times21.40$

$=0.866$

②矿物组成计算如下：

$C_3S=3.80(3KH-2)\ Sc=3.80(3\times0.866-2)\times21.40=48.63(\%)$

$C_2S=8.60(1-KH)\ Sc=8.60(1-0.866)\times21.40=24.66(\%)$

$C_3A=2.65(Al_2O_3-0.64\ Fe_2O_3)=2.65\times(6.22-0.64\times4.35)=9.11(\%)$

$C_4AF=3.04\ Fe_2O_3=3.04\times4.35=13.22(\%)$

$CaSO_4=1.70SO_3=1.70\times0.63=1.07(\%)$

3. 由率值计算化学组成

如果已知率值，可由下列公式计算化学成分：

$Fe_2O_3=\Sigma/[(2.8KH+1)(IM+1)SM+2.6IM+1.35]$

$Al_2O_3=IM\ Fe_2O_3$

$SiO_2=SM(Fe_2O_3+Al_2O_3)$

$CaO=\Sigma-(Fe_2O_3+Al_2O_3+SiO_2)$

$\Sigma=(Fe_2O_3+Al_2O_3+SiO_2+CaO)$

估计值为97%～99%。

【例3-2】 已知熟料率值为:KH=0.89,SM=2.10,IM=1.30。计算熟料的矿物组成。

解:取$\Sigma=98\%$,

$Fe_2O_3=\Sigma/[(2.8KH+1)(IM+1)SM+2.6IM+1.35]$

$=98\%/[(2.8\times0.89+1)\times(1.30+1)\times2.10+2.6\times1.30+1.35]$

$=4.52\%$

$C_4AF=3.04\ Fe_2O_3=3.04\times4.52\%=13.80\%$

$C_3A=(2.65IM-1.69)Fe_2O_3=(2.65\times1.30-1.69)\times4.52\%=7.90\%$

$C_3S=3.80SM(IM+1)(3KH-2)Fe_2O_3$

$=3.80\times2.10\times(1.30+1)\times(3\times0.89-2)\times4.52\%$

$=55.60\%$

$C_2S=8.60SM(IM+1)(1-KH)Fe_2O_3$

$=8.60\times2.10\times(1.30+1)\times(1-0.89)\times4.52$

$=20.70\%$

$C_3S+C_2S+C_3A+C_4AF=55.60\%+20.70\%+7.90\%+13.80\%=98\%$

1.5 硅酸盐水泥的水化

水泥用适量水拌和后,成为具有可塑性和黏结性的水泥浆,随后会逐渐失去可塑性而成为具有一定强度的水泥石。在这个过程中,伴随着水化放热、体积变化和强度增长等现象,说明水泥拌水后发生了一系列复杂的物理、化学和物理化学变化,即水泥的凝结和硬化。而水泥凝结硬化的根本是水泥和水之间的化学反应,即水化。

熟料矿物的水化反应过程如下:

(1)水化初期(几十分钟)。熟料与水反应速度较快,水化产物不断地从液相中析出并聚集在水泥颗粒表面,形成以水化硅酸钙凝胶为主体的凝胶薄膜,大约在1h后,在凝胶薄膜外侧及液相中形成粗短的针状钙矾石晶体。

(2)水化中期(若干小时)。以水化硅酸钙(C-S-H)和氢氧化钙的快速形成为特征。

(3)水化后期(若干天)。由于新生成的水化产物的压力,水泥颗粒薄膜的凝胶薄膜破裂,使水进入未水化水泥颗粒的表面,水化反应继续进行。水化产物之间互相交叉连生,不断密实,固体之间的空隙不断减小,网状结构不断加强,结构逐渐紧密。

硅酸盐水泥的水化实际是熟料矿物水化反应的综合效果,为了研究硅酸盐水泥的水化反应及其反应机理,首先研究硅酸盐水泥熟料矿物单独与水反应时的水化特点及机理。

1.5.1 硅酸盐水泥熟料矿物的水化

研究硅酸盐水泥熟料矿物的水化主要考虑两个方面的问题:一是水化产物;二是水化速率。熟料水化产物情况如表3-1-8所示。水化速率是指单位时间内的水化程度或水化深度。水化程度是指在一定时间内水泥发生水化作用的量与完全水化作用量的比值,以百分率表示。水化深度是指水泥颗粒外表面已水化层的厚度,一般以微米(μm)表示。

表 3-1-8 熟料水化产物情况

名 称	简 写	形 态	含 量
水化硅酸钙	$C_xS_yH_z$	C—S—H 凝胶	50%以上
氢氧化钙	CH	晶体	少量
水化铝酸钙	C_3AH_6	晶体	较少
水化硫铝酸钙	AFt	晶体	稀少
水化铁酸钙	CFH	晶体	较少

1. 硅酸三钙的水化

(1)硅酸三钙的水化反应方程式和产物。硅酸三钙在常温下的水化反应,基本上可用下列方程式表示:

$$3CaO \cdot SiO_2 + nH_2O = x\ CaO \cdot SiO_2 \cdot yH_2O + (3-x)\ Ca(OH)_2$$

简写为:

$$C_3S + nH = C-S-H + (3-x)CH$$

上式表明,硅酸三钙的水化产物为水化硅酸钙(C—S—H)凝胶和氢氧化钙晶体。硅酸三钙水化微观形貌如图 3-1-18 所示。

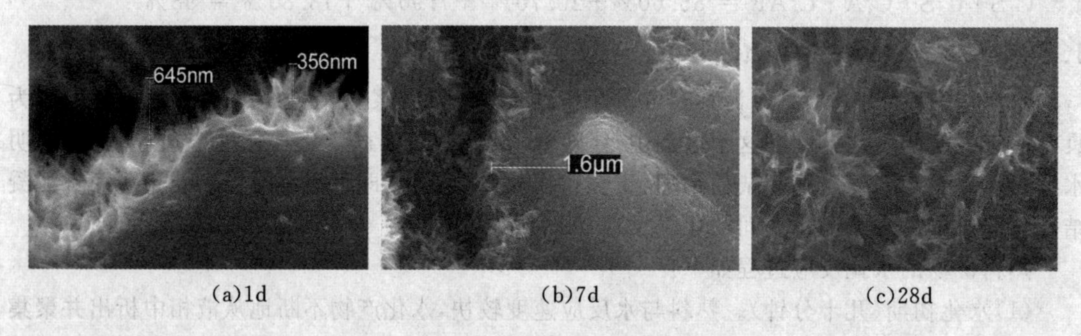

(a)1d (b)7d (c)28d

图 3-1-18 硅酸三钙水化微观形貌

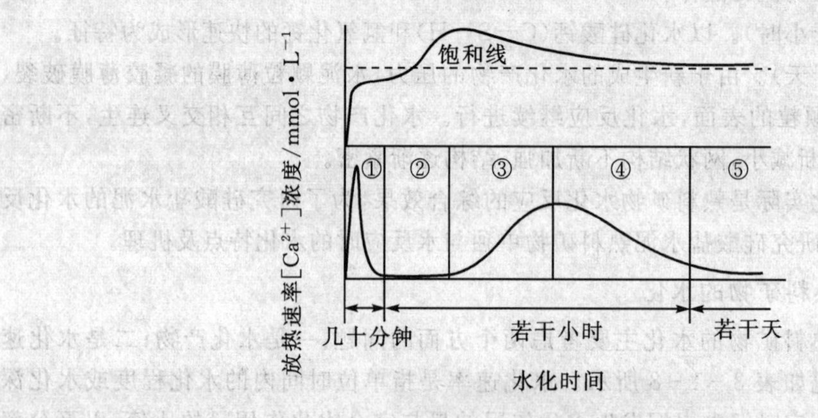

图3-1-19 水化放热速率和 Ca^{2+} 浓度随时间变化曲线

(2)水化过程。根据图 3-1-19 硅酸三钙的水化放热速率—时间曲线,可以将硅酸三钙的水化过程划分为初始反应期、诱导期、加速期、衰减期和稳定期五个阶段。

①初始反应期(又称诱导前期)。硅酸三钙加水后立即发生急剧反应,迅速放热,同时 Ca^{2+} 迅速从硅酸三钙表面释放,几分钟之内 pH 值上升超过 12,使溶液成为强碱性溶液。此阶段约在 15min 内结束。

用扫描电镜观察硅酸三钙的水化,数十秒后能看到表面出现球形产物。观察发现水化并非从表面均匀进行,而是从若干点开始逐渐扩大,接着能看到箔状和蜂窝状的 C—S—H,这些初始水化产物会转变为针状或纤维状。

②诱导期(又称静止期、潜伏期)。此阶段反应极其缓慢,水化放热很少,一般持续 2~4h,这也是硅酸盐水泥能在几小时内保持塑性的原因。初凝时间基本上与诱导期结束时间相对应。

③加速期。当液相中 Ca^{2+} 的过饱和度达到极大值时,氢氧化钙开始结晶,C—S—H 开始沉淀并重新排列,使硅酸三钙的反应重新加快,反应速率随时间增长而加快,出现第二个放热峰,在峰顶达到最大反应速度,相应地为最大放热速率,所以,此阶段为加速期。加速期为 4~8h,此时终凝已过,开始硬化。

④衰减期。加速反应使水化产物大量生成,并从溶液中析出,在硅酸三钙表面形成包裹层,水化产物层不但在增厚,还不断向颗粒间的空间扩展并填充水化产物层内的间隙。这样,水化体越来越致密,水的渗透越来越困难,使水化作用受水通过产物层扩散控制而变慢,水化反应进入衰减期。在这个时期反应速率随时间增长而下降,称为减速期,一般会持续12~24h。

⑤稳定期。衰减期结束时,小颗粒硅酸三钙已完全水化,而且颗粒间的空间已被水化产物填满;较大颗粒硅酸三钙的未水化内核不能再与水接触(除与微孔中极少量的水接触外)。反应不再以通过溶液为主,而转移为原地或局部反应为主,水化反应进入稳定期。此阶段反应速率很低并基本稳定,水化反应完全受扩散速率控制。图 3-1-20 为硅酸三钙各水化阶段的示意图。

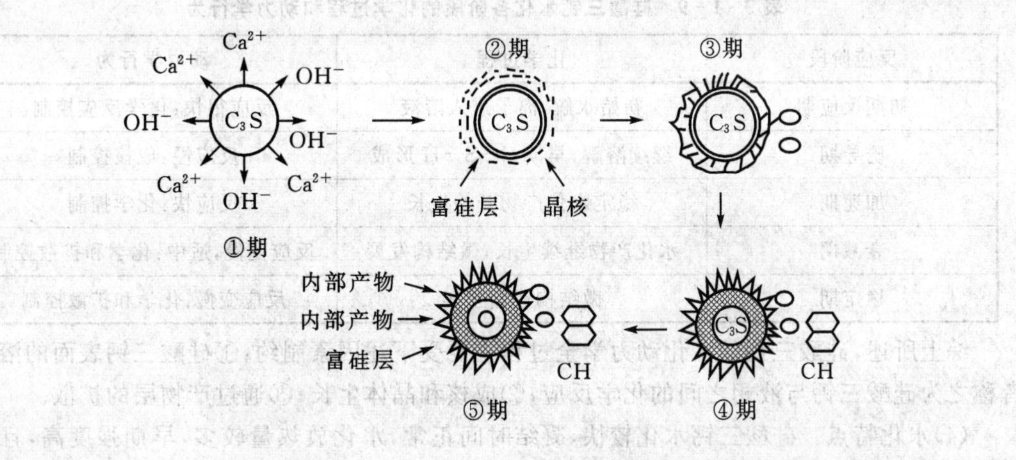

图 3-1-20 硅酸三钙各水化阶段示意图

(3)水化机理。硅酸三钙的早期水化包括诱导前期、诱导期和加速期三个阶段。硬化浆体的性能与水化早期的浆体结构形成密切相关,并且诱导期的终止时间与浆体的初凝时间相关,而终凝时间大致发生在加速期的终止阶段。所以对硅酸三钙早期水化机理的研究主要围绕着诱导期形成的本质而展开。

大量的研究认为，当硅酸三钙与水接触后在硅酸三钙表面有晶格缺陷的部位立即发生水解，由于硅酸三钙的不一致溶解，使 Ca^{2+} 和 OH^- 进入溶液，而在硅酸三钙粒子表面形成一个缺钙的富硅层，接着溶液中 Ca^{2+} 被该表面吸附而形成双电层，导致硅酸三钙溶解、水化产物C－S－H凝胶、氢氧化钙的晶核形成和生长受阻而出现了诱导期。此时，由于双电层所形成的 ξ 电位使硅酸三钙颗粒在溶液中保持分散状态。但是由于硅酸三钙仍然在缓慢地水化而使溶液中 $Ca(OH)_2$ 浓度继续提高，当其达到一定的过饱和度时，$Ca(OH)_2$ 析晶，双电层作用减弱或消失，因而促进了硅酸三钙的溶解，这时诱导期结束，加速期开始。

与此同时，还有 C－S－H 析晶沉淀。因为硅酸根离子的迁移速度比钙离子慢，所以C－S－H主要靠近颗粒表面区域析晶，而 $Ca(OH)_2$ 晶体可以在远离颗粒表面或浆体的原充水空间中形成。

硅酸三钙的中期水化是指减速期，稳定期为水泥的后期水化。这两个阶段对水泥性能，如强度、体积稳定性、耐久性等的影响十分重要。

加速期的开始伴随着 $Ca(OH)_2$ 及 C－S－H 晶核的形成和长大，与此同时液相中 $Ca(OH)_2$ 和 C－S－H 的过饱和度降低，它反过来又会使 $Ca(OH)_2$ 和 C－S－H 的生长速率变慢。随着水化产物在颗粒周围的形成，硅酸三钙的水化作用受阻，因此，水化从加速过程逐渐转变为减速过程。

一些研究表明，最初生成的水化产物大部分生长在硅酸三钙颗粒原始周界以外的原来充水空间之内，称为“外部水化产物”；后期水化所形成的产物大部分生长在硅酸三钙颗粒原始周界以内，称为“内部水化产物”。随着“内部水化产物”的形成和发展，硅酸三钙的水化由减速期转向稳定期。

硅酸三钙水化各阶段的化学过程和动力学行为见表 3－1－9。

表 3－1－9　硅酸三钙水化各阶段的化学过程和动力学行为

反应阶段	化学过程	动力学行为
初期反应期	初始水解，离子进入溶液	反应很快：化学反应控制
诱导期	继续溶解，早期 C－S－H 形成	反应慢：成核控制
加速期	稳定水化产物开始生长	反应快：化学控制
衰减期	水化产物继续生长，微结构发展	反应变慢，适中：化学和扩散控制
稳定期	微结构逐渐密实	反应变慢：化学和扩散控制

综上所述，硅酸三钙的水化动力学全过程主要受下述因素制约：①硅酸三钙表面的溶解或者称之为硅酸三钙与液相之间的化学反应；②成核和晶体生长；③通过产物层的扩散。

(4)水化特点。硅酸三钙水化较快，凝结时间正常，水化放热量较多，早期强度高，且强度增进率高，28d 强度可达 1 年强度的 70%～80%，是四种矿物中强度最高的。

2.硅酸二钙的水化

(1)水化反应方程式和产物。β-C_2S 的水化和硅酸三钙相似，产物完全相同，只有水化速度很慢。硅酸二钙水化微观形貌如图 3－1－21 所示，其水化反应方程式如下：

$$2CaO \cdot SiO_2 + nH_2O = x\,CaO \cdot SiO_2 \cdot yH_2O + (2-x)Ca(OH)_2$$

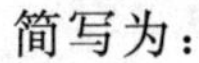

$$C_2S+nH= C-S-H+(2-x)OH$$

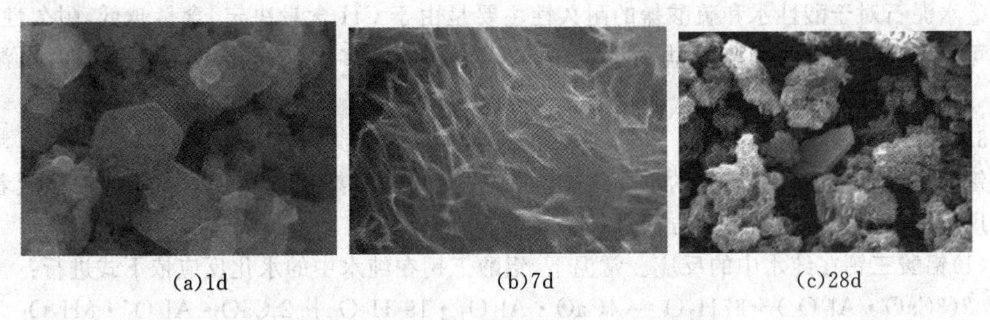

(a)1d (b)7d (c)28d

图 3-1-21 硅酸二钙水化微观形貌

(2) 水化过程。β-C_2S 的水化与硅酸三钙相似，也有诱导期、加速期等，但由于其晶体结构不同，β-C_2S 水化热较低，故较难用放热速率研究其水化过程。虽然第一放热峰与硅酸三钙相当，但是达到加速期的时间要几十个小时，而且第二个放热峰相当弱，以致难以测定。有一些观测表明，β-C_2S 的某些部分水化开始较早，与水接触后表面很快变得凹凸不平，与硅酸三钙的情况相似，甚至在 15s 内就会发现水化产物形成，不过以后的发展极其缓慢。有关测试结果表明(见表 3-1-10)，虽然 β-C_2S 水化过程中水化产物的成核和晶体生长速率(K_N)与硅酸三钙相差并不太大，但是其通过产物层的扩散速率(K_D)与硅酸三钙相差 8 倍，差别最大的是熟料矿物表面溶解速率常数(K_I)，这表明 β-C_2S 的水化反应速率主要由表面溶解速率控制，而这主要是由 β-C_2S 的结构活性所决定。因此，提高 β-C_2S 的结构活性，可以加速其水化速率。

表 3-1-10 两种熟料矿物水化反应速率常数比较

反应速率常数 / 熟料矿物	K_I(10^3 μm/h)	K_N(10^3 μm²/h)	K_D(10^3 μm²/h)	
			初期扩散	后期扩散
β-C_2S (加 1% B_2O_3)	1.4	7.3	3.5	1.8
阿利特	67	11.0	26	14

表 3-1-11 阿利特和贝利特的抗压强度(MPa)

矿物	1d	3d	7d	28d	90d	180d	1y	2y
阿利特	10.01	19.33	41.12	49.07	49.07	67.22	71.15	78.02
贝利特	0	0.39	0.98	6.28	35.62	52.21	70.85	99.12

(3)水化特点。β-C_2S 的水化速率特别慢，约是 C_3S 的 1/20，也是四种熟料矿物中早期水化最慢的，加水 28d 后仅水化 20%左右，因此其浆体凝结硬化缓慢，水化放热量较少，早期强度低，但后期强度增长快，1y 后可赶上或超过硅酸三钙，如表 3-1-11 所示。

(4)对比 β-C_2S 和 C_3S，除了在水化时形成相似水化产物外，还应注意以下几点：

①从化学反应式计量可以算出，C_3S 水化后将生成 61%C-S-H 和 39%的 CH；而 β-C_2S 则形成 82%的 C-S-H 和 18%的 CH。水泥浆体的胶凝性能主要决定于所形成的 C-S-H，那么就可以做出这样的预计，即 C_3S 含量高的硅酸盐水泥的最终强度将比 β-C_2S 含量高的低

一些。

②水泥石对于酸性水和硫酸盐的耐久性主要是由于 CH 含量决定，含量越低，耐久性好，所以可以认为，在酸性和硫酸盐的环境中，β-C_2S 含量较多的水泥比 C_3S 含量高的水泥更耐久。

3. 铝酸三钙

铝酸三钙是水泥熟料矿物的重要组成之一，它对水泥早期水化和浆体的流变性能起着重要作用，所以，人们对它从不同方面进行了大量的研究。

(1)铝酸三钙在纯水中的反应。常温下，铝酸三钙在纯水中的水化反应依下式进行：

$$2(3CaO \cdot Al_2O_3)+27H_2O = 4CaO \cdot Al_2O_3 \cdot 19H_2O + 2CaO \cdot Al_2O_3 \cdot 8H_2O$$

简写为：

$$2C_3A + 27H = C_4AH_{19} + C_2AH_8$$

C_4AH_{19} 在低于 85％的相对湿度下会失去 6 个结晶水分子而成为 C_4AH_{13}，它是片状晶体[见图 3－1－22(a)]，在常温下处于介稳状态，C_4AH_{13} 有向 C_3AH_6 等轴晶体(立方晶体)[见图 3－1－22(b)]转化的趋势，即：

$$C_4AH_{13} + C_2AH_8 = 2C_3AH_6 + 9H$$

上述转化反应随温度升高而加速。

(2)铝酸三钙在碱性介质中的水化。在硅酸盐水泥浆体中，铝酸三钙是在氢氧化钙和石膏存在的环境中水化。首先分析铝酸三钙在氢氧化钙饱和溶液中的反应，其反应式如下：

$$3CaO \cdot Al_2O_3 + 12H_2O + Ca(OH)_2 = 4CaO \cdot Al_2O_3 \cdot 13H_2O$$

简写为：

$$C_3A + 12H + CH = C_4AH_{13}$$

(a)C_4AH_{13}

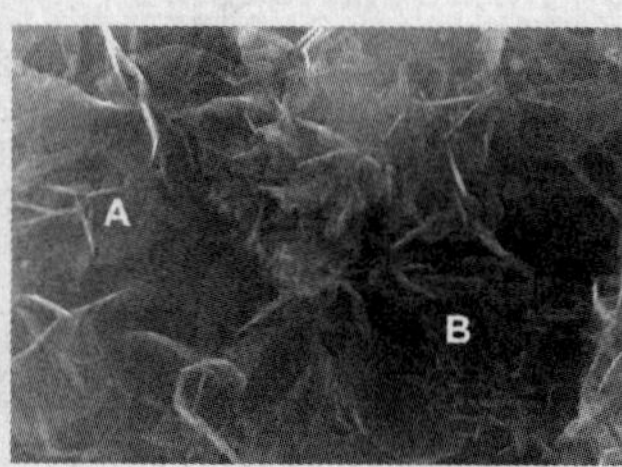

(b)AFm

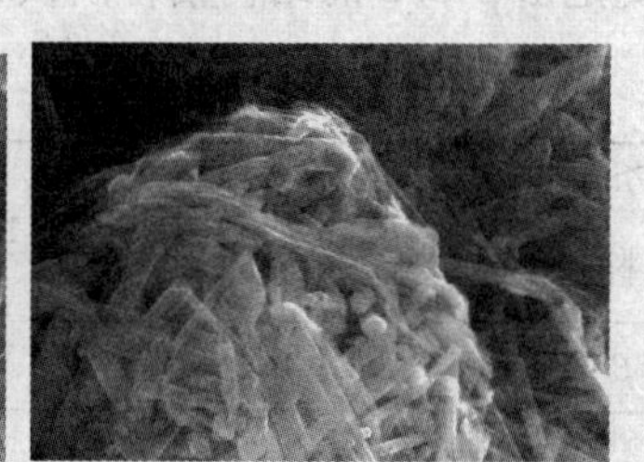

(c)AFt

图 3－1－22 铝酸三钙水化产物

在硅酸盐水泥浆体的碱性介质中，C_4AH_{13} 能稳定存在，而且其数量增长较快，足以阻碍粒子的相对移动，这是使浆体产生瞬时凝结的一个主要原因，因此，在粉磨水泥时，需要加入适量石膏来调整水泥的凝结时间。

(3)铝酸三钙在有石膏存在下的水化。在掺有起缓凝作用的石膏浆体中，铝酸三钙的水化反应随石膏含量不同而不同。

反应初期，在石膏掺量较多的情况下，C_3A 会先生成 C_4AH_{13}，但很快与石膏反应生成水化硫铝酸钙，称为钙钒石(AFt)，其反应式如下：

$$4CaO \cdot Al_2O_3 \cdot 13H_2O + 3(CaSO_4 \cdot 2H_2O) + 14H_2O = 3CaO \cdot Al_2O_3 \cdot 3CaSO_4 \cdot 32H_2O + Ca(OH)_2$$

若石膏在 C_3A 完全水化前耗尽，则钙钒石与 C_3A 反应生成单硫型水化硫铝酸钙(AFm)，其反应式如下：

$$3CaO \cdot Al_2O_3 \cdot 3CaSO_4 \cdot 32H_2O + 2(4\ CaO \cdot Al_2O_3 \cdot 13\ H_2O) = 3(3CaO \cdot Al_2O_3 \cdot CaSO_4 \cdot 12H_2O) + 2Ca(OH)_2 + 20H_2O$$

若石膏掺量极少，在所有钙矾石全部转变为单硫型水化硫铝酸钙后，还有未反应的 C_3A 时，则会形成单硫型水化硫铝酸钙和 C_4AH_{13} 的固溶体，其反应式如下：

$$3CaO \cdot Al_2O_3 \cdot CaSO_4 \cdot 12H_2O + Ca(OH)_2 + 12H_2O + 3CaO \cdot Al_2O_3\} = 2 \times \{3CaO \cdot Al_2O_3 \cdot [CaSO_4、Ca(OH)_2] \cdot 12H_2O\}$$

由于石膏掺量的不同，铝酸三钙的水化产物不同，见表 3-1-12。

表 3-1-12 铝酸三钙与石膏水化反应产物

实际参加反应的 $C\bar{S}H_2/C_3A$ 摩尔比	水化产物	实际参加反应的 $C\bar{S}H_2/C_3A$ 摩尔比	水化产物
3.0	钙矾石(AFt)	<1.0	单硫型固溶体 $[C_3A(C\bar{S}),CH)H_{12}]$
3.0～1.0	钙矾石＋单硫型水化硫铝酸钙(AFm)		
1.0	单硫型水化硫铝酸钙(AFm)	0	水石榴子石(C_3AH_6)

(4)铝酸三钙在氢氧化钙、石膏水系统中的水化过程。当铝酸三钙在氢氧化钙和石膏同时存在的浆体中水化时，可以分为四个阶段(见图 3-1-23)：

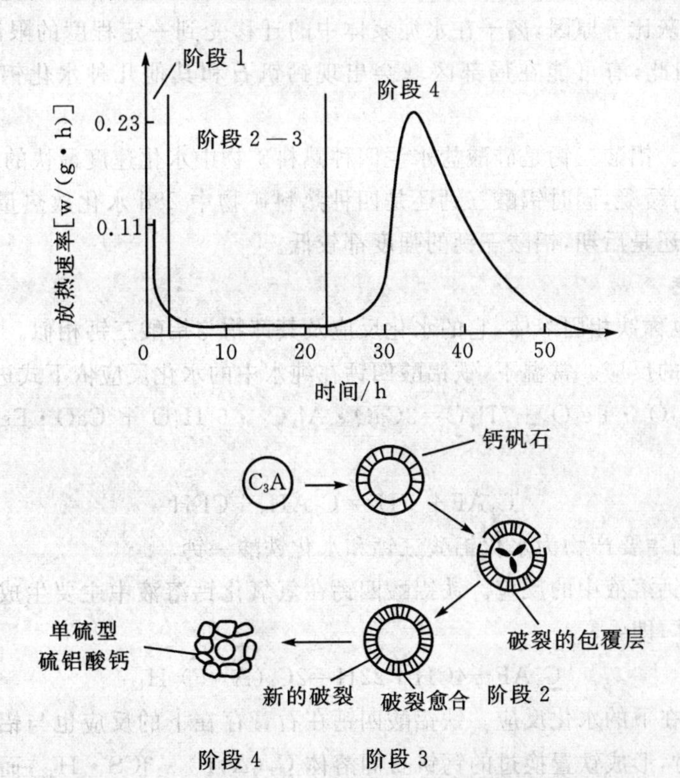

图 3-1-23 有氢氧化钙和石膏存在时铝酸三钙的水化

第一阶段：铝酸三钙很快在水中溶解并和石膏反应形成三硫型水化硫铝酸钙(钙矾石)，水化放热曲线出现第一个放热峰。

第二阶段:一定数量钙钒石的形成,在铝酸三钙颗粒表面形成了钙矾石包裹层,使水的扩散变慢,水化速度减慢。但缓慢进行的水化继续使水化产物包裹层变厚,产生结晶压力,当应力超过一定数值后,使产物包裹层破裂。

第三阶段:产物包裹层的破裂使水化反应重新加速,新生成的钙矾石很快又将包裹层破裂处封闭,使水化速度减慢。所以第二阶段和第三阶段为包裹层破坏和修复的反复阶段。

第四阶段:石膏消耗完毕,开始形成单硫型水化硫铝酸钙(AFm),水化出现第二个放热峰。可见,在形成钙钒石的第一个放热峰以后较长时间后,才到出现形成单硫型水化硫铝酸钙、水化重新加速的第二个放热峰,这足以说明由于石膏的存在而使铝酸三钙的水化延缓,其中两个放热峰出现时间的间隔,说明铝酸三钙被缓凝的时间。

因此,石膏的掺量决定了铝酸三钙的水化速度、水化产物类别及其数量,同时石膏的溶解速度也影响着铝酸三钙的水化速度、水化产物类型和数量。如果石膏不能及时向溶液中提供足够的硫酸根离子,则铝酸三钙可能在形成钙钒石之前先形成单硫型水化硫铝酸钙(AFm),使溶液出现早凝现象。如果石膏的溶解速度过快,例如存在半水石膏,可能会使浆体在钙钒石包裹层形成之前,由于半水石膏的水化而使浆体出现假凝现象。因此,二水石膏、硬石膏和半水石膏等不同类型的石膏对铝酸三钙的水化过程的影响有很大的差异。

硅酸盐水泥中石膏的掺量一般能满足铝酸三钙最终成为钙钒石与单硫型水化硫铝酸钙的要求,但是由于水灰比等原因,离子在水泥浆体中的迁移受到一定程度的限制,致使上述反应较难充分进行,因此,有可能在局部区域会出现钙钒石和其他几种水化铝酸钙同时存在的现象。

(5)水化特点。铝酸三钙是硅酸盐水泥四种熟料矿物中水化速度最快的,所以需要加入适量的石膏对其进行缓凝,同时铝酸三钙还是四种熟料矿物中28d水化放热量最多的。但是相比而言,无论早期还是后期,铝酸三钙的强度都较低。

4.铁铝酸四钙

铁铝酸四钙也称铁相固溶体,它的水化反应及其产物与铝酸三钙相似。

(1)在纯水中的反应。常温下,铁铝酸四钙在纯水中的水化反应依下式进行:

$$4CaO \cdot Al_2O_3 \cdot Fe_2O_3 + 7H_2O = 3CaO \cdot Al_2O_3 \cdot 6H_2O + CaO \cdot Fe_2O_3 \cdot H_2O$$

简写为:

$$C_4AF + 7H = C_3AH_6 + CFH$$

铁铝酸四钙的主要产物为水化铝酸三钙和水化铁酸一钙。

(2)在氢氧化钙溶液中的反应。铁铝酸四钙在氢氧化钙溶液中主要生成水化铝酸钙和水化铁酸钙的固溶体,即:

$$C_4AF + 4CH + 22H = 2C_4(A,F)H_{13}$$

(3)在石膏存在下的水化反应。铁铝酸四钙在石膏存在下的反应也与铝酸三钙的大致相同。当石膏充分时,形成铁置换过的钙钒石固溶体 $C_3(A,F) \cdot 3CS \cdot H_{32}$,而石膏不足时则形成单硫型固溶体,并且同样有两种晶型的转化过程。

(4)水化特点。与铝酸三钙相比,铁铝酸四钙的水化速度较慢,而且28d的水化放热量较少;与铝酸三钙相似,其早期强度和后期强度也较低。

1.5.2 硅酸盐水泥熟料矿物水化特性及其硬化性能比较

由于硅酸盐水泥四种熟料矿物的结晶状态、晶体结构特征、固溶体数量及固溶程度不同，所以它们的水反应速率、水化放热量、硬化体强度、耐腐蚀性等也存在很大的差异。

1. 水化速率

熟料矿物的水化速率可用直接法（岩相分析、X射线衍射分析或热分析等方法）和间接法（结合水、水化热等）进行测定。一般情况下，铝酸三钙水化最快，硅酸三钙和铁铝酸四钙次之，硅酸二钙最慢。图3－1－24为硅酸盐水泥各熟料矿物在不同时间的水化程度（按X射线衍射分析所得）。由图中可见，水化24h后，大约有65％的铝酸三钙已经水化，而贝利特水化不足18％，相差极大；但是到了90d时，四种矿物的水化程度已经趋于接近。

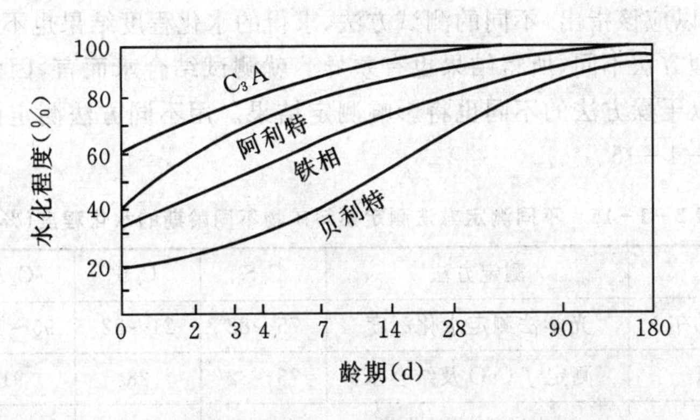

图3－1－24 硅酸盐水泥熟料矿物的水化程度（水灰比为0.4）

表3－1－13为不同熟料矿物在不同龄期的结合水量，根据表中的数据可以按照下式计算熟料矿物在不同龄期时的水化程度，即：

$$\alpha=\frac{x_1}{x_2}\times 100$$

式中，α——水化程度；

x_1——各龄期结合水量；

x_2——完全水化后结合水量。

表3－1－13 不同熟料矿物在不同龄期的结合水量（％）

矿物	水化时间					完全水化
	3d	7d	28d	3个月	6个月	
C_3S	4.88	6.15	9.20	12.49	12.89	13.40
C_2S	0.12	1.05	1.12	2.87	2.91	9.85
C_3A	20.15	19.90	20.57	22.3	22.79	24.30
C_4AF	14.40	14.71	15.24	18.45	18.94	20.72

根据上述公式和相关数据，得到不同熟料矿物在不同龄期的水化程度，见表3－1－14。

表 3-1-14　不同熟料矿物在不同龄期的水化程度(%)

矿物	完化时间					完全水化
	3d	7d	28d	3个月	6个月	
C_3S	36	46	69	93	96	100
C_2S	1	11	11	29	30	
C_3A	83	82	84	91	93	
C_4AF	70	71	74	89	91	

从表 3-1-14 中数据可知,四种熟料矿物的水化速率结果与图 3-1-24 相似,差异较大的是硅酸二钙。所以应该指出,不同的测试方法,求得的水化程度结果也不完全相同。同一种方法,由于试件处理方法不同,所得结果也有差异。就测试结合水而言,因为水泥石中水的存在形态很复杂,所以干燥方法的不同也将影响测定结果。用不同方法测定的熟料矿物 28d 后的水化程度见表 3-1-15。

表 3-1-15　不同测定方法测定熟料矿物不同龄期的水化程度(%)

试验人	测定方法	C_3S	C_2S	C_3A	C_4AF
安德桑·右伯尔	光学法测定水化深度	75～82	21～32	95～100	—
鲍格·勒奇	测定 f-CaO 及结合水	75～82	28	91	93
涅克拉索夫	测定减缩量再计算	70～87	18～22	98	81
三口悟郎	X 射线衍射	75～82	18～20	50	45

2. 放热量

四种熟料矿物的水化放热量差异很大,如图 3-1-25 所示。铝酸三钙的水化放热量最大,硅酸三钙和铁铝酸四钙次之,硅酸二钙水化放热量最少,放热速度也是最慢的。因此,适当增加铁铝酸四钙含量,减少铝酸三钙含量,或者减少硅酸三钙并相应增加硅酸二钙含量,均可以降低水化热,制得低热水泥。

3. 强度

图 3-1-26 为四种熟料矿物到 360d 龄期的抗压强度发展情况(来自 R. H 鲍格的资料)。由图中可知,硅酸三钙早期强度和后期强度都较高;硅酸二钙的早期强度较低,后期强度增进率高;而铝酸三钙和铁铝酸四钙的强度较低。

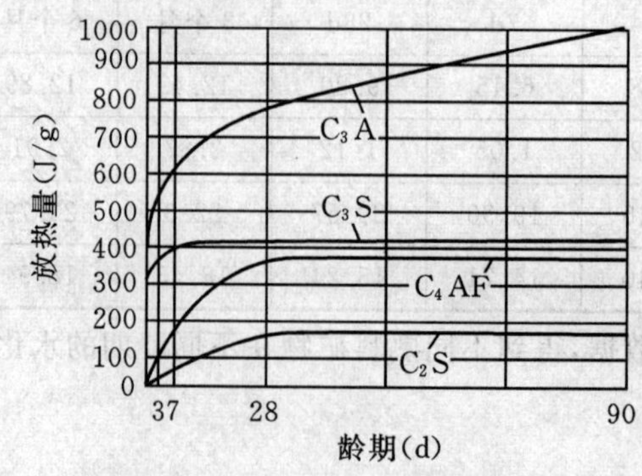

图 3-1-25　水泥熟料矿物在不同龄期时的放热量

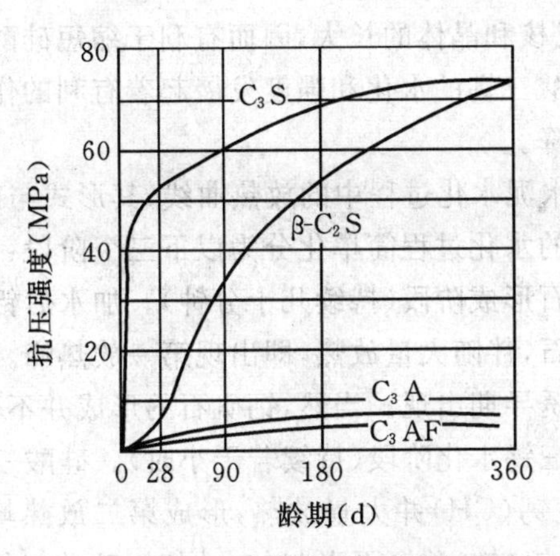

图 3－1－26　四种熟料矿物的抗压强度

4. 干缩性

四种水泥熟料矿物的干缩性按以下顺序排列：$C_3A>C_3S>C_4AF>C_2S$。

5. 耐化学腐蚀性

四种熟料矿物中铁铝酸四钙耐化学腐蚀性能最好，其次为硅酸二钙，硅酸三钙和铝酸三钙最差。

综上所述，将四种熟料矿物的特性归纳为表 3－1－16。

表 3－1－16　硅酸盐水泥熟料矿物的特性

熟料矿物特性		C_3S	C_2S	C_3A	C_4AF
水化反应速率		中	慢	快	中
水化放热量		中	少	多	中
抗压强度	早期	高	低	低	低
	后期	高	高	低	低
耐化学腐蚀性		中	良	差	优
收缩性		中	小	大	小

1.5.3　硅酸盐水泥的水化过程

硅酸盐水泥是由熟料矿物和石膏组成，此外，还含有少量次要的组分，如 Na_2O、K_2O 和 MgO 等，加水后，石膏要溶解于水，水泥熟料中的碱也会迅速溶于水，铝酸三钙和硅酸三钙很快与水反应，所以填充在固体颗粒间的液相是含有钙离子、钠离子、钾离子、氢氧根离子、硫酸根离子、硅酸根离子和铝酸根离子等的溶液。水泥浆体中的离子组成依赖于水泥中各种组成及其溶解度，液相中的组成又反过来影响各熟料矿物的水化速率。水泥水化在开始之后，基本上是在含碱的氢氧化钙和硫酸钙溶液中进行。应该指出的是，碱的存在使液相中钙离子浓度大大降低；同时碱的存在会使硅酸三钙的水化加快，水化硅酸钙中的钙硅比(C/S)增大。

硅酸盐水泥的水化不同于熟料单矿物水化的另一个特点是不同熟料矿物彼此之间对水化过程也要产生影响。例如，在有硅酸三钙存在的条件下，硅酸二钙的水化速率比只有硅酸二钙单矿物的水化速率快，这可能是由于硅酸三钙水化时析出的氢氧化钙有利于液相中氢氧化钙高度过饱和度的形成及其成核和晶体的长大，因而有利于缩短硅酸二钙的诱导期而加快水化。又如，少量的铝酸三钙对硅酸三钙的水化和强度发展起着有利的作用，但铝酸三钙超过一定量时，硅酸三钙浆体强度会下降。

图 3-1-27 为硅酸盐水泥水化过程中的放热曲线，其形式与硅酸三钙的放热曲线基本相同，据此可以将硅酸盐水泥的水化过程简单化分为以下三个阶段：

(1)早期水化——钙矾石形成阶段(持续几十分钟)。加水后铝酸三钙率先水化，在石膏存在的条件下，迅速形成钙钒石，伴随大量放热，即出现第一放热峰。由于钙钒石的形成，使铝酸三钙的水化速率减慢，导致诱导期出现。当然，钙矾石的形成并不仅限于几十分钟。

(2)中期水化——硅酸三钙水化阶段(持续若干小时)。硅酸三钙开始迅速水化，形成水化硅酸钙(C－S－H)和氢氧化钙(CH)并大量放热，形成第二放热峰。出现第二放热峰是由于钙钒石转化成单硫型水化硫铝(铁)酸钙而引起的。同时，硅酸二钙和铁相固溶体也以不同程度参与了这两个阶段的反应，形成相应的水化产物。

(3)后期水化——结构形成和发展阶段(持续若干天)。此阶段放热速率很低并趋于稳定。随着各种水化产物的增多，填入了原先由水占据的空间，再逐渐连接并相互交织，发展成硬化的浆体。

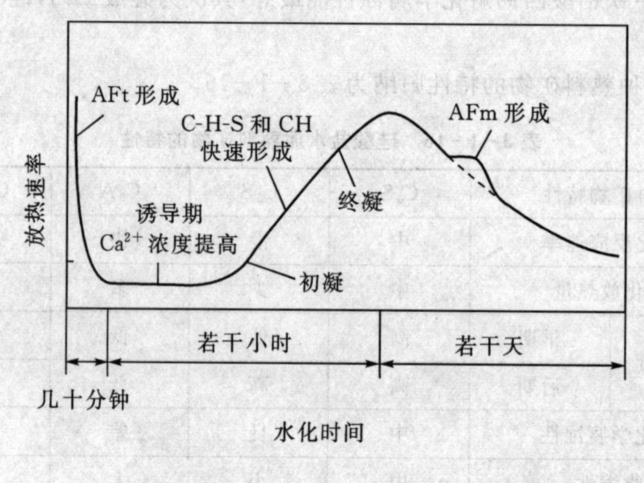

图 3-1-27　硅酸盐水泥的水化放热曲线

综上所述，硅酸盐水泥的水化过程可概括如图 3-1-28 所示。水泥与水拌和后，铝酸三钙立即发生反应，硅酸三钙和铁铝酸四钙水化也较快，而硅酸二钙则较慢。在电镜下观测，几分钟后可见在水泥颗粒表面生成钙钒石针状晶体、无定形的水化硅酸钙以及氢氧化钙六方板状晶体等。由于钙钒石的不断生成，使液相中的 SO_4^{2-} 逐渐减少并消耗完，这时就会有单硫型水化硫铝(铁)酸钙形成，如果铝酸三钙或铁铝酸四钙还有剩余，则会生成单硫型水化产物和 $C_4(A,F)\cdot H_{13}$ 的固溶体，甚至单独的 $C_4(A,F)\cdot H_{13}$，而 $C_4(A,F)\cdot H_{13}$ 再逐渐转变为稳定的等轴晶体 $C_3(A,F)\cdot H_6$。

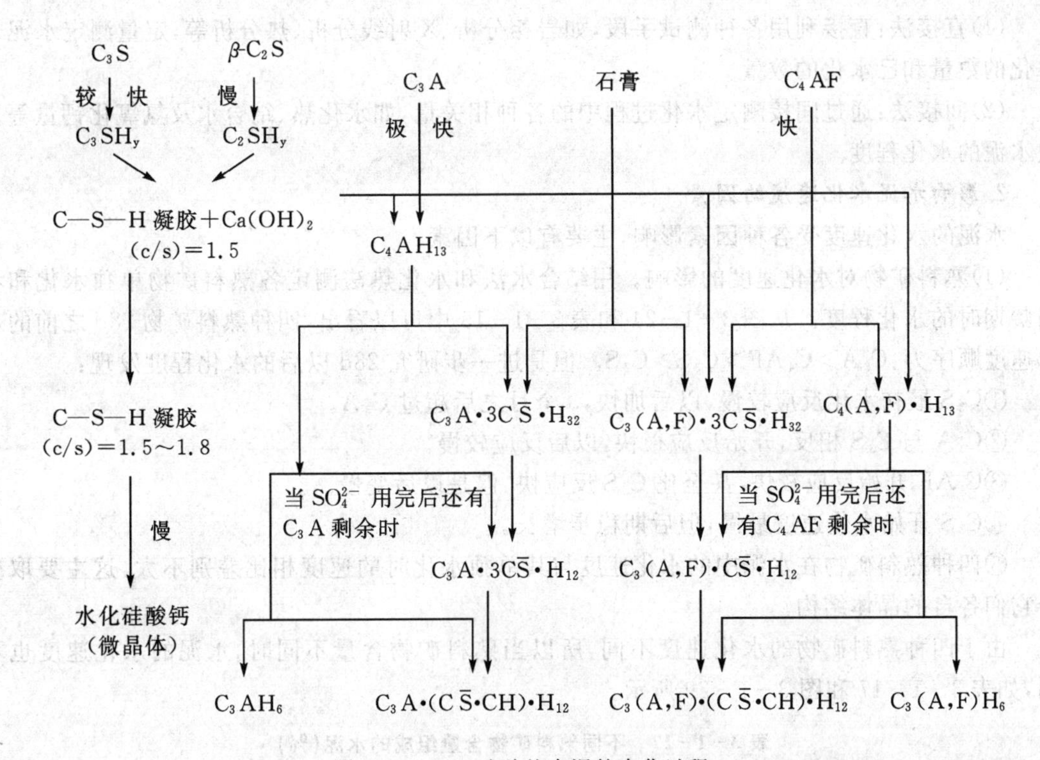

图 3-1-28 硅酸盐水泥的水化过程

从图 3-1-28 中还可以发现，硅酸盐水泥的水化产物有：氢氧化钙、C－S－H 凝胶、水化硫铝酸钙和水化硫铝(铁)酸钙、水化铝酸钙、水化铁酸钙等。其中在水化初期生成的存在于原来水泥矿物界限以外的水化产物，称为外部水化产物，包括部分 C－S－H 凝胶以及绝大多数的 CH 和 AFt 晶体等，其结构比较疏松。而在水化后期生成的存在于原水泥矿物界限以内的水化产物，称为内部水化产物，以 C－S－H 凝胶为主，结构比较密实。

此外，还要认识到，由于水泥浆体中实际的拌和水较少，并且在水化过程中不断减少，所以水泥的水化是在浓度不断变化的情况下进行的，而且熟料矿物释放的水化热会使水化浆体的温度发生变化，因此，水泥的水化过程与在溶液或熔体中的一般化学反应有所不同，特别是离子的迁移较为困难时，使得水化根本不可能在较短的时间内完成。而是从表面开始，然后在浓度和温度不断变化的条件下，通过扩散作用，缓慢地向中心深入。在熟料颗粒的中心，至少是大颗粒的中心，水化作用往往已经停止。当温度和湿度条件适宜时，浆体硬化体从外界补充水分，或者在浆体内部进行水分的再分配后，才能使水化作用得以极慢的速度继续进行。所以，绝不能将水泥的水化过程视为一般的化学反应，另外，对其长期处于不平衡的情况以及周围环境条件的关系，也必须充分关注。

1.5.4 影响硅酸盐水泥水化速率的因素

1. 硅酸盐水泥水化速率的测定

硅酸盐水泥的水化速率常用水化深度或水化程度表示。水化深度是指水泥颗粒已水化层的厚度，以微米(μm)表示。水化程度是指在一定时间内水泥发生水化作用的量(比如氢氧化钙的数量)和完全水化量的比值，以百分数表示。具体的测定方法包括直接法和间接法两种。

(1)直接法:直接利用各种测试手段,如岩相分析、X射线分析、热分析等,定量测定水泥未水化的数量和已水化的数量。

(2)间接法:通过间接测定水化过程中的各种相关量,如水化热、结合水及氢氧化钙量等反映水泥的水化程度。

2. 影响水泥水化速度的因素

水泥的水化速度受各种因素影响,主要有以下因素:

(1)熟料矿物对水化速度的影响。用结合水法和水化热法测定各熟料矿物单独水化和不同龄期时的水化程度。从图3-1-24和表3-1-13中可以看出,四种熟料矿物28d之前的水化速度顺序为:$C_3A>C_4AF>C_3S>C_2S$。但是进一步研究28d以后的水化程度发现:

①C_3S最初水化反应较慢,以后加快,3个月之后超过C_3A。

②C_3A与C_3S相反,开始反应很快,以后反应较慢。

③C_4AF开始反应较快,甚至比C_3S反应快,但是以后变慢。

④C_2S开始水化速度最慢,但后期稳步增长。

⑤四种熟料矿物在水泥中的水化速度与其单独水化时的速度相比差别不大,这主要取决于它们各自的晶体结构。

由于四种熟料矿物的水化速度不同,所以当熟料矿物含量不同时,水泥的水化速度也不同,如表3-1-17和图3-1-29所示。

表3-1-17 不同熟料矿物含量组成的水泥(%)

水泥编号	C_3S	C_2S	C_3A	C_4AF	水泥编号	C_3S	C_2S	C_3A	C_4AF
Ⅰ	49	25	12	8	Ⅲ	56	15	12	8
Ⅱ	30	46	5	13					

(2)水泥细度对水化速度的影响。按照化学反应动力学的一般原理,在其他条件一定的情况下,反应物参与反应的表面积越大,其反应速度越快。

水泥颗粒粉磨得越细,其表面积越大,与水泥接触的面积也越大,水化越快。另外,细磨还能使水泥熟料的晶体扭曲,产生缺陷,从而使水化加快。

图3-1-30显示具有不同比表面积的三种水泥的水化放热量。由图3-1-30可知,水泥的颗粒越细,水化放热量越大,其早期水化速度越快。所以适当提高水泥的比表面积,可以提高水泥的早期水化速度。

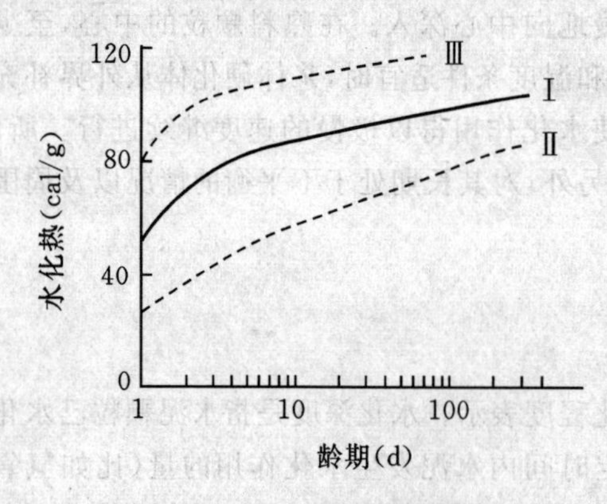

图3-1-29 三种水泥的放热曲线

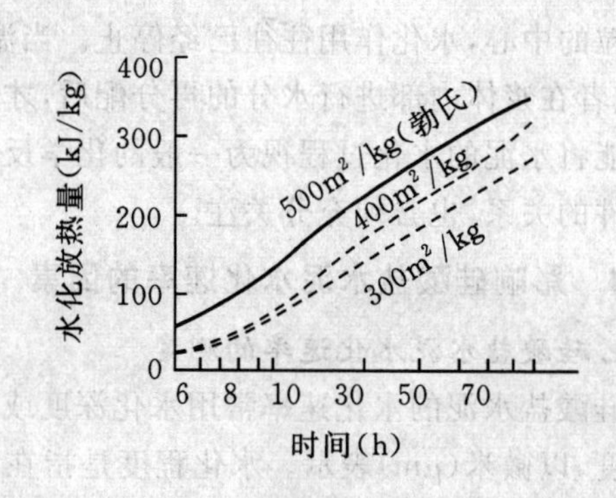

图3-1-30 不同细度水泥的水化放热量

要注意的是，虽然水泥颗粒太细，可以使早期水化速度加快，但迅速产生的水化产物反过来会阻碍水化作用的进行。所以，提高水泥细度只表现在提高早期水化速度和早期强度上，对后期水化没有太大的影响。如果水泥的细度较粗时，水泥的早期和后期水化速度都较慢，早期和后期强度均较低，不利于水泥熟料活性的发挥。目前水泥中 7～30μm 颗粒居多，一般比表面积为 $350 \sim 420m^2/kg$。

(3)水灰比对水化速度的影响。水灰比是指水的质量与水泥质量的比值。水泥的水化速度与水灰比之间有一定的关系，因为水灰比大小会影响溶液中离子浓度。如果水灰比太小，水化所需水量不足，水化速度慢，特别是后期水化反应会延缓。适当增加水灰比，即增加了用水量，可以增大水和未水化水泥颗粒的接触，使水泥的水化速度有所提高。如图 3－1－31 所示，阿利特和贝利特的水化速度都会随水灰比的增大而加快。表 3－1－18 为同一细度（900 m^2/kg）水泥在不同水灰比时，其结合水随时间变化的试验结果。它也表明水泥水化速度随水灰比的增加而提高。

表 3－1－18 水泥水化速度与水灰比的关系

水灰比	结合水量(%)				
	1d	3d	7d	28d	3 个月
0.28	4.5	7.6	10.2	11.0	12.6
0.50	8.7	12.6	13.3	14.3	15.6
0.70	—	12.5	15.5	15.6	17.6

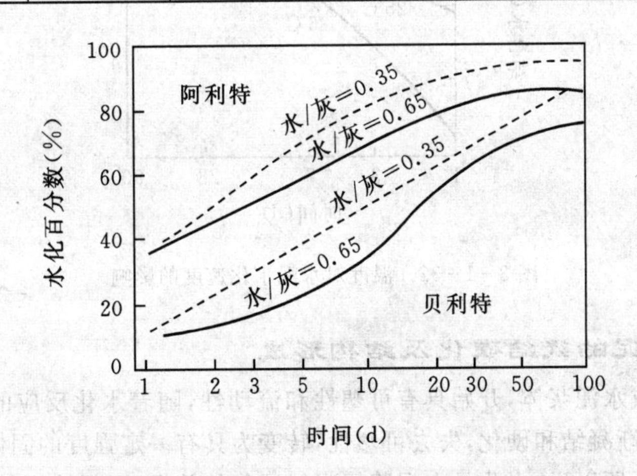

图 3－1－31 水灰比与水化速度的关系

(4)温度对水化速度的影响。水泥的水化也遵循一般的化学反应规律，即温度升高，反应速度加快。温度对不同熟料矿物水化程度的影响见表 3－1－19。从表中看出，提高温度对 C_2S的水化反应速度影响最大，对 C_3A、C_4AF 的影响最小，温度对 C_3S 水化速度的影响主要表现在水化早期，对后期的影响不大。

温度对水泥水化速度的影响规律与 C_3S 的相似（见图 3－1－32）。

表 3-1-19 温度对不同熟料矿物水化程度的影响

矿物	温度(℃)	水化程度(%)					
		1d	3d	7d	28d	90d	180d
C_3S	20	31	36	46	69	93	94
	50	47	53	61	80	89	—
	90	90	—	—	—	—	—
C_2S	20	—	7	10	—	29	30
	50	20	25	31	55	86	92
	90	22	41	57	87	—	—
C_3A	20	—	83	82	84	91	93
	50	75	83	86	89	—	—
	90	84	90	92	—	—	—
C_4AF	20	—	70	71	74	89	91
	50	92	94	—	—	—	—

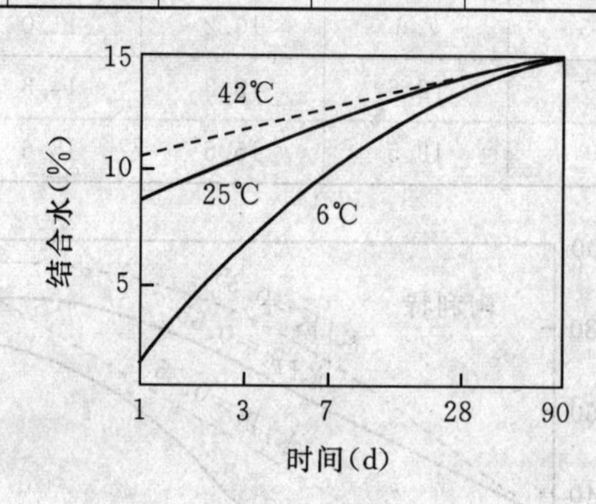

图 3-1-32 温度对水泥水化速度的影响

1.6 硅酸盐水泥的凝结硬化及结构形成

水泥拌水后形成水泥浆体，开始具有可塑性和流动性，随着水化反应的不断进行，水化产物不断生成，浆体逐渐凝结和硬化，失去可塑性，转变为具有一定强度的固体，这个过程称为水泥浆体的凝结硬化。所以说，水化是水泥浆体凝结硬化的前提，而凝结硬化是水化的结果。凝结硬化是同一过程的不同阶段，凝结标志着水泥浆失去可塑性，但尚不具备强度；硬化表示水泥浆体成为了具有一定强度的固体——水泥石。

水泥浆体凝结硬化过程实质上就是水泥浆体结构形成的过程。水泥浆体结构的形成决定了水泥石的结构，其特点与水泥浆的工艺特性和混凝土的工艺参数有关。

1.6.1 水泥浆体的凝结硬化

有关水泥浆体凝结硬化过程以及硬化浆体结构的形成，各方研究人员作了大量的研究。

1882 年雷·查特里(Le Chatelier)提出的“结晶理论”认为：水泥拌水后，熟料矿物溶解于水，与水反应，由于生成的水化产物的溶解度小于反应物，因此呈过饱和状态而析出结晶。随后熟料矿物继续溶解，水化产物不断结晶沉淀，如此溶解—沉淀不断进行。这个理论认为，水泥的水化是通过液相进行的。由于细长的水化物晶体本身具有较大的内聚力，使得晶体间产生了较大的黏附力，从而使水泥石具有较高的强度。这一过程与石膏相同。

1892年W.米契埃里斯(W. Mi-chaelis)提出的"胶体理论"认为：水泥与水作用生成大量的胶体物质，接着由于干燥或未水化的水泥颗粒不断吸水使胶体凝聚成为凝胶而硬化。这一理论将水泥水化反应视为固相反应的一种类型，即熟料矿物不需要经过溶解于水的阶段，而是固体熟料矿物直接与水反应生成水化产物，也就是所谓的局部化学反应。然后，通过水分子的扩散作用，使反应界面由颗粒表面向内部延伸，继续水化。这一过程与石灰的情况基本相同。

1926年A.A.拜依可夫将以上两种理论加以发展，提出了"三阶段硬化理论"：

第一阶段——溶解阶段：水泥加水拌和后，水泥颗粒表面与水发生水化反应，生成的水化物溶解于水直到呈饱和状态。

第二阶段——胶化阶段：相当于水泥凝结过程。固相生成物从溶液中析出，由于过饱和度较高，所以沉淀为胶体颗粒，或者直接由固相反应生成胶体析出。

第三阶段——结晶阶段：相当于水泥硬化过程。生成的胶体并不稳定，逐渐转变为晶体，长大且相互交织产生强度。

在此基础上，列宾捷夫等认为：水泥的凝结硬化是一个凝聚—结晶三维网状结构的形成发展过程。他认为胶体颗粒在适当的接触点借分子间作用力而相互联结，逐渐形成三维凝聚网状结构，导致浆体凝结。随着水化作用的进行，当微晶体之间依靠较强的化学键结合，形成三维的结晶网状结构使浆体硬化。这样，在水泥浆体结构中同时存在着凝聚和结晶两种结构。事实上，这两种网状结构的形成过程并不是截然分开的，凝结是凝聚—结晶网状结构形成过程中凝聚结构占主导的一个特定阶段，而硬化则表明强得多的结晶结构的发展。

洛赫夫(F. W. Locher)等从水化产物形成及发展的角度，提出凝结硬化过程可以划分为三个阶段。如图3-1-33所示，该图表明了水化产物的生成情况，也有助于形象了解浆体结构的形成过程。

第一阶段：大约在水泥加水拌和到水泥浆开始凝结(即初凝)为止。水泥加水拌和后，硅酸三钙和水迅速反应生成氢氧化钙饱和溶液，并从中析出六方板状的氢氧化钙晶体。同时，石膏也进入溶液中与铝酸三钙反应生成结晶细小的钙矾石棱柱状晶体，覆盖在水泥颗粒表面，从而阻止了水泥的进一步水化。在这一阶段，由于晶体太小，不足以在颗粒间形成架桥以连接成为网状结构，所以水泥浆为塑性状态。

第二阶段：大约从水泥浆初凝起到24h止。水泥的水化开始加速，生成大量的氢氧化钙和钙矾石晶体，同时在水泥颗粒上出现C—S—H凝胶。此时，由于水泥颗粒间有较大的空间，所以生成的C—S—H凝胶为长纤维状。在这一阶段初期，由于钙钒石晶体的生长，将各颗粒连接起来而使水泥浆达到终凝。随后由于大量形成的C—S—H长纤维凝胶，与钙钒石晶体一起，使水泥石的网状结构不断致密，强度也不断增长。

第三阶段：指24h后一直到水化结束。在这一阶段，石膏已经耗尽，开始形成水化铝酸钙和水化铁酸钙固溶体，并且钙钒石转化为单硫型水化硫铝酸钙。随着水化的进行，各种水化产物的数量不断增加，使孔隙不断减少，这时的C—S—H凝胶为短纤维状，它们填充在孔隙之间，不断使结构致密，强度增大。

此后，各方面还提出了不少观点，如鲍格认为，在电子显微镜下观察到的大量球状微 细粒子，具有巨大的表面能，这是使粒子之间相互强烈黏结的主要原因。而赛切夫则强调熟料矿物和水化产物的极性特性。泰麦斯提出水泥的水化硬化是熟料矿物中$[SiO_4]^{4-}$四面体之间形成硅氧键 Si—O—Si，从而不断聚合的过程。

随着科学技术的发展，特别是多种现代测试手段的应用，有关水泥浆体结构的认识有了较快的进展。泰勒据此用图 3-1-34 较详尽地说明了水泥浆体在不同水化时期水化产物的形成及发展情况，从图中可以看出浆体结构的发展过程。泰勒将水泥水化分为初期、早期和后期三个时期，分别相当于一般水泥在 20℃温度中水化 3h、20～30h 以及更长时间。

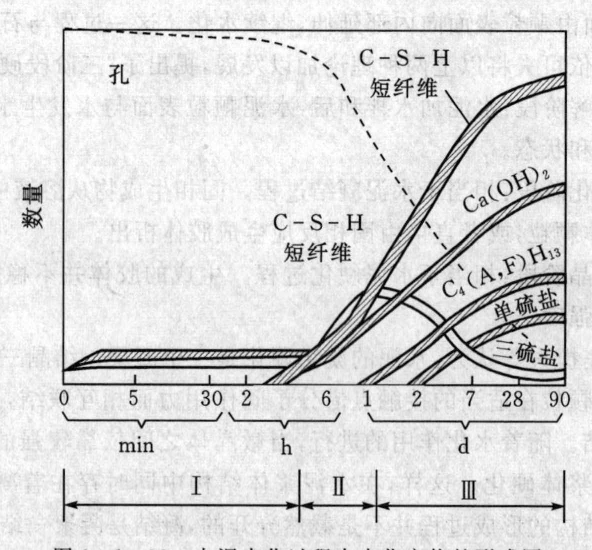

图 3-1-33 水泥水化过程中水化产物的形成图

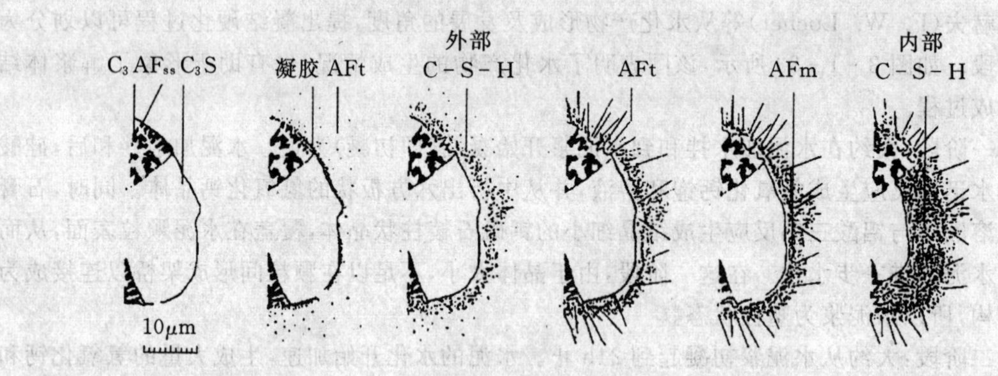

(a)未水化时 (b)水化 10min (c)水化 10h (d)水化 18h (e)水化 1-3d (f)水化 14d

图 3-1-34 硅酸盐水泥浆体结构的形成和发展

总之，对于水泥凝结硬化的研究远未完成，不少论点仍是争议的主题，经过长期的研究以后，现在比较统一的认识是：水泥的水化反应在开始主要是化学反应所控制，当水泥颗粒四周形成较为完整的水化产物膜层后，反应历程又受离子通过水化产物层时的扩散速率影响。随着水化产物层的不断增厚，离子的扩散速率成为水化历程的动力学行为的决定因素。这时，所生成的水化产物逐渐填满原来由水所占据的空间，固体粒子逐渐接近。由于钙钒石针状、棒状晶体的相互搭接,特别是大量薄片状、纤维状 C-S-H 的交叉攀附,从而使原先分散的水泥颗粒以及水化产物连接起来,构成一个结合牢固的三维空间结构。不过,对于硬化的本质仍存在不同的看法,要更清晰地揭示水泥凝结硬化的过程及实质,还有待于更深化的研究。

1.6.2 水泥浆体结构的形成过程

根据水泥浆体的塑性强度随时间的变化将其结构形成过程分为四个阶段,如图 3-1-35 所示。

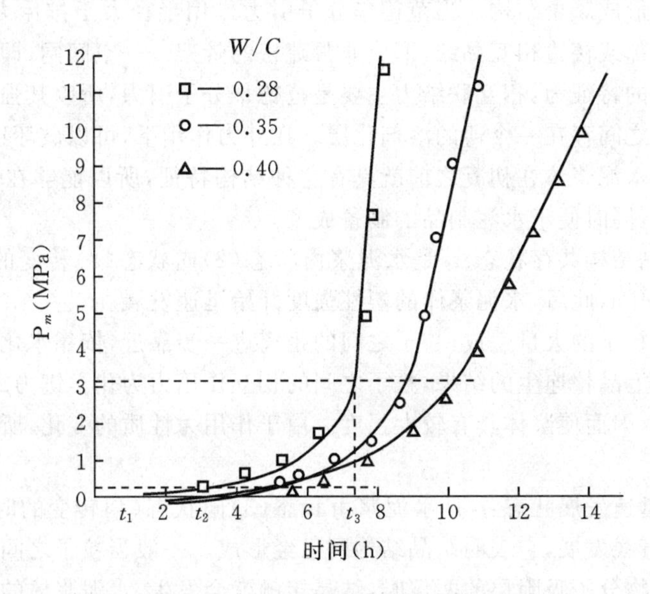

图 3-1-35 水泥浆体结构形成过程

(1)无结构的悬浮状态:在 t_1之前,塑性强度几乎为零,这时水泥浆体处于无塑性强度的悬浮状态。

水泥与水拌和后,很快在其表面形成一个富硅层,为了平衡电荷,在其表面吸附溶液中的钙离子,从而建立起一个双电层,如图 3-1-36 所示。因此,可以把处于早期水化阶段的水泥浆体看做是带有表面双电层的固相颗粒的分散体系。

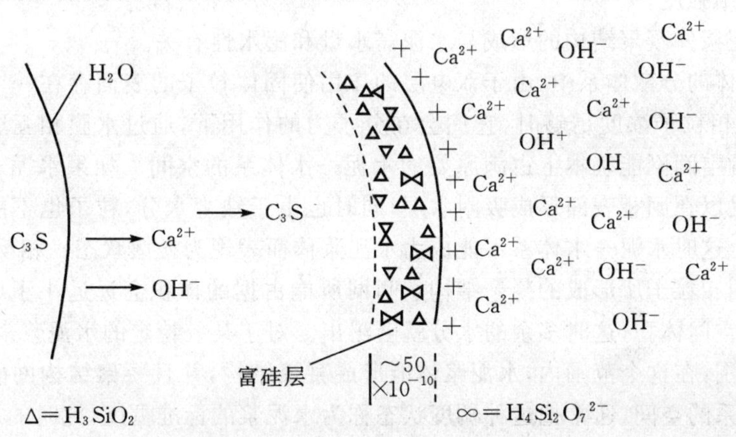

图 3-1-36 水泥颗粒水化早期形成的双电层

(2)凝聚结构状态:t_1—t_2的时间内,水泥浆体的塑性强度增长缓慢,数值很小。到 t_2时,塑性强度 P_m 约为 0.3MPa,这时固体颗粒之间开始以弱的范德华力结合,浆体处于凝聚结构状态。

处于悬浮状态的固体颗粒之间存在两种彼此相反的相互作用:一种排斥作用,一种吸引作用。如果粒子之间的排斥力不能被克服,则粒子彼此独立成为稳定的悬浮体;如果被克服,则粒子在引力作用下形成凝聚结构。当范德华分子引力作用半径大于排斥力作用的半径时,棒状或片状粒子的尖部或棱边相互黏结,形成非常疏松的骨架——空间网,即凝聚结构。

凝聚结构具有的特征为:相互联结力主要是范德华分子引力,所以其强度不大。而且在彼此互相连接的粒子之间存在一个薄的溶剂化层。在外力作用下,可以破坏这种凝聚结构,使其具有触变复原性。水泥浆体在初凝之前就具有这种结构特征,所以能够在外力与自重作用下具有塑性流动特性,同时便于水泥制品的制备成型。

(3)凝聚—结晶结构共存状态:t_2是水泥浆由状态(2)向状态(3)转变的时间。在 t_2时,塑性强度 P_m 达 3.4MPa,此后,水泥浆体的塑性强度开始迅速发展。

随着水化产物粒子的大量生成,粒子之间的距离进一步靠近,依靠水化产物粒子之间的交叉结合或离子界面上晶核连生的结果,粒子之间的相互作用力为化学键力或次化学键力,形成凝聚—结晶结构网,因而使浆体具有较大强度。由于作用力性质的变化,所以结构不具备触变复原性。

(4)结晶结构迅速发展状态:t_3是水泥浆由状态(3)向状态(4)转变的时间,当时间达到 t_3以后,塑性强度呈直线发展,它表明结晶结构网已经形成。一般当粒子之间的距离小于在粒子表面形成的水化产物分子吸附层的两倍时,结晶接触就会发生,水泥浆体的结构就会逐渐发展成为结晶结构。

1.6.3 水泥的需水性、泌水性和凝聚结构的关系

在水泥混凝土拌和时加入的水有两种作用:一是保证水泥水化过程的进行;二是使水泥浆体或新拌混凝土具有足够的流动性,以便于施工成型。如果加水量过多,多余的水分就会在混凝土表层、钢筋或骨料下部泌水,当水分蒸发后会形成表面疏松层或内部空隙削弱骨料或钢筋与水泥石的黏结强度。

可见,水泥浆体凝聚结构的形成与水泥需水量和泌水性有关。

在水泥浆体的分散体系中,由于双电层的作用使固体粒子的表面存在一个吸附水层和扩散水层。当固相粒子浓度足够时,它们会在分子力的作用下,通过水膜相互联结形成凝聚结构,且凝聚结构空间网能基本上占满原始的水泥—水体系的空间。如果水泥—水系统中的水量过少,就不足以在固相表面形成吸附水层,同时也由于缺少水分,粒子也不能在热运动下相互碰撞而凝聚,这时水泥—水体系不能成为水泥浆体而表现为松散状态。相反,如果加水量过多,则分散的固相粒子所形成的凝聚结构空间网所能占据的体积会远远小于原始的水泥—水体系所占据的空间体积,这时多余的水分就会泌出。对于某一特定的水泥浆来说,应该有一个适当的加水范围,在这个范围内,水泥浆体能形成凝聚结构,并且凝聚结构网能基本上占满原始水泥—水体系的空间,通常把这种稠度状态称为水泥浆的标准稠度,此时的加水量称为标准稠度用水量。

水泥的泌水过程主要发生在水泥浆体形成凝聚结构之前,所以水泥的泌水量、泌水速度与水泥的细度、矿物组成、加水量、混合材料种类和掺量及温度等因素有关。

提高水泥的细度，不仅可以使水泥颗粒均匀地分散在浆体中，减弱其沉淀作用，还可加速形成凝聚结构，降低泌水性（见图3-1-37）；另外，颗粒越细，吸附层需水量也越多（见表3-1-20）。

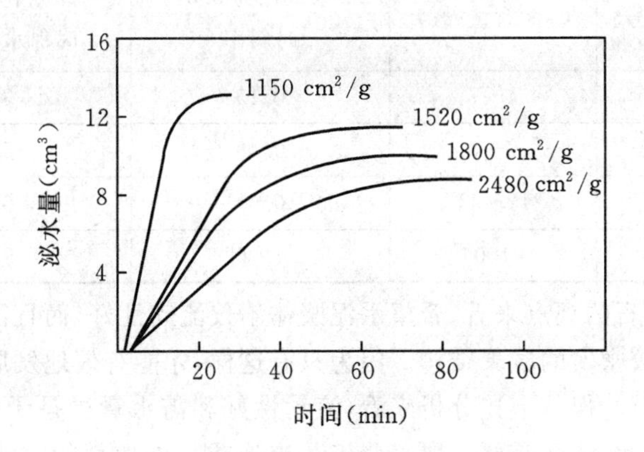

图3-1-37　水泥细度与泌水量的关系

表3-1-20　水泥颗粒的细度与吸附水量的关系

水泥颗粒的尺寸(μm)	比表面积(m^2/kg)	单分子层吸附水的量（对水泥质量的百分比）
10	220	0.01
1	2300	0.1
0.1	22000	1

研究表明，水泥熟料矿物中对泌水性影响最大的是C_3A。图3-1-38表示了C_3A含量与水泥浆体保水量的关系，曲线1为C_3A含量为4%～7%的水泥，曲线2为C_3A含量为7%～8%的水泥，曲线3为C_3A含量为12%～14%的水泥，直线4为纯C_3A。保水性是指水泥浆体保留一定体积水分而不使浆体产生泌水的能力，所以保水性越好，其泌水性越小。因为C_3A含量越多，其早期水化作用越剧烈，使得水泥浆体内分散的胶体粒子数量增加，粒子的表面积增加，形成凝聚结构的接触点增多，这种有巨大固相表面的松散的凝聚结构网，能大大增加吸附水量，故其饱水能力提高，泌水性减小。从图中可以看出，水泥中含C_3A越多，曲线越陡。水灰比为0.5时曲线的斜率和水灰比为1.0时保持的水量见表3-1-21。

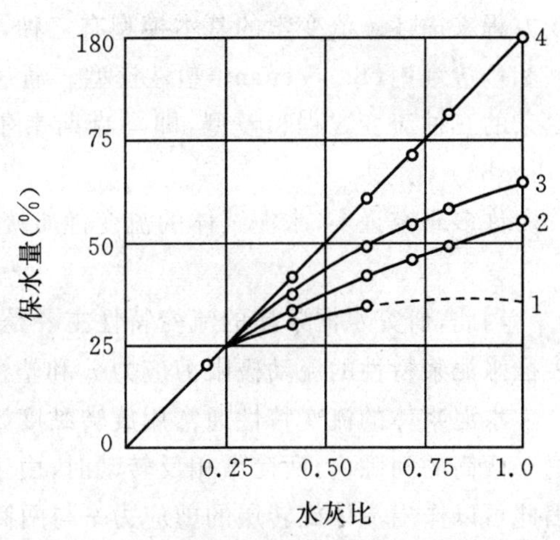

图3-1-38　C_3A含量不同的水泥保水量与水灰比的关系

表 3-1-21 C_3A 含量和保水性的关系

水泥序号	C_3A 含量(%)	水灰比为 0.5 时斜率	水灰比为 1.0 时保水量(%)
1	4～7	0.15	35
2	7～8	0.48	53
3	12～14	0.61	63
4	100	1.00	97

从制备优质水泥石的观点来看，希望水泥浆体不仅流动性好，而且需水量少、保水性好、泌水量少，同时具有比较密实的凝聚结构。因为只有这样，才能有效地发展结晶结构并获得密实度高、强度大的水泥石。但从上述分析来看，流动性好和需水量少是矛盾的；保水性好与结构密实也是矛盾的。因此，往往需要采取一些工艺措施或加外加剂的方法来调整这些矛盾。比如采用高频振动，可以使水泥浆在较少水量的情况下获得较好的流动性；又如在水泥浆中加入某些表面活性物质，如木质素磺酸盐等各种具有减水功能的外加剂，也可以调整上述矛盾。

1.6.4 水泥浆体的流变性质

水泥浆体和水泥混凝土的流动特性，通常称为工作性或和易性。它是评定水泥浆体和水泥混凝土拌和物的一个综合性指标。

流变学是研究物体中的质点因相对运动而产生流动和变形的科学。因为流变学能够表述材料内部结构和宏观力学特性之间的关系，所以它逐渐成为材料科学基础理论的一个重要部分。

为了直观明显地描述物体的流变性质，流变学习惯用流变模型及其对应的流变曲线或流变方程来描述。流变学的基本模型有三种，即虎克(Hooke)弹性模型、牛顿(Newton)粘性模型和圣・维南(St. Venant)塑性模型。通过这三种模型之间的串并联又可以引申发展出较为复杂的三种流变方程和模型，即马克斯韦尔(Maxwell)模型、开尔文(Kelvin)模型和宾汉姆(Bingham)模型。

许多研究证实，水泥浆体的流变性质接近于宾汉姆(Bingham)流体，其流变方程近似为：

$$\tau=\tau_0+\eta_0\gamma$$

因此，研究水泥浆体的流变特性主要是确定应变速率 γ 与剪应力 τ 之间的关系，从而确定表征水泥浆特性的流动极限剪应力 τ_0 和塑性黏度 η_0 值。

水泥浆体的流变特性通常用旋转黏度计测定。旋转黏度计由同轴内筒和外筒构成，流体置于两筒的间隙内，两筒做相反转动时，由于筒间隙中流体的黏滞性使得两筒之间承受扭矩。因此可以作出流体旋转层的剪应力 τ 与两筒相对旋转速度 D 之间的相关曲线 $\tau=f(D)$，此曲线可称为水泥浆流体的流变曲线。

把 $\eta=\mathrm{d}\tau/\mathrm{d}D$ 定义为流体的黏度。黏度不仅是转动速度 D 的函数，也可能是时间的函数，因此随着增加或减少转速表现出的黏度可能不一致。根据转速先增加后减少所得的流变曲线，可把流体分为可逆性、触变性和反触变性三种(见图 3-1-39)。可逆性是指上升曲线和下降曲线重合。加速过程中上升曲线在减速过程中下降曲线的上方，流体表现为触变性。触变性是指流体在外力作用下流动性暂时增加，外力除去后，具有缓慢的可逆复原的性能。曲线所包围的面积越大，流体的触变性也越大。如果加速过程的上升曲线在减速过程的下降曲线的下方，则流体表现为反触变性，即流体在外力作用下流动性减小，外力出去后，具有缓慢的可逆复原性能。曲线包围的面积越大，流体的反触变性也越大。

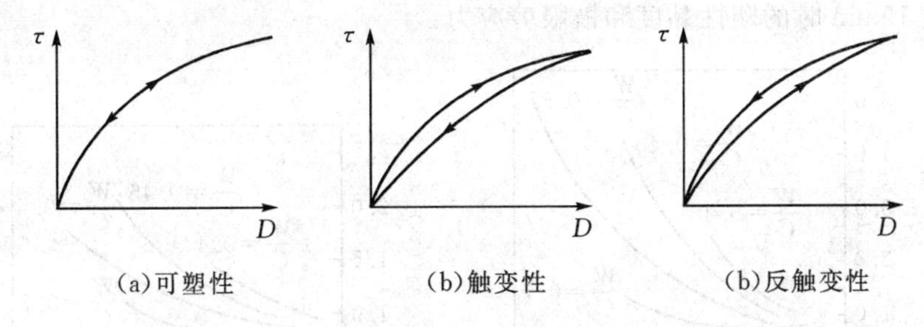

图 3-1-39　可逆性、触变性和反触变性流体的流变曲线

触变现象是某些胶体体系的特性，反触变现象是某些粗粒子悬浮体的特性。水泥浆体随着水化过程的进行而逐渐形成水化物凝胶体，因而水泥浆的流变特性也从初始的反触变现象过渡到触变现象。这是水泥粒子从初始分散体系向具有胶体尺寸粒子的水泥浆悬浮体以及凝聚结构转变的过程。

影响水泥浆流变特性的因素很多，主要有水泥的矿物组成、水灰比、细度、水化温度和搅拌制度等。

1.水泥熟料矿物组成对水泥浆流变特性的影响

试验证明，水泥熟料矿物组成对水泥浆的流变特性有影响，但最主要的是 C_3A 的含量。当水泥熟料中 C_3A 含量提高时，水泥浆的塑性黏度和极限剪应力也随之提高，当 C_3A 含量高于 4%，水化时间大于 2h 后表现更为明显。图 3-1-40 显示了这种规律（水泥浆的水灰比为 0.5，在常温 25℃下水化）。

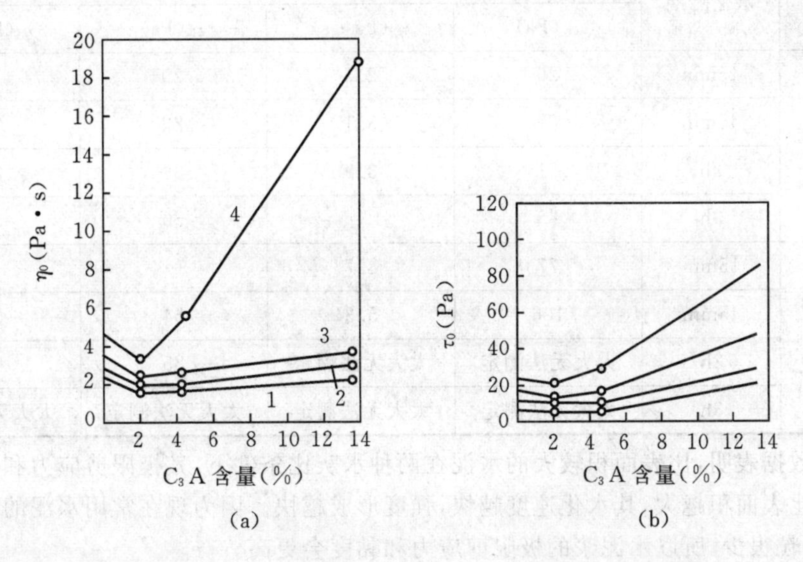

图 3-1-40　水泥中 C_3A 含量对浆体流变特性的影响

2. 水灰比对水泥浆流变特性的影响

水灰比对水泥浆的流变特性影响较大。水灰比越小，则固体的浓度越大，稠度发展速度也越快。图 3-1-41 是硅酸盐水泥的塑性黏度和极限剪应力随水灰比及水化时间的变化规律。η_0 和 τ_0 是水化 15min 时的塑性黏度和极限剪应力。

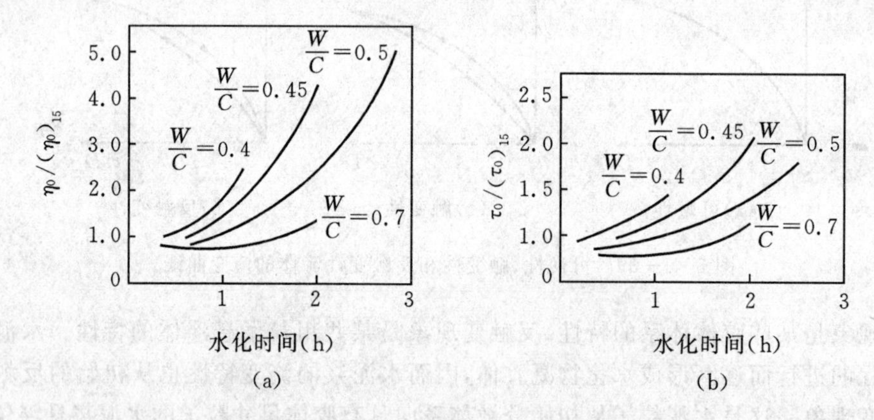

图 3-1-41　水灰比对水泥浆流变特性的影响

图 3-1-41 中的结果表明，随着水灰比降低，水泥浆的塑性黏度和极限剪应力均提高。

3. 水泥的细度对水泥浆流变特性的影响

增加水泥的比表面积，也可加速水化作用。表 3-1-22 为比表面积分别是 $226m^2/kg$ 和 $170m^2/kg$ 的硅酸盐水泥浆(水灰比为 0.5 和 0.45)的流变特性。

表 3-1-22　水泥比表面积对水泥浆流变特性的影响

水灰比	水化龄期	226(m^2/kg)		170(m^2/kg)	
		τ_0(Pa)	η_0(Pa·s)	τ_0(Pa)	η_0(Pa·s)
0.5	15min	26	2.3	20	1.9
	45min	29	3.1	22	2.8
	2h	51	3.9	34	3.8
	3h	85	19.5	50	5.8
0.45	15min	77	4.7	…	…
	45min	106	5.3	54	5.6
	2h	太大无法测定	太大无法测定	85	6.8
	3h	太大无法测定	太大无法测定	太大无法测定	太大无法测定

表中的数据表明，比表面积较大的水泥在两种水灰比条件下，其极限剪应力和塑性黏度都较高。因为比表面积越大，其水化速度越快，强度形成越快。因为现在常用水泥的比表面积较大，其他粗颗粒很少，所以水泥浆的极限剪应力和黏度会更高。

4. 水化龄期对水泥浆流变特性的影响

从图 3-1-41 和表 3-1-22 中均可以看出，水化龄期增加都使塑性黏度和极限剪应力增大。表 3-1-22 数据还表明，水泥浆在 45min 以前，塑性黏度和极限剪应力变化不大，超过这个时间，塑性黏度和极限剪应力的增长速度较大。

5. 水化温度对水泥浆流变特性的影响

水化温度对水泥浆流变特性的影响见表 3-1-23。从表中数据可知，随着水化温度的提高，浆体的流变特性增大。但是在 45min 以前增大不显著，超过 45min 以后增长特别快。这是因为水泥浆流变特性的发展与水化反应的进展有关，而温度的提高会加快水化反应的速度。

表 3-1-23　水化温度对水泥浆流变特性的影响

流变特性	温度/℃	水化时间			
		15min	45min	2h	3h
τ_0(Pa)	25	46	56	89	134
	30	50	60	124	太大无法测定
	35	48	68	134	太大无法测定
η_0(Pa·s)	25	2.4	2.5	5.4	9.3
	30	2.5	3.2	15	太大无法测定
	35	3.3	3.5	15.7	太大无法测定

从表中结果还可看出，水化龄期为 15min 的极限剪应力，在水化温度 25～35℃之间并无显著变化。但在 2h 的水化龄期中，水化温度从 25℃上升到 35℃时，极限剪应力显著增加。塑性黏度也有类似的变化趋势。

下面从流变学的观点讨论水泥浆体的工艺特性。

水泥浆体与混凝土拌和物的和易性，要求有好的流动性和可塑性，还要求有好的稳定性和成型密实性。

水泥浆体的流动性是指在外力作用下克服水泥浆内部粒子之间相互作用而产生变形的性能，粒子间的相互作用力越小，流动性越好。从流变学的观点来看，浆体的流动性可用极限剪应力(或屈服应力值)来表征。极限剪应力越小，流动性越好。从水泥浆结构的观点来看，极限剪应力相应于凝聚结构的强度。增大水灰比，扩大浆体粒子间的距离，减弱粒子间的作用力，都可以使流动性增大。

水泥浆的可塑性是指浆体克服极限剪应力(屈服应力)以后，产生塑性变形(流动)而不“断裂”的性能。从流变学的观点来看，塑性黏度越小，可塑性越好。

水泥浆的稳定性是指水泥浆在塑性变形后，保持固液体系稳定的性能。稳定性好的浆体是指其在塑性变形时，固体粒子不产生相互接触或分离的现象，即整个流动的分散体系保持稳定。分散体系内聚力越大，稳定性越好。从流变学的观点来看，就是要求浆体在一定剪应力作用下，既具有较大的应变值，而水泥浆分散体系又保持连续稳定。从这个观点来看，要求浆体有较高的黏度。成型密实性(又称易密性)是指消耗最小的功，最后使浆体达到致密的能力。

上述的要求是矛盾的，好的流动性和可塑性要求浆体具有较小的极限剪应力和塑性黏度，但是好的稳定性和易密性又要求有较高的极限剪应力和塑性黏度。通常需要根据具体的要求，采取各种工艺手段对浆体加以调整和控制，以便确定一个合理的流变参数，既满足工艺性能的要求，又获得优质的水泥石或混凝土。

1.6.5 水泥浆体结构形成与凝结时间

水泥浆体结构的形成过程主要是指由凝聚结构向结晶结构的转变过程。只有当水泥浆体处于凝聚结构状态时，它才具有触变复原性能，可以进行工艺操作。

在现行的水泥技术标准中，都是用水泥浆的初凝和终凝时间来规定其凝结过程的特性。初凝是指从水泥加水拌和至水泥浆开始失去可塑性的过程，这个过程所用时间称为水泥的初凝时间；终凝是指从水泥加水拌和至水泥浆完全失去可塑性但尚未具备强度的过程，其所需时间为终凝时间。凝结时间是用维卡仪在标准稠度净浆中沉陷至规定数值时所用时间确定的。从水泥浆结构形成的动力学观点来看，水泥的凝结时间应当相应于水泥浆结构特性的转变。标准中规定的水泥浆初凝状态，即塑性强度达到一定的值时，水泥浆由凝聚结构向结晶结构转变。

综上所述，只有当浆体中的水化产物数量足以形成一定的结构状态后，才能出现凝结。因此，凡是影响水化速率的各种因素，基本上也同样影响着水泥的凝结时间，如熟料矿物组成、细度、水灰比、水化温度和外加剂等。但是，水化和凝结又有一定的区别，例如水灰比越大，水化速度可以增大，但其凝结可能反而变慢，这是由于用水量多时，颗粒间距大，网络结构较难形成的缘故。

一般水泥熟料磨成细粉与水拌和后很快凝结，无法施工。掺入适量石膏不仅可以调节凝结时间，还能提高早期强度，降低干缩变形，改善耐久性。

石膏对铝酸三钙的缓凝是由于在铝酸三钙粒子表面形成 AFt 包裹层，所以，铝酸三钙与石膏在数量上的对比关系不同时，浆体的结构状态不同，因而其凝结时间也有很大的差异。F. W. 罗奇(F. W. Locher)认为，水泥浆的凝结取决于铝酸三钙与硫酸钙水化作用后反应产物彼此交叉搭接所形成的网络结构，如图 3-1-42 所示。

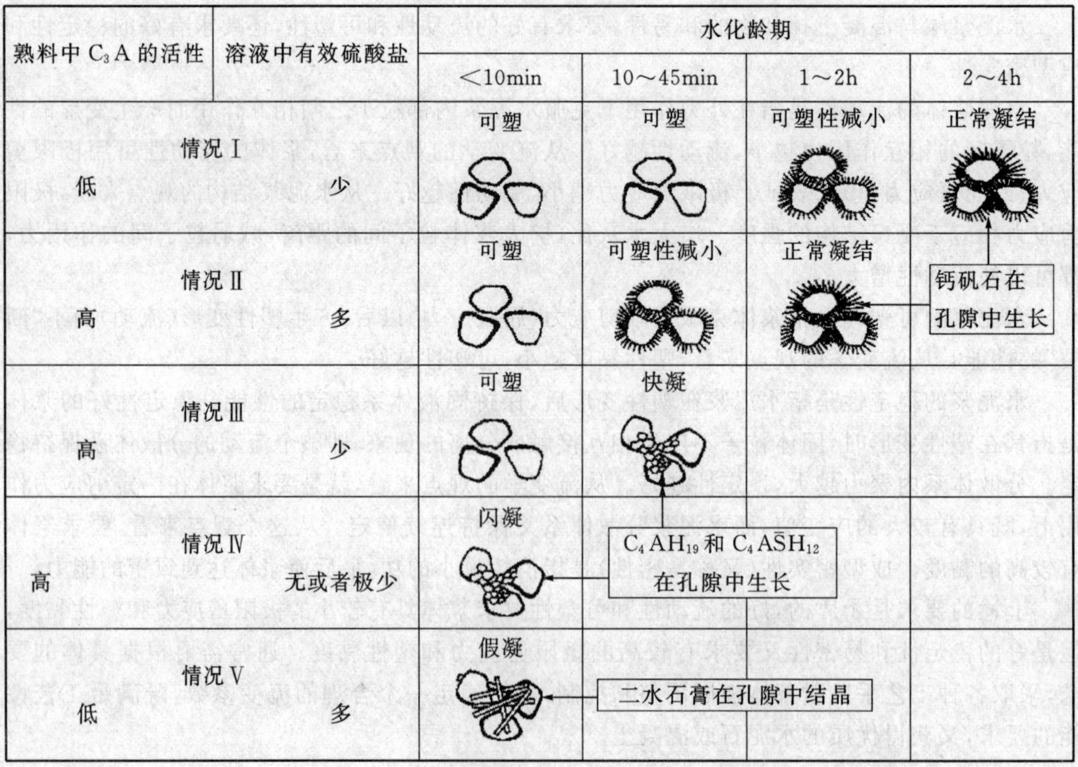

	熟料中 C_3A 的活性	溶液中有效硫酸盐	水化龄期			
			<10min	10～45min	1～2h	2～4h
情况Ⅰ	低	少	可塑	可塑	可塑性减小	正常凝结
情况Ⅱ	高	多	可塑	可塑性减小	正常凝结	钙矾石在孔隙中生长
情况Ⅲ	高	少	可塑	快凝		
情况Ⅳ	高	无或者极少	闪凝	C_4AH_{19} 和 $C_4A\bar{S}H_{12}$ 在孔隙中生长		
情况Ⅴ	低	多	假凝	二水石膏在孔隙中结晶		

图 3-1-42 铝酸三钙与石膏反应形成的网络结构

由图 3－1－42 可见，当熟料中铝酸三钙与石膏含量均较少时，开始在粒子表面形成的钙钒石不能阻碍水泥粒子的流动性，而只有当形成的钙钒石有足够数量及其结晶体长大使粒子之间相互交叉搭接时，水泥浆才呈现凝结，如图 3－1－42 中的Ⅰ所示。正常凝结时，溶液中的硫酸盐离子应与最初几分钟内溶解的铝酸三钙有适当的分子比以形成钙钒石，水泥中的铝酸三钙含量提高时，石膏的含量也应该增加，这时虽然凝结时间快一些，但仍可得到正常凝结的水泥，如图 3－1－42 中的Ⅱ所示。但是，如果水泥中的铝酸三钙含量高，而加入的石膏少时，石膏只能与部分铝酸三钙反应形成钙钒石，留下的铝酸三钙与水作用形成 C_4AH_{13} 晶体，以及 C_4AH_{13} 与钙钒石作用形成的 AFm，这些晶体可迅速使带有包裹层的水泥粒子相互接触而形成网络结构，使水泥产生速凝，如图 3－1－42 中的Ⅲ所示。相反，如果水泥中的铝酸三钙含量少，而石膏含量多时，除了消耗部分石膏与铝酸三钙作用形成钙钒石外，将产生次生石膏结晶体，而使带有包裹层的水泥粒子互相接触形成网络结构，因而使水泥速凝，如图 3－1－42 中的Ⅳ所示。

速凝是指在水泥加水几分钟后，就显示凝结，且具有一定强度，重拌不能使其再具有塑性，如图 3－1－42 中的Ⅲ和Ⅳ所示，主要是由于缓凝作用不够引起的。

假凝现象是一种不正常的早期凝结，一般发生在水泥拌水的开始几分钟内。当水泥中的二水石膏在粉磨时，受到高温(有时超过 150℃)作用，则会脱水生成半水石膏或可溶性无水石膏。这两种石膏溶解速度很快，溶解度约为二水石膏的 2～3倍。当水泥拌水后，它们很快重新水化，并析出二水石膏，在水泥浆体中形成二水石膏的结构网，从而引起水泥浆的凝结，出现假凝，如图 3－1－42 中的Ⅴ所示。通过剧烈搅拌，假凝水泥浆中的石膏结构网被破坏，使水泥浆恢复原来的塑性状态。由于假凝不是由水泥熟料矿物水化引起的，所以不像速凝那样放出大量的热量。

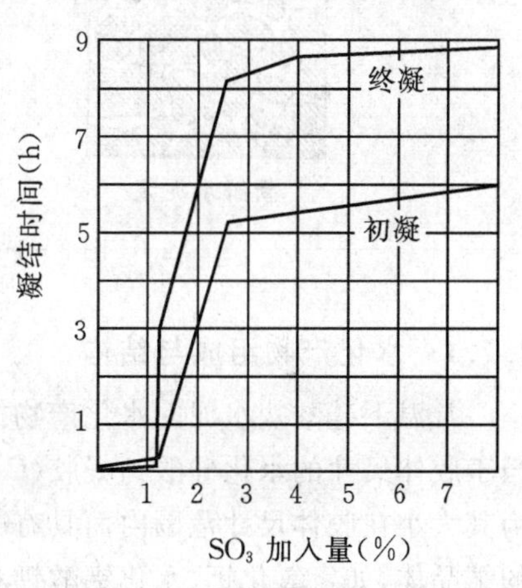

图 3－1－43 石膏对凝结时间的影响

试验表明，石膏对水泥凝结时间的影响很大，且并不与其掺量成正比，而是带有突变性，当石膏掺量超过一定量时，略有增加就会使凝结时间发生很大的变化。图 3－1－43 表示二水石膏对水泥凝结时间的影响实例。从图中可知，当 SO_3 掺量小于约 1.3％时，石膏还不能阻止速凝；只有当石膏掺量进一步增加，石膏才有明显的缓凝作用。但是当石膏掺量超过 2.5％以后，石膏掺量增加而凝结时间的增长很少。更要注意的是，当石膏掺量过多时，不但对缓凝作用帮助不大，而且还会在后期继续形成钙钒石，产生膨胀应力，从而使浆体强度减弱，发展严重的话还会造成水泥安定性不良的后果。为此，有关水泥的国家标准限制了出厂水泥中 SO_3 的含量，其根据就是使水泥其他性能不会恶化的最大允许含量。

1.7 水泥石的结构

硬化水泥浆体是一个非均质的多相体系(微观结构模型见图 3－1－44)，由各种水化产物和未水化的熟料所构成的固体，以及存在于孔隙中的水和空气所组成，是固—液—气三相多孔体。它具有一定的机械强度和孔隙率，其外观和其他性能与天然石材相似，通常称之水泥石。

水泥石结构是多相多孔体系，由四部分组成：

(1)未水化的水泥颗粒。

(2)水化产物：由结晶度较差的凝胶体(C—S—H 凝胶、水化硅酸钙凝胶)和结晶度好的结晶体组成(氢氧化钙、水化铝酸钙、水化硫铝酸钙)。

(3)孔隙:凝胶孔、毛细孔、气孔。

(4)水(蒸发水和非蒸发水)。

水泥石的性质主要取决于各组成成分的性质、它们的相对含量以及它们之间的相互作用。水化产物的数量决定于水泥的水化程度,水化产物的组成和结构又主要取决于水泥熟料矿物的性质以及水化硬化的环境(温度、湿度)。即使水泥品种相同,适当改变水化产物的形成条件和发展情况,也可使孔结构的分布产生一些差异,从而得到不同的浆体结构,水泥石的性质也有所改变。

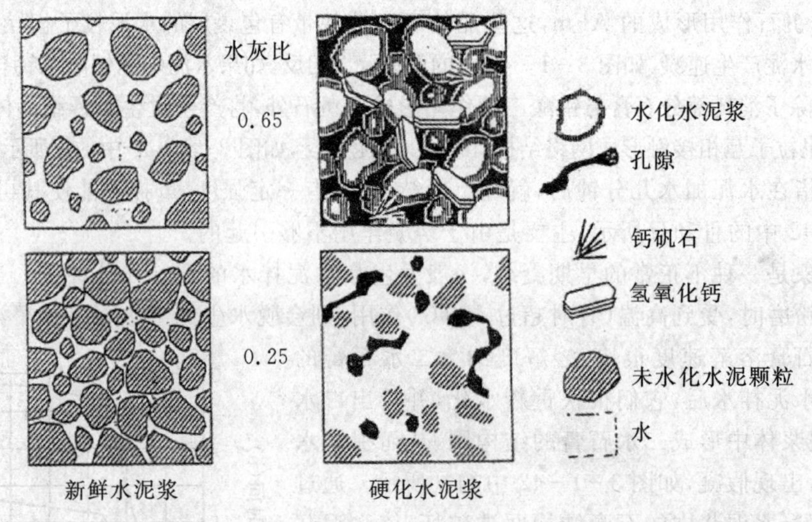

图 3-1-44 硬化水泥浆的微观结构模型

1.7.1 水化产物组成与结构

常温下硅酸盐水泥的水化产物按其结晶程度分为两大类,一类是结晶度较差,晶粒大小相当于胶体尺寸的水化硅酸钙凝胶(C—S—H 凝胶),它既是微晶质可以彼此交叉和连生,又因为其大小在胶体尺寸范围内而具有凝胶体的特性;另一类水化产物是结晶度较完整,晶粒较大的结晶体,如氢氧化钙、水化铝酸钙和水化硫酸钙等。上述两类水化产物(凝胶体和结晶体)及其相对含量对水泥石的性能有重要的影响。

水泥石中水化产物的组成随水化龄期而变化。泰勒(Toylor)等人认为,硅酸盐水泥在常温下水化产物的主要组成是C—S—H 凝胶、氢氧化钙、钙钒石、单硫型水化硫铝酸钙和水化铝酸钙等。当水灰比为 0.5,水化龄期为 3 个月时,水泥石的组成见表 3-1-24。

表 3-1-24 水泥石的组成

水泥石的组成	体积分数(%)
C—S—H	40
CH	12
AFm	16
未水化水泥熟料	8
孔隙	24

水泥石的组成是时间的函数，其相对含量主要决定于水泥的水化程度和水灰比。图 3-1-45 表示水灰比不同时，水化程度分别是 0.5 和 1.0 时，水泥石中各组成部分的含量。图中的结果是硅酸盐水泥在标准条件下硬化而得到的。

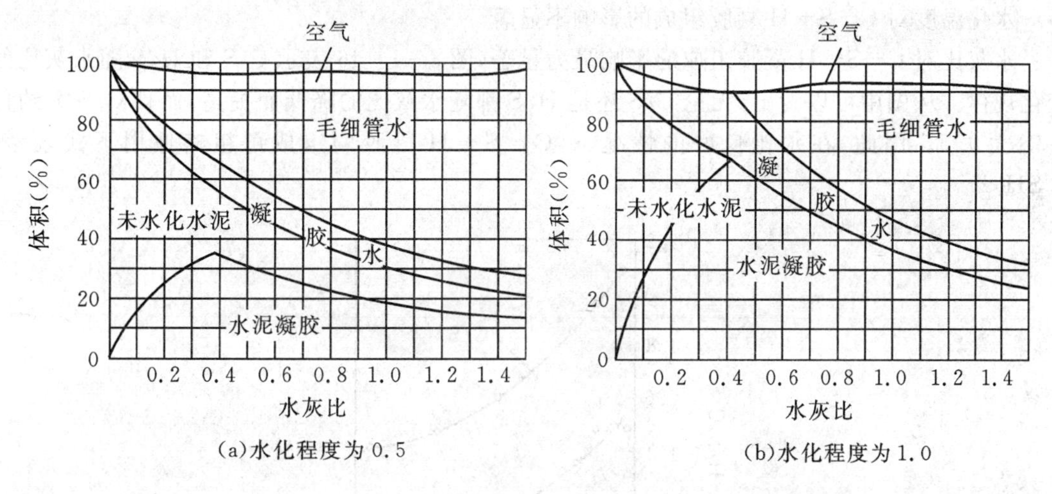

图 3-1-45　不同水灰比和水化程度时水泥石的组成

在充分水化的水泥石中，各种水化产物的质量百分比为：水化硅酸钙凝胶占 70%左右，氢氧化钙占 20%左右，钙矾石和单硫型水化硫铝酸钙约占 7%，其他组分占 3%。各水化产物的基本形貌特征见表 3-1-25。

表 3-1-25　水泥石中主要水化产物的基本形貌特征

名称	形貌	结晶程度	尺寸
C—S—H	纤维状、网络状、皱箔状，等大粒子状，水化后期不易辨别	极差	$1\times0.1\mu m$，厚度$<0.01\mu m$
$Ca(OH)_2$	条带状、六方板状	良好	0.01～0.1mm
钙矾石(AFt)	带棱针状	好	$10\times0.5\mu m$
单硫型水化硫铝酸钙(AFm)	六方薄板状，不规则花瓣状	较好	

1. 水泥水化产物的凝胶相及其结构

水泥水化产物的凝胶相主要是指水化硅酸钙凝胶（C—S—H 凝胶），它是硬化水泥浆体的重要组成部分，对水泥石的性质有着举足轻重的影响。

(l) C—S—H 凝胶的化学组成及物理结构。表征 C—S—H 凝胶化学组成的两个主要指标是钙硅比(C/S)和水硅比(H/S)，完全水化时，C/S=1.5，H/S=1.5，所以 C—S—H 凝胶表示为 $3CaO\cdot2SiO_2\cdot3H_2O$。实际上 C/S 和 H/S 这两个比值不是固定的，在 C—S—H 凝胶中还可以进入一些其他离子，如 Al^{3+}、Fe^{3+}、SO_4^{2-} 等，因此，C—S—H 凝胶的化学组成是不固定的，它可随一系列因素的变化而变化。影响 C—S—H 凝胶化学组成的因素主要有水化时间、水化温度及水灰比。

水化时间对 C—S—H 凝胶中 C/S 的影响，在 C_3S 和 C_2S 的水化物中有差别。在 C_3S 和

C_2S水化初期形成的水化产物中，C/S比值接近于原始化合物的比值，对C_3S来说，C/S下降很快，随后下降缓慢，也有研究认为C/S随后又有回升。而对于C_2S而言，水化物的初始的C/S比值也很快下降，但是随后又略有上升。

水化温度对C—S—H凝胶组成的影响不显著。

水灰比对C—S—H凝胶组成的影响最为显著，图3-1-46表示C/S和H/S随水灰比的变化规律。从图中可以看出，无论C/S还是H/S都随水灰比的降低而提高，而且C/S大约比H/S大0.5。因此，在水化良好的情况下，C—S—H凝胶的组成可粗略地用下式表示：$C_xSH_{x-0.5}$。

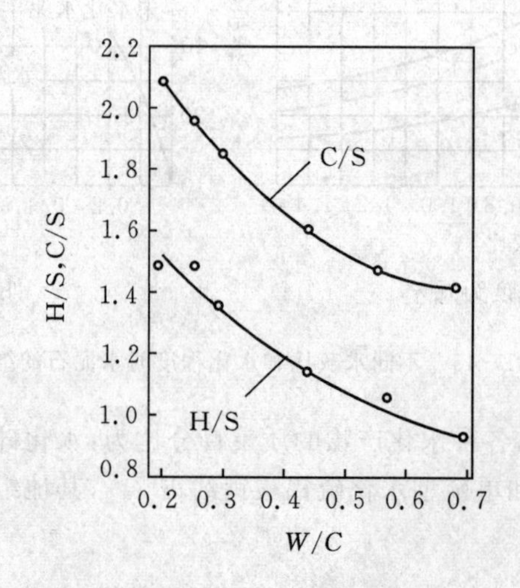

图3-1-46　水灰比对C—S—H凝胶化学组成的影响

进入C—S—H凝胶中的其他离子，如Al^{3+}、Fe^{3+}、SO_4^{2-}等也会影响其化学组成。少量铝离子进入结构中代替硅，即氧化铝取代氧化硅，而且氧化铝取代氧化硅的数量随C—S—H凝胶中C/S的提高而增加。实验证明，氧化铝取代氧化硅可改善C—S—H凝胶的收缩性能。同样，硫酸盐也会进入凝胶体结构中，随着C/S提高，三氧化硫取代氧化硅量增大。

C—S—H的结晶程度极差。图3-1-47为普通硅酸盐水泥充分水化后的X衍射(XRD)图。虽然其组成中大部分为C—S—H，但只是能够勉强检出三个弱峰(图中用蛋形描出部分)。即使水化时间再长，C—S—H的结晶度仍然提高不多，例如长达20年的C_3S浆体，其X射线衍射图仍与图3-1-47非常相似。

(2) C—S—H凝胶的形貌。用扫描电镜(SEM)观测时，可以发现水泥浆体中的C—S—H凝胶有不同的形貌，根据S·戴蒙德的观测，其形貌至少有四种：

第一种为纤维状粒子，称为Ⅰ型C—S—H(见图3-1-48)，是水化早期从水泥颗粒向外辐射生长的细长条物质，长约0.5～2μm，宽一般小于0.2μm，通常在尖端上有分叉现象。此外，它也可为薄片状、棒状、管状结构。

第二种为网络状粒子，称为Ⅱ型C—S—H，如图3-1-49所示。它是由许多小的粒子相互接触而形成连锁的网状结构。这些小粒子是具有与Ⅰ型粒子大体相同的长条形粒子。每个粒子在生长过程中每隔0.5μm就叉开，且叉开的角度相当大。由于这些长条粒子在叉枝处相互交结，并在交结点生长，从而形成连续的三维空间网。

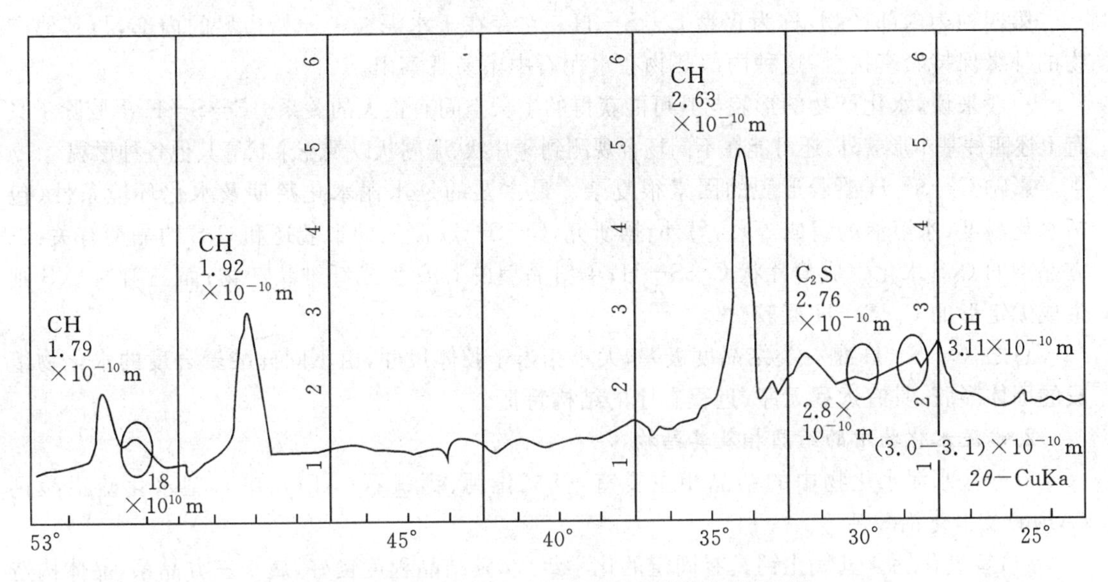

图 3-1-47　普通硅酸盐水泥硬化浆体的 XRD 图

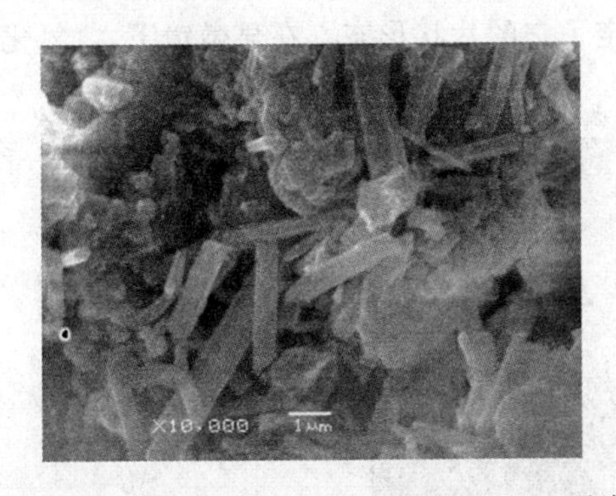
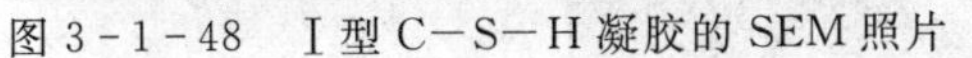
图 3-1-48　Ⅰ型 C—S—H 凝胶的 SEM 照片

图 3-1-49　Ⅱ型 C—S—H 凝胶的 SEM 照片

第三种是等大粒子，称为Ⅲ型 C—S—H。通常为小而不规则、三向尺寸近乎相等的颗粒，也有扁平状的，一般不大于 0.3μm，且在水泥浆体中占有相当的数量。图 3-1-50 为在不同水泥浆中观测到的图像。这种 C—S—H 凝胶要水泥水化到一定程度后才会出现，而且水泥浆中含有氢氧化钙结晶体。

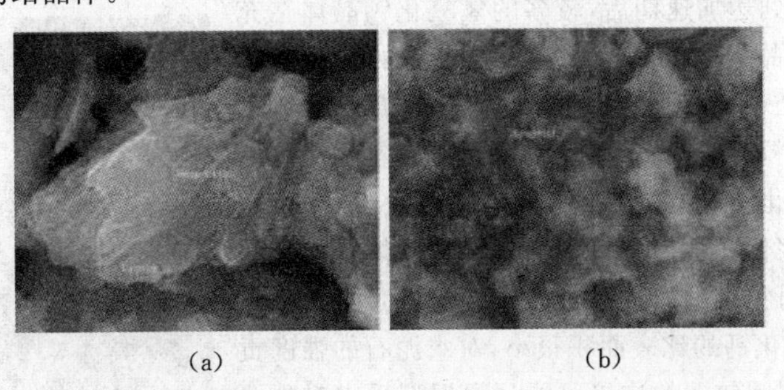
(a)　(b)

图 3-1-50　Ⅲ型 C—S—H 凝胶的 SEM 照片

第四种为内部产物，称为Ⅳ型 C—S—H。它存在于水泥粒子原始边界的内部，与其他产物的外缘保持紧密接触，这种内部产物在水泥石中不易观察出。

一般来说，水化产物的形貌与其可能获得的生长空间有很大的关系。C—S—H 凝胶除了具有上述四种基本形貌外，还可能在不同场合观测到薄片状、珊瑚状以及花朵状等其他各种形貌。

影响 C—S—H 凝胶形貌的因素很复杂。最主要的是水泥水化龄期及水化环境条件(包括水化温度、水溶液的组成等)。另外，据研究，C—S—H 凝胶的形貌还和 C_3S 的晶型有关：三方晶型的 C_3S 水化生成薄片状 C—S—H；单斜晶型的 C_3S 生成纤维状产物；而三斜的 C_3S 则生成无定形的 C—S—H 凝胶。

总之，C—S—H 是一类结晶度极差，大小相当于胶体尺寸，由不同硅酸聚合度的水化物组成的固体凝胶，具有远程无序、近程有序的结构特征。

2. 水泥水化物中的结晶相及其结构

硅酸盐水泥水化物中的结晶相主要有：氢氧化钙、钙钒石(AFt)、单硫型水化硫铝酸钙(AFm)及水化铝酸钙等。

(1)氢氧化钙。氢氧化钙具有固定的化学组成，其结晶程度良好，属于三方晶系，晶体构造属于层状结构。其层状构造为彼此联接的$[Ca(OH)_6]$八面体，结构层内为离子键，结构层间为氢键连接，连接力较弱。氢氧化钙的层状结构决定了它的片状形态。在显微镜下，氢氧化钙为六角形片状晶体(见图 3-1-51)。

图 3-1-51　氢氧化钙晶体结构

当水化过程到达加速期后，较多的氢氧化钙晶体在充水空间中成核结晶析出。其特点是只在现有的空间中生长，如果遇到阻挡，则会朝另外方向转向生长，甚至会绕过水化中的水泥颗粒而将其包裹起来，从而使其实际所占的体积增加。在水化初期，氢氧化钙常呈薄的六角板状，宽约几十微米；在浆体孔隙内生长的氢氧化钙晶体有时长的更大，甚至肉眼可见。随后，长大变厚成叠片状(见图 3-1-52)。由于氢氧化钙的比表面积很小，对水泥石的强度贡献很少，同时其层间较弱的连接可能是水泥石受力时裂缝的发源地。

图 3-1-52　大片堆叠的氢氧化钙晶体

(2) AFt 相(钙钒石)。钙钒石属于三方晶系，为柱状结构。泰勒等人认为：钙钒石基本结构单元柱为{$Ca_3[Al(OH)_6]\cdot 12H_2O\}^{3+}$，即由$[Al(OH)_6]$八面体再在周围结合三个钙多面体组合而成，每一个钙多面体上配以OH^-及水分子，如图3-1-53所示。柱间的沟槽中则有起平衡电价作用的三个SO_4^{2-}，从而将相邻的单元柱相互连接成整体，另外还有一个水分子存在。所以钙钒石的结构式为：{$Ca_6[Al(OH)_6]_2\cdot 24H_2O\}\cdot(SO_4)_3\cdot(H_2O)_2$，化学分子式为$3CaO\cdot Al_2O_3\cdot 3CaSO_4\cdot 32H_2O$，其中结构水占总体积的81.2%，质量的45.9%。从钙钒石的结构式中可以看出，其中的水处于不同的结合状态，因此有不同的脱水温度。钙钒石约在50℃时已有少量水脱去，当温度达到113～140℃后，可变为8水钙钒石；但温度升至160～180℃时，结晶水继续脱出，完全脱水的温度为900℃。

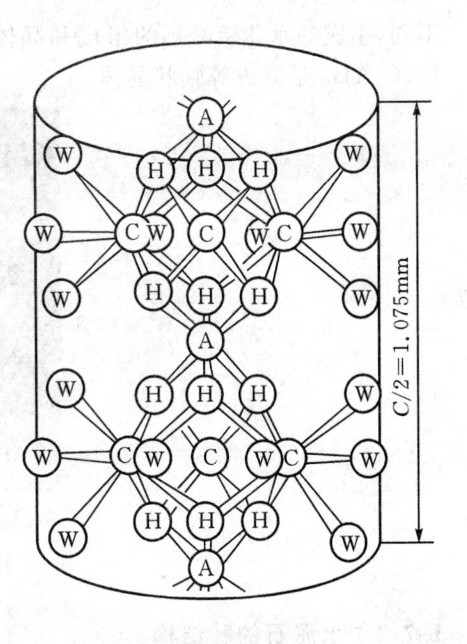

图3-1-53　钙矾石的模型
A——Al^{3+}；H——OH^-；
C——Ca^{2+}；W——H_2O

图3-1-54为钙钒石的扫描电镜照片。从图中可清晰地看出表面完好的棒状物。虽然棒状物的尺寸和长径比有一定的变化，但两端挺直，一头并不变细，也无分叉现象。钙钒石的特征X射线衍射峰为0.973nm、0.56lnm、0.469nm、0.388nm、0.2772nm、0.2209nm。

图3-1-54　钙钒石的形貌(SEM)

(3)单硫盐(AFm相)。AFm的典型代表是单硫型水化硫铝酸钙及其固溶体，属三方晶系，为层状结构。其基本结构单元为：$Ca_2[Al(OH)_6]^+$，层间有$1/2SO_4^{2-}$以及三个H_2O分子，所以其结构式为：$Ca_2[Al(OH)_6]_2\cdot(SO_4)_{0.5}\cdot(H_2O)_3$。

与钙钒石相比，AFm中的结构水少，为总量的34.7%。当AFm与硫酸根离子转化为AFt时，结构水增加，体积膨胀，会引起水泥浆结构破坏，强度下降。水泥石中的AFm开始为不规则板状，成簇生长或呈花朵状，再逐渐变为发育良好的六方板状，如图3-1-55所示，图中柱状晶体为钙钒石，呈花朵状的为AFm。

(4)水化铝酸钙。铝酸钙在纯水环境中水化和在$Ca(OH)_2$、石膏—水系统中的水化过程不同，生成的水化铝酸钙的组成和晶体形态不同。如 C_4AH_3、C_4AH_{19} 和 C_2AH_8 都是片状晶体，C_3AH_6 是立方等轴状晶体。

图 3-1-55　AFm 和 AFt 的形貌

1.7.2　水泥石的孔结构

水泥石是一个多孔多相体系。水泥石的重要特征就是其中存在孔隙率以及存在不同孔径的分布。早在第七届国际水泥化学会议上，F. HWittman 就提出了孔隙学的概念。孔隙学是研究孔特征或孔结构的理论。孔结构主要指孔隙率、孔径分布以及孔几何学；孔级配是指各种孔径的孔相互搭配的情况；孔几何学包括孔的形貌和排列。水泥石的孔结构是影响混凝土性能的重要因素。

1. 水泥石中孔的分类及作用

关于水泥石中孔的分类方法很多，看法不一。在这里主要把各种分类方法加以综合介绍。图 3-1-56 表示水泥石中孔结构的模型。

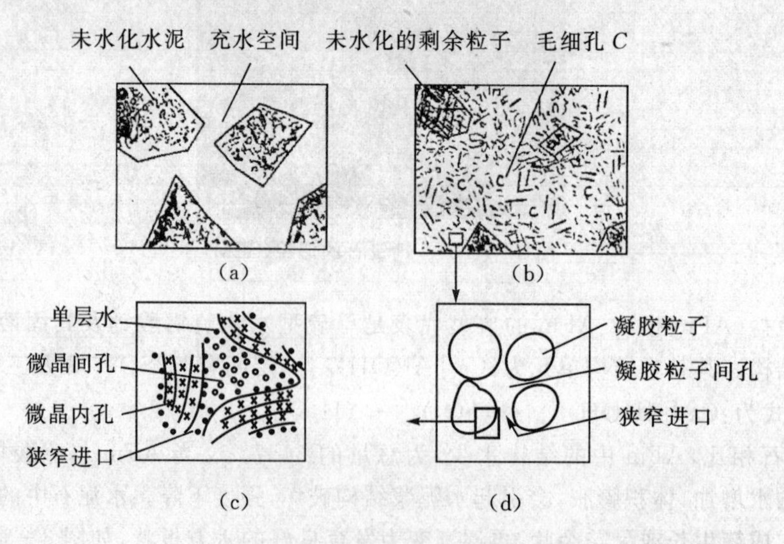

图 3-1-56　水泥石孔结构模型

水泥与水拌和的起始情况如图 3-1-56 (a)所示，它是由未水化的水泥颗粒和充水空间组成。在水泥的水化过程中，水化产物的体积大于熟料矿物的体积。据计算，每 $1m^3$ 水泥水化后约占据 $2.2m^3$ 的空间，即约 45%的水化产物处于水泥颗粒原来的周界之内，成为内部水化产物；另有 55%的水化产物为外部水化产物，占据着原先的充水空间。这样，随着水化的进展，原来的充水空间逐渐减少，而没有被水化产物占据的原充水空间，则逐渐被分割成形状不规则的毛细孔，如图 3-1-56 (b)所示。毛细孔的数量和孔径的大小在一个很大的范围内变动，它主要决定于水化程度与水灰比，毛细孔孔径一般大于 1000nm。

在水泥水化产物占据的空间内，也存在孔隙。水化产物分为内部水化产物和外部水化产物两种。内部水化产物是存在于原来水泥矿物周界以内的水化产物，以 C—S—H 凝胶为主，比较致密。图 3-1-56 (c)表示内部水化产物中 C—S—H 凝胶粒子之间的孔隙。外部水化产物则存在于原来水泥矿物周界之外的原充水空间内，包括一部分 C—S—H 凝胶和绝大部分氢氧化钙及钙钒石晶体等，比较疏松。因此，水化产物之间的孔隙尺寸在一个较大范围内波动，外部水化产物之间的孔要比凝胶粒子之间的孔隙大。

C—S—H 凝胶粒子内部也有孔隙存在。1976 年日本的近藤连一和大门正机通过试验，并结合了 Brunauer、Powers、Dubinin、Mikhail 和 Feldman 等的观点，提出了 C—S—H 凝胶的孔结构模型，见图 3-1-56 (d)。他将 C—S—H 凝胶内的孔隙分为微晶间孔和微晶内孔。

综上所述，按照孔径大小大致将水泥石中的孔分为以下四类：

(1)凝胶孔，它包括 C—S—H 凝胶粒子之间的孔和凝胶粒子内部的孔。孔径小于 10nm，一般为 1.2～3.2nm。

(2)过渡孔，主要是指外部水化产物之间的孔，孔径约为 10～100nm。

(3)毛细孔，主要指没有被水化产物填充的原充水空间，孔径为 100～1000nm。

(4)大孔，是指孔径大于 1000nm 的孔，主要是水泥石中存在的一些气泡，是由于未充分凝结硬化、不正确的养护、水灰比过大等因素造成的。水泥石中的固相和孔的典型尺寸如图 3-1-57所示。

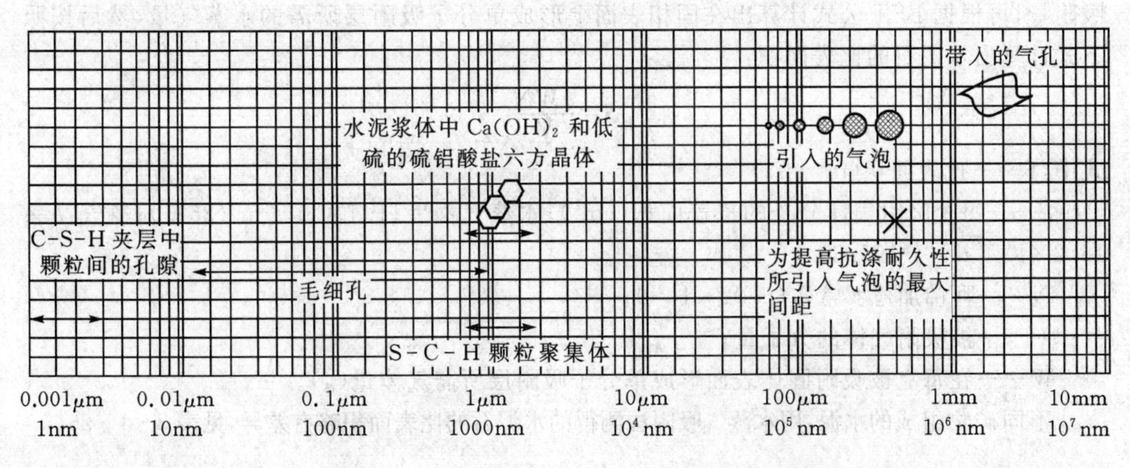

图 3-1-57 水泥石中固相和孔隙的尺寸范围

需注意的是，其中孔径大于 100nm 的孔是水泥石强度损失和渗水的主要原因。毛细孔孔隙率对硬化浆体强度和渗透性的影响如图 3-1-58 和图 3-1-59 所示。

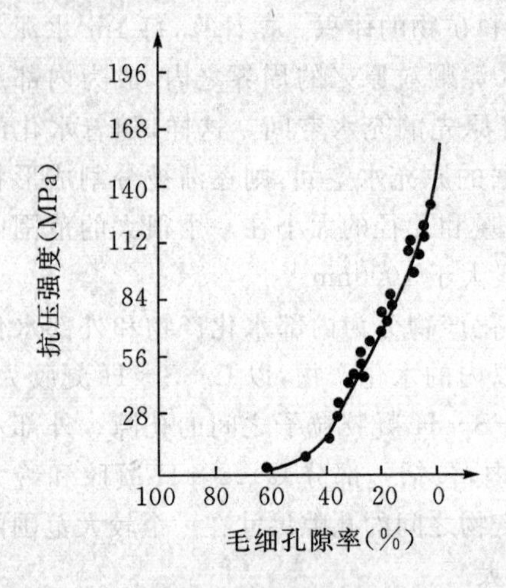

图 3-1-58 水泥石中毛细孔隙率对强度的影响

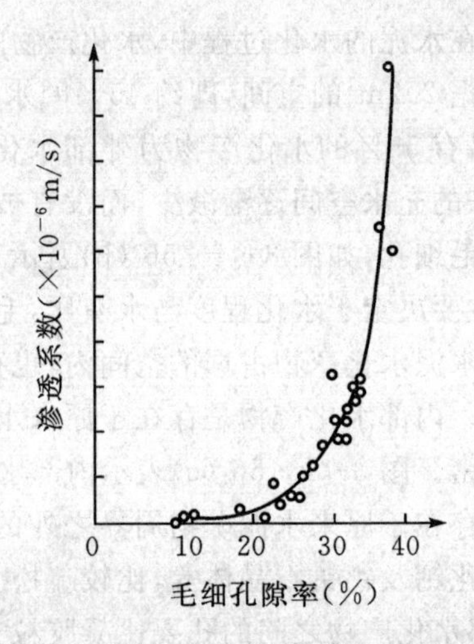

图 3-1-59 水泥石中毛细孔隙率与渗透性的关系

从图 3-1-58 中可以看出,当毛细孔隙率低于 40%时,抗压强度随毛细孔隙率的下降而急剧增大。由图 3-1-59 中发现,当毛细孔隙率大于 25%,约相当于 $W/C=0.53$ 时,渗透系数随孔隙率的增加而急剧增大;而当孔隙率低于 20%,约相当于 $W/C=0.45$ 时,则认为其几乎不透水;孔隙率在 10%以下,相当于 $W/C\leqslant 0.4$ 时,可认为基本上不渗水。

2.水泥石的内比表面积

水泥石内部固相表面的性质以及其比表面的大小(即内比表面积),对水泥石的物理力学性质,如强度、抗渗性、抗冻性,特别是水泥石和周围介质的相互作用和吸附性能等有重大影响。

水泥石的内比表面积一般采用气体吸附方法测定。常用的气体有水蒸气和氮气。用水蒸气进行测定时,将经过一定方法干燥过的样品在不同蒸气压下,测定对水蒸气平衡时的水蒸气吸附量,再根据 BET 公式计算出在固相表面上形成单分子吸附层所需的水蒸气量,然后按照下式计算出水泥石的比表面积:

$$S=\frac{aWN}{M}$$

式中,S——比表面积(m^2/g);

a——每个吸附气体分子的覆盖面积(cm^2);水蒸气:$a=11.4\times 10^{-10}\ m^2$(25℃);氮气:$a=16.2\times 10^{-10}\ m^2$(−195.8℃);

N——阿佛加德罗常数(6.02×10^{23});

M——被吸附气体的分子量;

W——在每克被吸附固体表面形成单分子吸附层所需气体量(g)。

不同矿物组成的水泥,用水蒸气吸附法测得的水泥石的比表面积略有差异,见表 3-1-26。

表 3-1-26 用水蒸气吸附法测得水泥石的比表面积

水泥编号	水泥矿物组成				水泥石比表面积(m^2/g)	
	C_3S	C_2S	C_3A	C_4AF	S_c	S_g
1	45.0	27.7	13.4	6.7	219	267
2	48.5	27.9	4.6	12.9	200	253
3	28.3	57.5	2.2	6.0	227	295
4	60.6	11.6	10.3	7.8	193	249
平均					210	258
	100	0	0	0	210	293
	0	100	0	0	279	299

在表 3-1-26 中，S_c表示每 1g 水泥石的比表面积，其中含有一定数量的结晶相(如氢氧化钙、钙钒石、单硫型水化硫铝酸钙、水化铝酸钙等)，它们的比表面积相对于凝胶来说是很小的。而 S_g则只表示水泥石中 C—S—H 凝胶体的比表面积，所以 S_g要大于 S_c。纯 C_3S 水化后的 S_c是小于 C_2S 水化后的 S_c 的，这也是由于 C_3S 产物中氢氧化钙含量较多的缘故。如只计算 C—S—H 凝胶的比表面积，则两种矿物水化后比表面积都接近 $300m^2/g$，基本一致。用此法测得水泥石的比表面积可近似看作 $210m^2/g$，与未水化的水泥相比，提高了三个数量级。水泥石如此巨大的比表面积所具有的表面效应，是决定水泥石性能的重要因素。

测定比表面积的方法很多，除水蒸气吸附法外，还有氮吸附法以及小角度 X 射线散射法等。但由于每一种方法所测定的结构状态不同，所测定的比表面积相差很大，所以，其测定结果只具有相对比较的意义。

3. 水泥石的孔隙率和孔分布测定

水泥石的孔隙率和孔分布一般可用压汞法、等温吸附法、小角度 X 射线散射法等测得，也可用测定密度的方法求得水泥石的孔隙率。

(1)压汞法。压汞法主要根据压入孔系统中的水银数量与所加压力之间的函数关系，计算孔的直径和不同大小孔的体积。压汞法最适合测定平均半径为 3nm～300μm 范围的孔。

图 3-1-60 为压汞法测定水中养护 11 年的三种不同水灰比水泥石的孔分布曲线。曲线均有双峰现象。压汞法所用试件需进行干燥，而干燥可能会引起不可逆变化，但测定结果与冰冻蔓延法(未经干燥)结果相符。

(2)等温吸附法。气体吸附在固相表面，随着相对气压的增加，会在固体表面形成单分子层和多分子层。加上固体中的细孔产生的毛细管凝结，可计算固体比表面积和孔径。吸附法，尤其是氮吸附法，通常用于测定 0.5～35 nm 的孔。

(3)小角度 X 射线散射法。缩写为 SAXS (Small angle X-Ray scattering)，此法可在常压下测定材料为 2～30nm 的细孔孔径分布。用 SAXS 测定材料的比表面积或孔结构，不要求对试样进行去气或干燥处理，因而可测定任意湿度下试样的孔结构。图 3-1-61 为用 SAXS 法测定的水化 28d 水泥石孔径分布曲线。

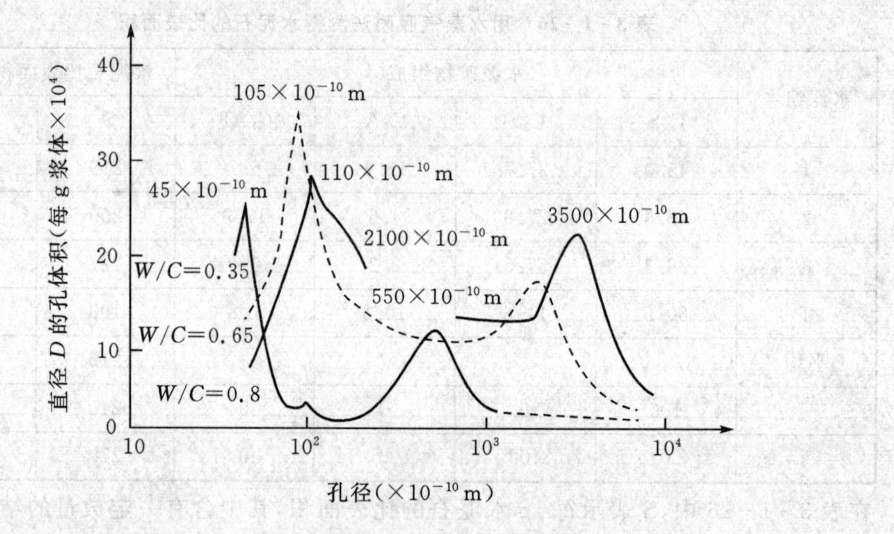

图 3-1-60 压汞法测得水泥石的孔径分布

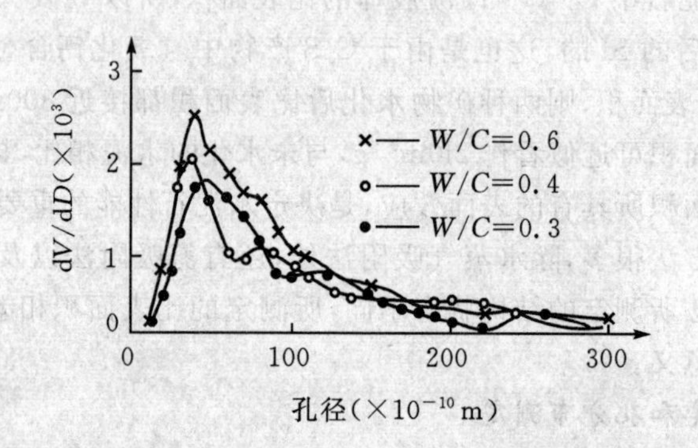

图 3-1-61 用 SAXS 法测定的水泥石孔径分布曲线

从图 3-1-61 中可见，水泥石的最可几孔径约在 4～5nm 处，受水灰比影响不明显。但水灰比较大时，在 1～30nm 范围内有较大的总孔隙率(图中曲线与横坐标范围的面积积分)。与压汞法相比，两者所测孔分布在较大孔处接近，而在小孔处，SAXS 法所测孔穴比压汞法所测得结果大得多。其原因是汞难进入大量封闭孔和墨水瓶孔的陷入部分；水灰比越小，汞越难进入，则测不出的孔孔径越大。而 SAXS 法在大孔区域由于干涉效应和仪器精度所限，会产生较大误差，所以 SAXS 法适于测 30nm 以下的孔。

4. 影响水泥石中孔分布的因素

影响水泥石中孔分布的因素很多，主要有水化龄期、水灰比、水泥的矿物组成、养护制度及外加剂等。

(1)水化龄期对孔分布的影响。随着水化龄期的增长，水泥石的总孔隙率减少，凝胶孔增多，毛细孔减少，当水化龄期超过 3 个月后，由于水化产物结晶度提高，凝胶孔的百分率稍有降低，而毛细孔的百分率稍有增加的趋势。表 3-1-27 为水化龄期对水泥石孔分布影响的一个例子。同时水化龄期到一定时间后，水泥石的总孔隙率下降变缓，如图 3-1-62 所示。

表 3-1-27　水化龄期对水泥石孔分布的影响

水化龄期(d)	总孔隙(cm^2/g)	孔分布(%)			
		>1000nm	100～1000nm	10～100nm	4～10nm
1	0.1102	7.4	19.9	53.5	19.2
7	0.0555	16.2	15.7	26.7	41.4
28	0.0401	23.7	9.7	21.4	45.2
90	0.0322	8.4	7.4	30.9	53.9
180	0.0237	8.0	4.2	32.9	54.9
360	0.0226	10.3	7.1	42.0	40.6

注:水泥矿物组成为 C_3S——63.1%;β-C_2S——14.7%;C_3A——4.4%;C_4AF——13.1%。

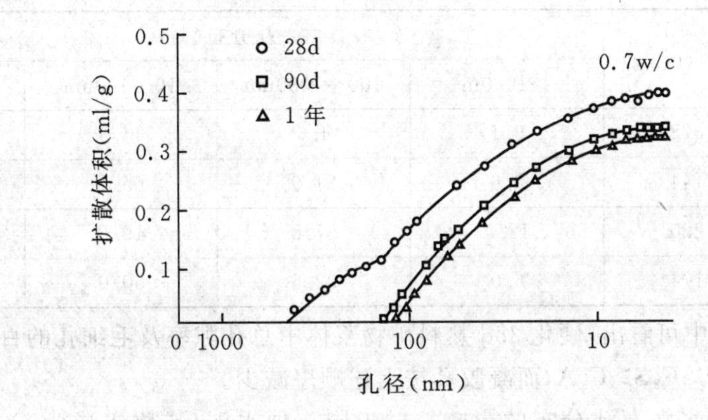

图 3-1-62　水化龄期对水泥石孔分布的影响

(2)水灰比对孔分布的影响。水灰比对水泥石的总孔隙率及孔分布影响很大。随着水灰比的增大,总孔隙率增加,水灰比对总孔隙率的影响如图 3-1-63 所示。

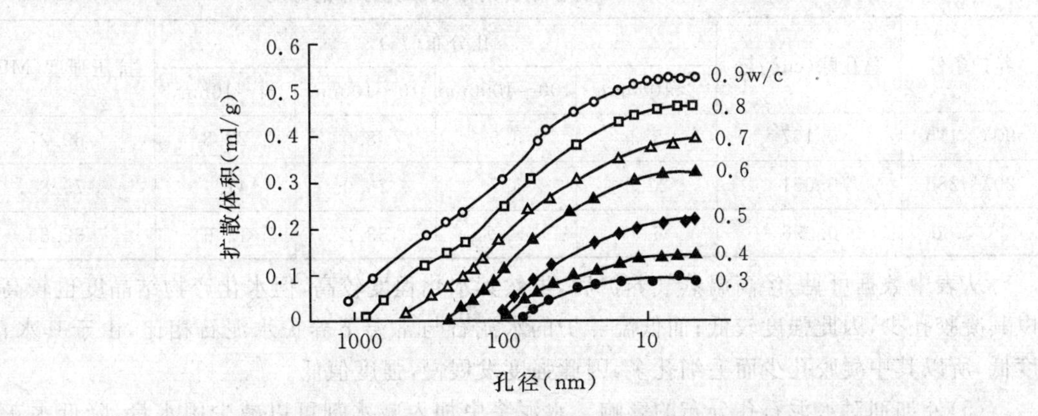

图 3-1-63　水灰比对孔分布的影响

改变水灰比,除会改变总孔隙率外,对孔分布也有影响。水灰比提高时,水泥石中出现几率最大的孔隙(或称最可几孔径)向尺寸增大的方向移动。水灰比较小时,最可几孔径小,阀值孔径(或最大孔径)也小。当水灰比降低到 0.4 以下时，几乎就消除了大于 150nm 以上的大孔，参见表 3-1-28。

表 3-1-28 水灰比对孔分布的影响

水灰比	最可几孔径(nm)		孔隙率(%)
0.80	11	350	～55
0.65	10.5	210	～40
0.35	4.5	55	<10

(3)水泥矿物组成对水泥石孔分布的影响。水泥单矿物硬化体(标准养护 28d)的孔分布结果见表 3-1-29。

表 3-1-29 水泥熟料矿物对水泥石孔分布影响

矿物	总孔隙(cm^3/g)	孔分布(%)			
		>1000m	100～1000nm	10～100nm	1～10nm
C_3S	0.078	9.1	4.6	44.4	41.9
C_2S	0.144	3.6	21.9	65.4	18.1
C_3A	0.220	12.9	57.8	19.2	10.1
C_4AF	0.104	6.0	32.5	50.0	11.5

从表 3-1-29 中可看出，硬化 28d 熟料矿物浆体中总孔隙率及毛细孔的百分率按下列顺序增加：$C_3S>C_4AF>C_2S>C_3A$，而凝胶孔按上述顺序减少。

(4)养护制度对水泥石孔分布的影响。对于同一种水泥(矿物组成为 C_3S——63.1%；β-C_2S——14.7%；C_3A——4.4%；C_4AF——13.1%)，同一水灰比(0.225)，在不同养护条件下孔分布和强度结果见表 3-1-30。

表 3-1-30 养护条件对水泥石孔分布的影响

养护条件	总孔隙(cm^3/g)	孔分布(%)				抗压强度(MPa)
		>1000nm	100～1000nm	10～100nm	4～10nm	
90℃,11h	0.107	5.3	3.9	68.0	22.8	60.27
20℃,28d	0.051	22.6	5.7	26.0	41.4	79.83
0℃,28d	0.096	6.5	44.7	33.2	15.6	32.83

从表中数据可见，经高温蒸气养护后，虽然其水化程度较高，但水化产物结晶度也较高，所以其凝胶孔少，因此强度较低；而低温养护的水泥石与常温下养护水泥石相比，由于其水化程度低，所以其中凝胶孔少而毛细孔多，因此强度发展慢，强度值低。

(5)外加剂对水泥石孔分布的影响。水泥浆中加入减水剂可以减少用水量，降低水灰比，从而提高强度。加入减水剂后，可使水泥石最可几孔径尺寸大大减小。从图 3-1-64(曲线 1 为未掺减水剂，曲线 2 为掺 0.5%MF，曲线 3 为掺 0.5%MD)所示的孔分布曲线中可以看出，未加减水剂时最可几孔径为 102nm(图中半径为 51nm)，加入减水剂后，其最可几孔径减小为 56.4nm(图中半径为 28.2nm)。

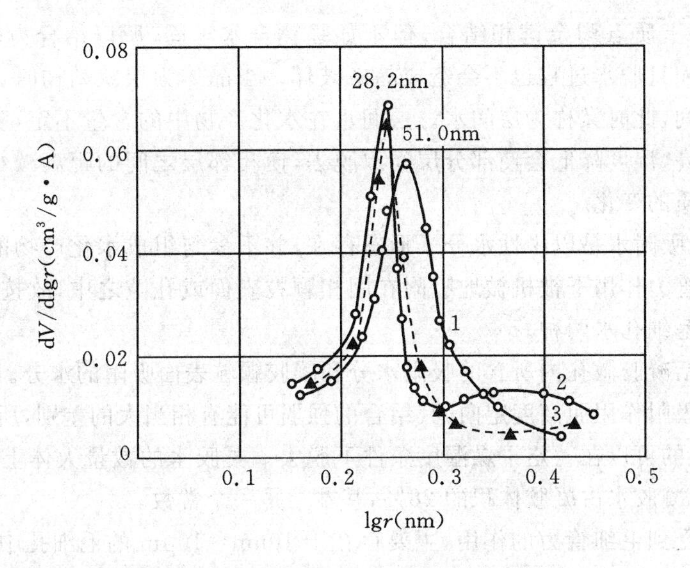

图 3-1-64　外加剂对水泥石孔结构的影响

1.7.3　水泥石中的水及其形态

水在水泥水化和水泥石形成过程中起着重要的作用。

1.水的分类

水在水泥石中有不同的存在形式，一般按水与固相组分的相互作用以及水从水泥石中失去的难易程度，可将水分为化合水、吸附水和自由水三种类型，如图 3-1-65 所示。

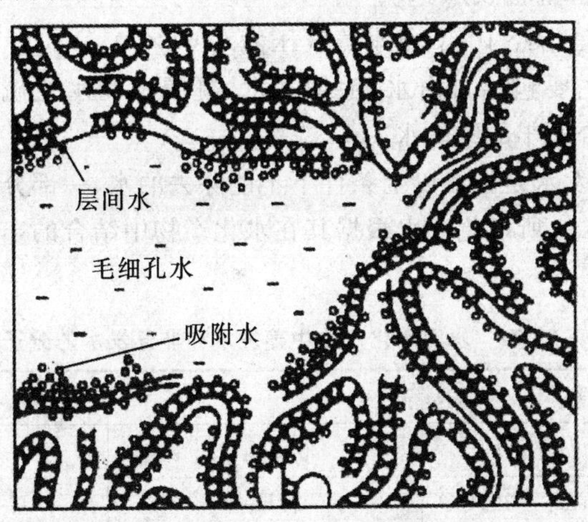

图 3-1-65　水泥石中水的存在形式

(1)化合水。化学结合水(简称为化合水)，是水化产物的一部分。根据其结合力的强弱分为强化合水和弱化合水。

强化合水(又称为结构水)是以 OH^- 离子状态存在，占有晶格上的固定位置，和其他元素之间有固定的含量比，结合力强，只有在较高温度下，晶格破坏时才能将其脱去，如 $Ca(OH)_2$ 中的水就是以 OH^- 离子形式存在的结构水。

弱化合水(又称结晶水)则是以中性 H_2O 形式存在的水，在水化产物晶格上也占据固定位置，由氢键或晶格上质点剩余键相结合，但不如强化合水牢固，所以结合力较弱，在100℃～200℃就可脱水，而且脱水过程也不会造成晶格破坏。当晶体为层状结构时，此种水分子常存在于层状结构之间，此时又称为层间水。层间水在水化产物中的含量不定，随外界的温度、湿度而变。温度升高、湿度降低会使部分层间水脱去，使相邻层之间的距离减小，从而引起水化产物某些物理性质的变化。

(2)吸附水。吸附水是以中性水分子形态存在，并不参与组成水化产物的结晶结构，是在吸附效应或毛细管力作用下被机械地吸附在固相颗粒表面或孔隙之中，故按其所处位置可将其分为凝胶水和毛细孔水两种。

凝胶水又包括凝胶微孔内所含的吸附水分和凝胶颗粒表面吸附的水分。凝胶水由于受到凝胶表面的强烈吸附作用而高度定向，其结合的强弱可能有相当大的差别，所以凝胶水的脱水温度范围很大，有的可以在一定干燥湿度条件下脱去。凝胶水的数量大体上正比于凝胶体的数量，鲍尔斯认为凝胶水占凝胶体积的28%，基本上是一个常数。

毛细孔水仅受到毛细管力的作用，主要存在于10nm～10μm的毛细孔中，其结合力很弱，脱水温度低，一般在干燥条件下脱去。毛细孔水的数量取决于毛细孔的数量。

(3)自由水。自由水又称为游离水，属于多余的蒸发水，主要存在于粗大孔隙内，与一般水的性质相同。它的存在使水泥石结构不致密，干燥后使水泥石孔隙率增加，强度降低。所以，自由水应尽量减少。

2.水泥石中非蒸发水的含量与水泥水化程度的关系

水泥石中的水形态复杂，很难定量区分。因此，T.C.鲍尔斯从实用观点出发，把水泥石中的水分为两类，即蒸发水和非蒸发水。

(1)蒸发水。蒸发水是指经105℃或水蒸气压为6.67×10^{-2}Pa，－79℃干冰(－79℃温度)条件下，能除去的水，它主要包括自由水、毛细孔水、凝胶水和水化硫铝酸钙、水化铝酸钙及C－S－H凝胶中部分结合不牢的结晶水。

(2)非蒸发水。非蒸发水是指在以上条件下不能除去的水，一部分结合牢固的结晶水和全部的结构水属于非蒸发水。所以化合水根据其在水化产物中结合的牢固程度分别属于不同类型的水，见表3-1-31。

表3-1-31　水泥水化产物中蒸发水和非蒸发水的分子数

$Ca(OH)_2$	0	H_2O
$3CaO\cdot 2SiO_2\cdot 3H_2O$	$0.2H_2O$	$2.8H_2O$
$3CaO\cdot Al_2O_2\cdot 3Caso_4\cdot 32H_2O$	$23H_2O$	$9H_2O$
$4CaO\cdot Fe_2O_3\cdot 19H_2O$	$6H_2O$	$13H_2O$
$4CaO\cdot Al_2O_3\cdot 32H_2O$	$6H_2O$	$13H_2O$
$3CaO\cdot Al_2O_3\cdot 6H_2O$	0	$6H_2O$

因此，水泥石中非蒸发水的含量，不仅与水化产物的数量有关，也与水化产物的类型有关，而水化产物的类型又主要与水泥熟料矿物组成有关，T.C.鲍尔斯根据实验结果，认为可用下式表明硅酸盐水泥石中非蒸发水量与熟料矿物水化部分的数量关系。

$$W_n/C=0.187(C_3S)+0.158(C_2S)+0.665(C_3A)+0.213(C_4AF)$$

式中，W_n——非蒸发水量；

C——水泥用量；

C_3S、C_2S、C_3A、C_4AF——熟料中的矿物组成。

上述关系式对于水灰比不低于0.44，水泥比表面积为170～220m^2/kg（按瓦格纳法测定）以及水化程度不太充分的水泥石来说是近似准确的。

因此，非蒸发水量与水化产物的数量多少存在着一定的比例关系，在一般情况下，在饱和水泥浆体中，非蒸发水量约为水泥质量的18%；而在完全水化的水泥浆体中，非蒸发水量约为水泥质量的23%，所以，可以将不同龄期实测非蒸发水量作为水泥水化程度的一个表征值。又因为非蒸发水量与固相表面形成单分子层的吸附量 V_m 之间有良好的线性关系，所以据此也可计算出比表面积的大小。

此外，而蒸发水量可认为是水泥石中孔隙体积的度量。蒸发水量越大，水泥石中的孔隙越多。

3. 水泥石中水的转移

(1)水泥石中水的失去。水泥石中水的转移与温度和湿度有关。

若将处于水饱和状态的水泥石置于湿度为100%的环境中，随着环境湿度的降低，水泥石中的水分开始蒸发，即向干燥的大气中转移。试验表明：当湿度从100%降低至30%时，水泥石毛细孔中的水分与湿度成正比减少，并伴随凝胶水转移；当湿度从30%进一步降到1%时，水泥石中的凝胶水大量向毛细孔中转移并向外蒸发，这时，水泥石明显收缩。

水泥石中的化合水（即结晶水和结构水）只有在温度显著提高时才可能失去。

不同形态水的失去与温度、湿度的关系见表3-1-32。

表3-1-32　水泥石失水温度与湿度的关系

失水的湿度或温度范围	失水量（累计值，%）	失去水的主要类型
相对湿度30%～100%	14.5	毛细孔水
相对湿度1%～30%	16.3	凝胶水
相对湿度1%，脱水温度200℃	17.3	结晶水
脱水温度250～525℃	18.7	结构水

(2)水泥石中水的相变。水泥石中的水与固相相互作用力不同，热分析研究了水泥石中不同水的相变温度，其相变温度相差很大，塞茨(Setzer)等人认为可以分为四类，见表3-1-33。

表3-1-33　水泥石中水的相变温度

水的类型	孔径(nm)	相变温度(℃)
毛细孔水	＞100	0
过渡孔水	约10	＜0
凝胶水	3～10（相对湿度为60%～90%）	−43
强吸附水	层厚≤2.5单分子层	约−160

1.8　水泥石的工程性质

水泥石的工程性质包括力学性质（强度、变形性能）和耐久性（体积稳定性、抗渗性、抗冻性、抗侵蚀性)，这些性质与水泥石的结构有关。

1.8.1 水泥石的强度

水泥石的强度是指抵抗破坏与断裂的能力。在评定水泥质量的过程中，强度是重要的指标。通常将28d以前的强度称为早期强度，28d以后的强度称为后期强度。

1.水泥石的强度理论

水泥石的强度理论一直是人们所关注和研究的课题，但到目前为止还没有一个统一的定论。具有代表性的理论有以下几种：

(1)脆性材料断裂理论。脆性材料断裂理论认为：水泥石的抗断裂的能力可以用葛利菲斯(Griffith)公式来表达：

$$\sigma=\sqrt{\frac{2E\gamma}{c\pi}}$$

式中，σ——断裂应力；

E——弹性模量；

γ——单位面积的材料表面能；

C——裂缝长度。

上式表明，水泥石的强度主要取决于水泥石的弹性模量、表面能以及裂缝大小。由于C—S—H凝胶具有巨大的比表面积，而且在水泥石组成中占的比例又最多，所以C—S—H凝胶的表面能是决定水泥石强度的一个重要因素。从水泥石在水中的稳定性以及它又有刚性凝胶的特性等方面考虑，水泥石中还存在其他形式的化学胶结，如氢键、O—Ca—O或Si—O—Si键等。因此，可以认为水泥石形成强度时，既有范德华力，也有化学键等。

(2)结晶理论。结晶理论认为：水泥石是由无数多种形貌的C—S—H凝胶、钙钒石针状晶体和六方板状的氢氧化钙和单硫型水化硫铝酸钙晶体交叉连生在一起形成的结晶结构网，所以水泥石的强度主要取决于结晶结构网中接触点的强度和数量。

(3)多孔材料的强度理论。多孔材料强度理论认为：水泥石的强度主要取决于孔隙率，或者更准确地说决定于水化产物充满原始充水空间的程度。

T. C. 鲍尔斯(T. C. Powers)建立的水泥石强度与胶空比X的关系如下：

$$f=f_0X^n$$

式中，f——水泥石的强度；

f_0——毛细孔隙为零(即$X=1$)时的水泥石强度；

n——试验常数，与矿物组成和试验条件有关，一般为2.6～3.0；

X——水泥水化产物在水泥石体积中对孔隙率的填充程度，即胶空比，介于0～1之间，其表达式如下：

$$X=\frac{\text{凝胶体体积}}{\text{凝胶体体积}+\text{毛细孔体积}}=\frac{\text{凝胶体积}}{\text{水泥浆体所占空间}}$$

对于硅酸盐水泥而言，一个单位体积的水泥，完全水化后可形成2.06个体积的水化物凝胶，如果假设水泥的比容为V，即单位质量水泥所占的体积，一般为$V=0.319\text{cm}^3/\text{g}$，则$X$可写为：

$$X=\frac{2.06aCV}{aCV+W}=\frac{0.675a}{0.319a+W/C}$$

式中，C——水泥质量；

W——水的质量；

V——水泥的比容；

a——水化程度。

对于某种水泥，可以通过实验确定强度与胶空比的关系。图 3－1－66 为典型的水泥石强度与胶空比的关系曲线。

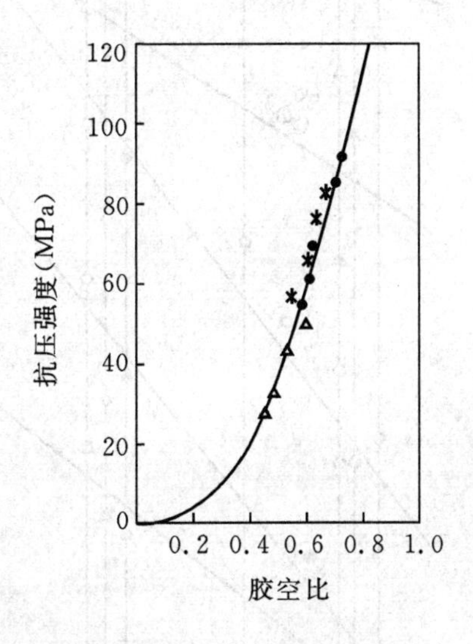

图 3－1－66　水泥石抗压强度与胶空比的关系

总之，这些理论是从不同层面说明了水泥石强度的本质，综合起来，可以较为全面揭示影响水泥石强度的各种因素。

2. 影响水泥石强度的因素

(1) 水泥熟料矿物组成及其含量。水泥熟料矿物中，硅酸三钙和硅酸二钙是提供水泥强度的主要组分。硅酸三钙不仅控制早期强度，对后期强度增长也有关系，硅酸二钙在 28d 以前对强度影响不大，是决定后期强度的主要因素。图 3－1－67 表示硅酸三钙和硅酸二钙含量对强度发展的影响，曲线 1 表示 C_3S 含量为 65.7%～71.3%，C_2S 含量为 26.0%～31.0%；曲线 2 表示 C_3S 含量为 6.2%～11.8%，C_2S 含量为 47.1%～59.7%。图 3－1－68 表示硅酸三钙含量对水泥石各龄期强度的影响。

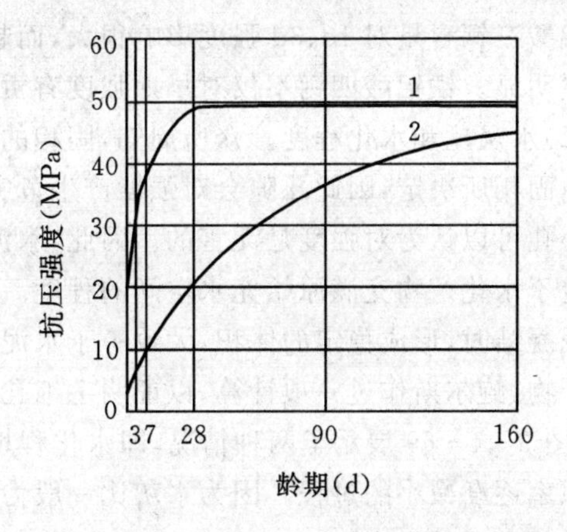

图 3－1－67　C_3S 和 C_2S 的相对含量对强度发展的影响

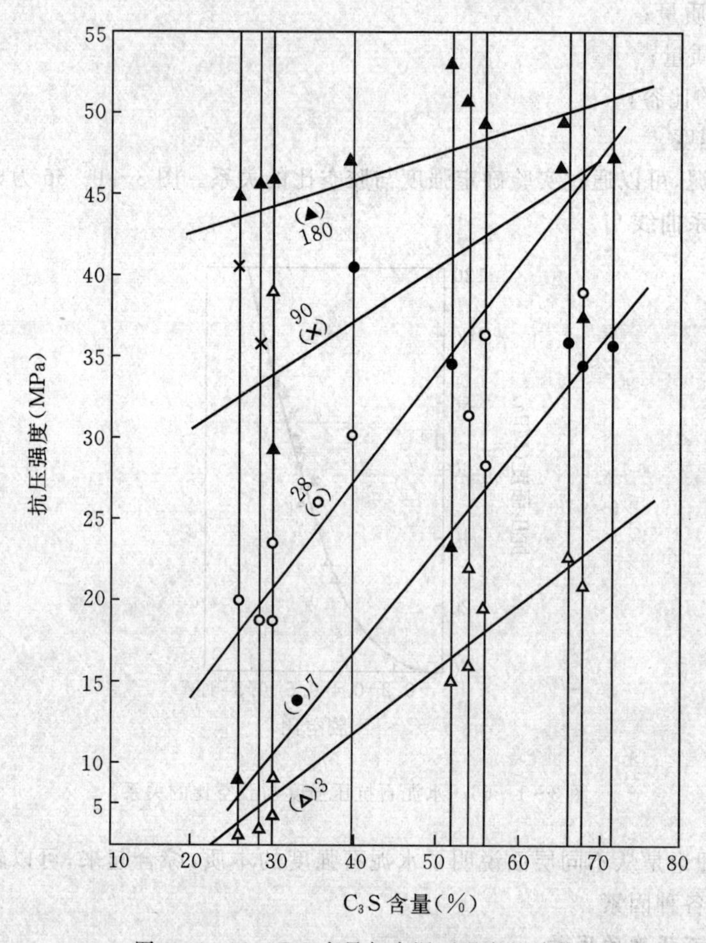

图 3-1-68　C_3S含量与水泥石强度的关系

铝酸三钙含量对1d、3d强度影响很大，而超过最佳含量后所产生的消极影响，则在后期表现的更明显。铁铝酸四钙不仅对早期强度有贡献，且有助于后期强度的发展。

(2)水灰比和水化程度。众所周知，固相的孔隙率和强度之间存在反比关系。材料的强度主要由固相所决定，因此孔隙会对强度产生危害。在水泥石中，凝胶孔和由范德华力作用范围内的小孔可以认为对强度是无害的。因此，水泥石的强度主要决定于毛细孔隙率，或更确切地说决定于水化产物充满原始充水空间的程度。而毛细孔的大小又取决于水灰比和水化程度。当水泥凝结时，形成稳定的体积，大致等于水泥体积加上水的体积。假设$1cm^3$水泥产生$2cm^3$水化产物，鲍尔斯作过一项计算，以证明毛细孔隙率随不同水灰比水泥浆体的水化程度而有所不同，图3-1-69展示了两种情况，即水化程度提高(情况A)，或水灰比降低(情况B)时，毛细孔隙率逐渐减小的过程。因为水灰比一般为质量比，所以为了计算水泥和水的体积，必须知道硅酸盐水泥的密度。

情况 A 100cm³ 水泥，水灰比 $W/C=0.63$，不同的水化程序

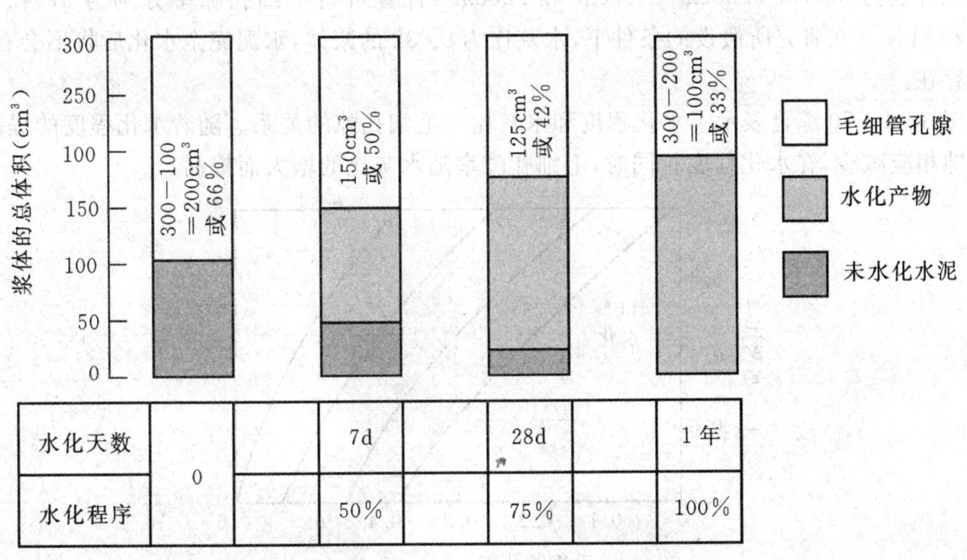

情况 B 100cm³ 水泥，100%水化，不同的水灰比

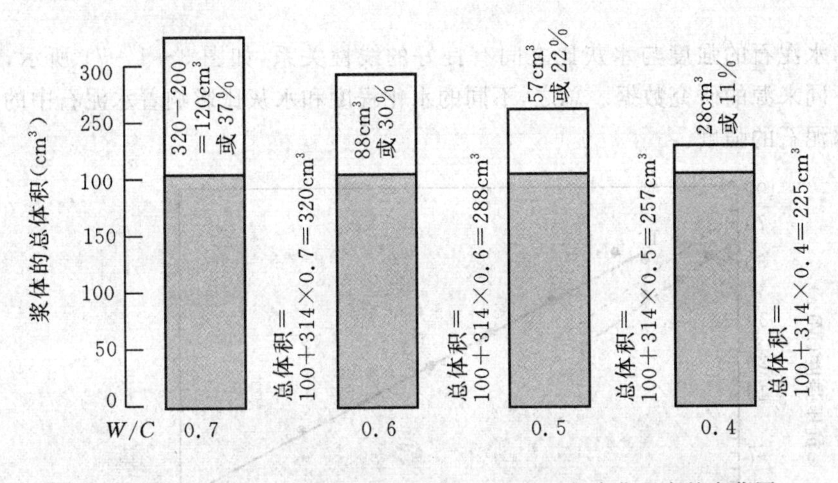

图 3－1－69　毛细孔隙率随水灰比和水化程度的变化图

情况 A 中，若水灰比为 0. 63 的水泥浆体中含有 100cm³ 的水泥，就需要 200cm³ 的水，浆体总体积为 300cm³。水泥的水化程度决定于养护条件(即水化温度、湿度和持续时间)。假设在 ASTM 标准养护条件下(23℃±1℃温度的湿养护)，7d、28d 和 365d 水化产物的体积分别为固相体积(包括未水化水泥和水化产物)150cm³、175cm³ 和 200cm³ 的 50%、75%和 100%，那么毛细孔体积可以从总体积和固相体积之差求得，即水化 7d、28d 和 365d 时，毛细孔隙的体积分别为 50%、42%和 33%。

在情况 B 中，制备水灰比分别为 0.7、0.6、0.5 和 0.4 的四种水泥浆体，假设水化程度为 100%。水泥体积一定时，用水量最大的浆体可获得的空间总体积最大，但是在水化完成后，这四种浆体产生等量的水化产物，因此，总空间最大的浆体，其最终的毛细孔体积也最大。因为

100cm³水泥全部水化可生成200cm³固相水化产物，但是水灰比为0.7、0.6、0.5和0.4浆体的总体积分别为320cm³、288cm³、257cm³和225cm³，计算可得毛细孔隙率分别为37%、30%、22%和11%。在研究所假设的条件下，水灰比为0.32的浆体，水泥完全水化后将不会有毛细孔隙存在。

图3-1-70综合表示了水化程度和水灰比与毛细孔隙的关系。随着水化程度的提高，毛细孔隙相应减少，在水化程度相同时，毛细孔隙率随水灰比的增大而提高。

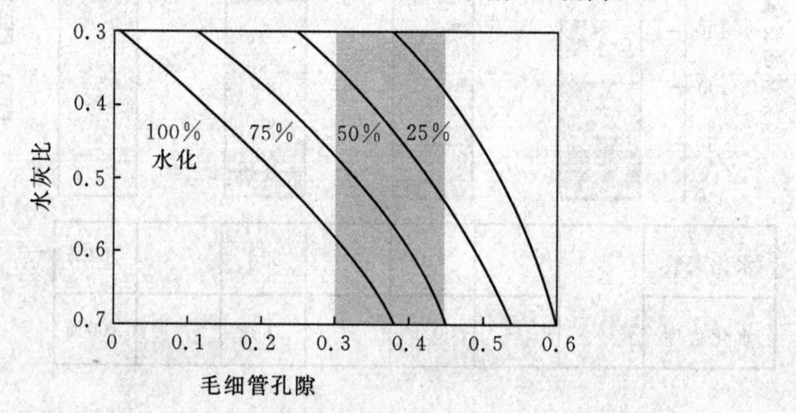

图3-1-70　水化程度和水灰比与毛细孔隙率的关系

一般情况下，水泥石的强度与水灰比之间有良好的线性关系，如图3-1-71所示，图中1、2、3分别采用不同来源的研究数据。总之，不同的水化程度和水灰比影响着水泥石中的毛细孔率，进而影响水泥石的强度。

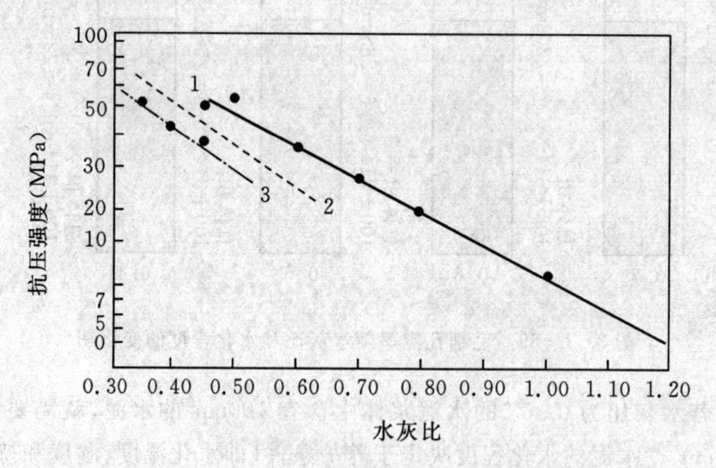

图3-1-71　水泥石抗压强度与水灰比的关系

(3)水化产物种类。水泥石由无数钙钒石的针状晶体和多种形貌的C—S—H凝胶，再夹杂着六方板状的氢氧化钙和单硫型水化硫铝酸钙等晶体交织在一起而成。一般容易相互变叉的纤维状、针状、棱柱状或六方板状等水化产物所组成的强度较高，而立方体、近似球体的多面体则强度低。

C—S—H凝胶对水泥石的强度发挥着重要作用。钙钒石和单硫型水化硫铝酸钙对强度的贡献主要在早期，后期的作用不显著。氢氧化钙有的认为尺寸太大，妨碍其他微晶的连生和结合，有的认为至少其填充作用，对强度会有帮助。

(4)孔结构。在1980年第七届国际化学会议上，捷克的J. Jamber发表论文，研究了水泥石孔隙率、孔径分布与混凝土强度的关系。他指出，不同水泥石尽管孔隙率相同，但强度不同，而且差距很大，这是因为不同水泥石中孔的分布不同所致。当孔隙率相同时，孔径小，强度大。表3-1-34是他得出的强度与孔径的试验结果。

表3-1-34 强度与平均孔径(半径)关系

平均孔半径(nm)	抗压强度(MPa)
10	>140.0
25	40.0左右
100	<10.0
500～1000	<5.0

美国的Metha教授通过对希腊Santcrin火山灰水泥的研究，证明孔径分布对干缩、抗硫酸盐性能及碱骨料反应都有显著影响。他认为，28d强度以掺10%火山灰的最大，这时水泥石中大于100nm的孔最少；1年强度以火山灰掺量20%的最大，这时水泥石中没有大于100nm的孔，而小于50nm的孔最多，新生成的水化产物填充孔隙，改变孔分布，随着龄期延长，大孔减少，小孔增加。

孔径对强度的影响，Jamber认为：①孔径随总孔隙率降低而减小，平均孔径取决于水化产物种类及体积，进而平均孔径可以明显地表征水泥石的"成熟度"；②孔隙率相同时，强度随孔径的增大而降低；③水泥石中对强度影响最不利的是"工艺"孔，尤其是大孔，尽管其含量很少。

(5)温度与压力。提高温度，水泥水化加速，早期强度发展较快，但后期强度发展有所降低。因为高温下形成的凝胶等水化产物分布不均匀，只能密集在颗粒周围；此外，高温下空气，特别是饱和空气剧烈膨胀产生相当大的内应力，使浆体连接减弱。在常温下，水化较慢，水化产物有充分的时间进行扩散，能较好地沉析到水泥颗粒之间的空间。在蒸压条件下，高温对最终强度的有害作用比100℃以下是更为严重。

1.8.2 水泥石的变形

变形也是水泥石很重要的工程性质。这里主要讨论水泥石在荷载作用下的两种变形：一是在短期荷载作用下的弹性变形；二是在持续荷载作用下的徐变。

1.在短期荷载作用下的弹性变形

图3-1-72(1为水泥石，2为细粒砂岩，3为水泥砂浆)表示在短期荷载作用下，水泥石、水泥砂浆和石子(细粒砂岩)的应力—应变关系。从图中看出，石子的应力—应变曲线直到破坏都是直线，表明该种材料的应力与应变之间有恒定的比例E关系；水泥石的应力—应变曲线近似于一条直线；而水泥砂浆的应力—应变曲线则呈现为一条曲线，表明其弹性模量E是变化的。

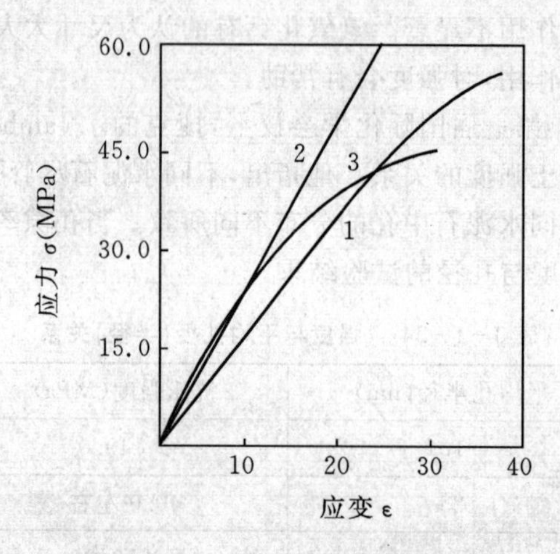

图 3-1-72　水泥石应力应变曲线

根据胡克定律，弹性体的应力—应变关系为：

$$\sigma=\varepsilon E$$

式中，σ——应力；

ε——应变；

E——弹性模量。

弹性模量一般也用来描述水泥石的刚性。Helmuth 和 Turk 用共振法测定的水化良好的水泥石的动态弹性模量在 20000～30000MPa 之间。

水泥石的弹性模量与水泥石的孔隙有很大关系，Helmuth 和 Turk 研究发现：水泥石的弹性模量与水泥石的毛细孔（孔径大于 10nm）孔隙率有如下关系：

$$E=E_0(1-P)^3$$

式中，E_0——在 $P=0$ 时水泥石的弹性模量值，$E_0=30000$Mpa。

2. 在持续荷载作用下的徐变

在持续荷载作用下，水泥石的变形随时间而变化的规律如图 3-1-73 所示。试件采用硅酸盐水泥在标准条件下养护 28d 的水泥石，32MPa 的恒定荷载持续作用 21d，然后卸掉荷载。图 3-1-74 为混凝土的徐变曲线。

从图 3-1-73 中可以看出，施加荷载后，水泥石立即产生一个瞬时弹性变形，之后随着时间的增长，变形逐渐增大，这种在恒定荷载作用下依赖时间而增长的变形称为徐变或蠕变。当卸掉荷载后，立即产生一个反向的瞬时弹性变形，随后，反向变形继续增长，达到某一程度后趋于稳定，这种随时间而增长并趋于稳定的反向变形过程，称为弹性后效。对比发现，图 3-1-74 所示的混凝土的徐变也有类似的变化规律。

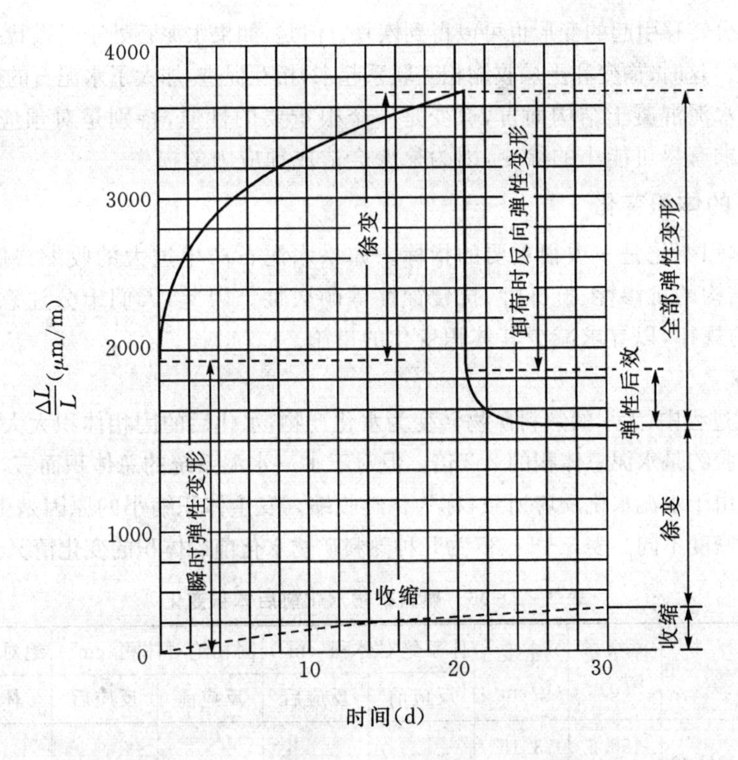

图 3-1-73　水泥石加荷与卸荷的变形曲线

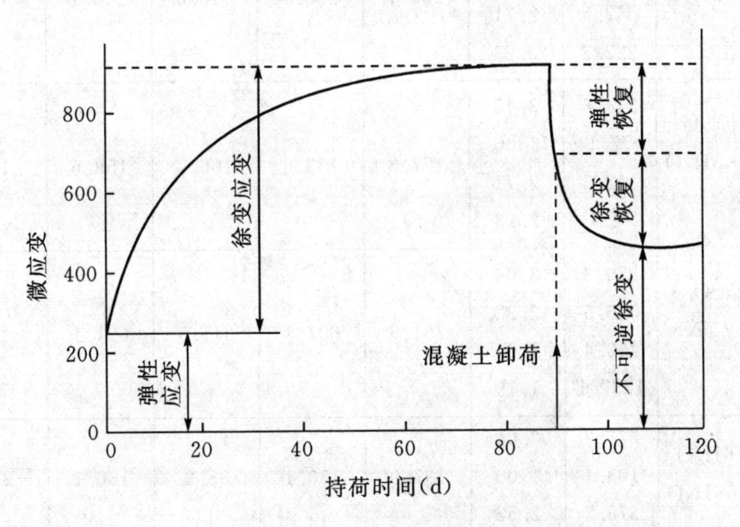

图 3-1-74　混凝土的徐变曲线

水泥石的徐变主要取决于其内部结构，一般来说主要与下述结构因素有关：①与水泥石的凝聚—结晶结构的性质有关。以分子间力相互作用的凝聚结构，在应力作用下表现出较大的徐变值，而结晶结构具有较小的徐变值。因此在水泥石中，晶体与凝胶的比值对徐变值有较大的影响。晶胶比越大，徐变值越小。②与水泥石在应力作用下水分的转移有关。水泥石中的水在应力作用下由高应力区向低应力区转移，这种转移也会引起水泥石的徐变。T.C 鲍尔斯认为，徐变主要与凝胶水的转移有关。如果水泥石处于饱和状态，当应力消除后，水分可以复原，这时，由于水分转移引起的变形也可以得到恢复。但是，如果水泥石处于干燥状态，水分蒸发，则变形就不能恢复。这时，徐变和干燥收缩相互联系起来，相互促进，加大了水泥石的变形。

总之，对于水泥混凝土结构而言，徐变是一个很重要的性质，特别是对预应力钢筋混凝土构件的发展，要求有尽可能小的徐变，因为徐变会造成预应力的损失。

1.8.3 水泥石的体积变化

水泥石的体积变化是一项很重要的指标。如果水泥石产生过大的收缩或膨胀，会直接影响水泥混凝土结构的抗渗性、抗冻性、抗侵蚀性等耐久性。因此，人们十分注意研究水泥石体积变化过程中的规律，以寻求减少其体积变化的措施。

1. 化学收缩

水泥在水化过程中，无水的熟料矿物转变为水化产物，水化后的固相体积大大增加，水泥完全水化后的水化凝胶约是水泥总体积的2.2倍。但对于水—水泥系统的总体积而言，却在不断减小。这种体积缩小是由于水泥水化反应所致，称为化学收缩。发生体积缩小的原因是由于水化前后反应物和生成物的密度不同。表3－1－35为几种熟料矿物水化前后体积的变化情况。

表3－1－35 熟料矿物水化前后体积变化

反应式	摩尔量(g)	密度(g/cm^3)	体系绝对体积(cm^2)		固相绝对体积(cm^2)		绝对体积的变化(%)	
			反应前	反应后	反应前	反应后	体系	固相
$2(3CaO\cdot SiO_2)+6H_2O$ $=3CaO\cdot 2SiO_2\cdot 3H_2O$ $+3Ca(OH)_2$	456.6 108.1 342.5 222.3	3.15 1.00 2.71 2.23	253.1	226.1	145.0	226.1	－10.57	＋55.39
$2CaO\cdot SiO_2+4H_2O$ $=3CaO\cdot 2SiO_2\cdot 3H_2O$ $+Ca(OH)_2$	344.6 72.1 342.5 74.1	3.15 1.00 2.71 2.23	177.8	159.6	105.7	159.6	－10.20	＋50.99
$3CaO\cdot Al_2O_3+3CaSO_4\cdot$ $2H_2O+26H_2O=C_3A\cdot$ $3CaSO_4\cdot 32H_2O$	270.2 516.5 450.4 1237.1	3.04 2.32 1.00 1.79	761.9	691.1	311.5	691.1	－9.29	＋121.86
$3CaO\cdot Al_2O_3+6H_2O$ $=3CaO\cdot Al_3O_3\cdot 6H_2O$	270.2 108.1 378.3	3.04 1.00 2.52	197.0	150.1	88.9	150.1	－23.79	＋68.79

以硅酸三钙的水化反应为例，反应物固相体积是145.0cm^3，而生成物的固相体积为226.1cm^3，增加了55. 93%。但是反应物的总体积为253.1cm^3，而生成物的总体积为226.1cm^3，减少了27cm^3，占原有反应物体积的10.67%，这就是化学收缩的作用。

根据试验结果，熟料中各单矿物的化学收缩作用无论就绝对值还是相对速度而言，其大小顺序为：$C_3A>C_4AF>C_3S>C_2S$。

试验结果表明，对硅酸盐水泥而言，每100g水泥的化学收缩总量为7～9cm^3。如果每立方米混凝土中水泥用量为250kg，则体系中化学收缩总量将达20cm^3/m^3混凝土，这个数值是比较大的。由于水泥的化学收缩作用，将出现毛细孔，使混凝土的密实度降低，这对混凝土的抗腐蚀性、抗渗性等耐久性是不利的。

2. 失水收缩

由于环境湿度和温度的变化会导致水泥石中水分的失去，进而引起水泥石的收缩。在水泥石中，水有不同的存在形态，因而失去它们引起的水泥石体积变化的情况也各不同，即导致水泥石的收缩量不同，如图 3-1-75 所示，它比较全面地反映了水泥石的收缩与水分损失的关系。

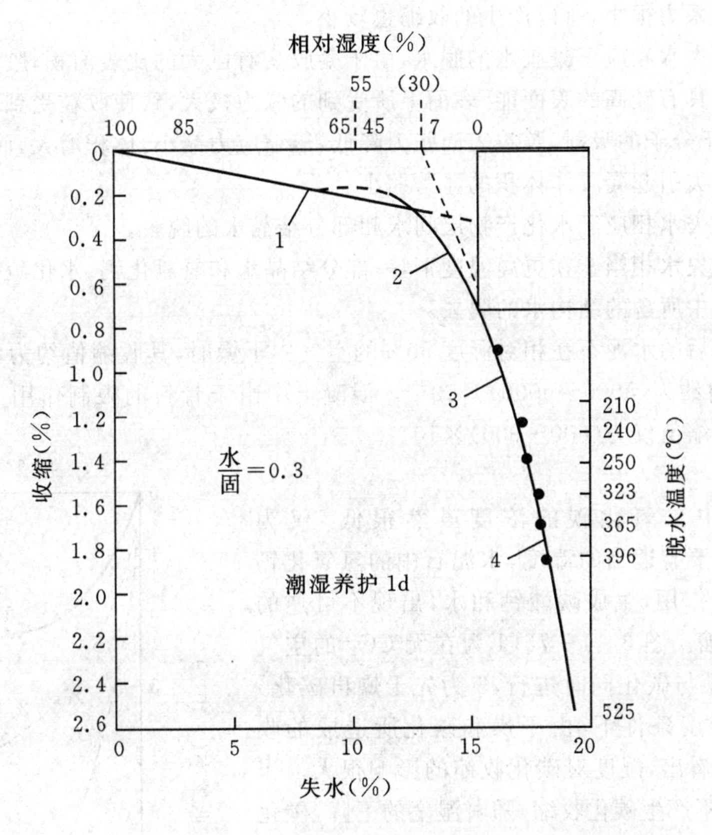

图 3-1-75　水泥石收缩与脱水时温度及湿度的关系

根据图 3-1-75 所示，可以将水分损失分为两类：一是与相对湿度有关的干燥脱水，二是在高温作用下的温度脱水。图 3-1-75 中的收缩曲线分为四段，每一阶段对应的湿度或温度范围及失水量和失水类型见表 3-1-36。

表 3-1-36　水泥石中失水湿度或温度与失水量及收缩量的关系

失水阶段	失水湿度或湿度范围	失水量 V_w(累积量,%)	收缩量 V_0(累积量,%)	$\Delta V_0/\Delta V_m$
Ⅰ	相对湿度 30%～100%	14.5	0.36	0.025
Ⅱ	相对湿度 1%～30%	16.3	0.75	0.22
Ⅲ	相对湿度 1%，脱水温度 200℃	17.3	1.15	0.40
Ⅳ	脱水温度 200～525℃	18.7	2.55	1.00

从图 3-1-75 和表 3-1-36 中可以看出，虽然每一阶段的水分损失量逐渐减少，但是其引起的收缩量却逐渐增加，而且相差很大，这是由于每一阶段失去水分的形态不同，而水分的不同形态又主要决定于水分与固相作用的性质。水分与固相作用力越小，失去时对收缩的影响也越小。

第一阶段失去的水分为自由水和毛细孔水。当相对湿度小于 100%时，首先自由水蒸发，但并不伴随收缩。这是因为自由水和固相间不存在任何物理—化学键。当大部分自由水失去后，继续干燥就会导致吸附水蒸发，失水会对毛细孔壁产生压应力，因此引起收缩。由于毛细孔水与固相的联系力很小，所以产生的收缩也较小。

第二阶段的失水相应于凝胶水的脱水，由于凝胶具有巨大的比表面积，胶粒表面上由于分子排列不规整而具有较高的表面能，表面上所受到的张力极大，致使胶粒受到相当大的压缩压力。吸湿时，由于分子的吸附，胶粒表面张力降低，压缩应力减小，体积增大，而干燥时则相反，所以凝胶水的损失引起凝胶体体积的显著缩小。

第三阶段的失水相应于水化产物层间水和部分结晶水的脱去。

第四阶段的失水相当于在更高温度下，一部分结晶水和氢氧化钙、水化硫铝酸钙及水化铝酸钙等水化产物中所含的结构水的脱去。

一般水养护后的水泥石在相对湿度 50%的空气中干燥时，其收缩值约为$(2000\sim3000)\times 10^{-6}$，完全干燥时约为$(5000\sim6000)\times10^{-6}$。混凝土中由于骨料的限制作用，干燥要小得多，完全干燥时的收缩值仅为$(600\sim900)\times10^{-6}$。

3. 碳化收缩

正常空气中二氧化碳的浓度虽然很低（仅为 0.03%），但是只要有适当的湿度，水泥石中的氢氧化钙就会与二氧化碳作用，生成碳酸钙和水，出现不可逆的收缩，即碳化收缩。图 3-1-76（1 为在无 CO_2 的空气中干燥，2 为干燥与碳化同时进行，3 为先干燥再碳化）为在不同相对湿度条件下，由干燥和碳化所造成的收缩。从图中可以看出，湿度对碳化收缩的影响很大。当湿度为 100%时不产生碳化收缩，随着湿度的下降，碳化收缩值增大，当湿度为 55%时，碳化收缩达到最大值，之后，随着湿度的下降，碳化收缩又减小，当相对湿度大约低于 25% 时，碳化收缩就不再产生了。

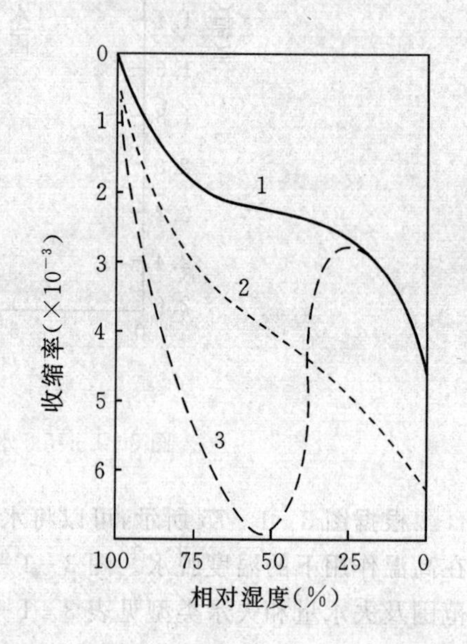

图 3-1-76　水泥石的干燥碳化收缩与相对湿度的关系

产生碳化收缩的原因，一般认为是由于空气中的二氧化碳与水泥石中的水化产物，特别是氢氧化钙的不断作用，引起水泥石结构的解体所致。由于二氧化碳与水化产物的置换反应会释放出水分子，而只有这些水分失去时，才能造成水泥石体积的变化。水分的失去随着相对湿度的下降而增大。但是，二氧化碳与水化产物的互相作用又必须在一定湿度下才能进行，如相对湿度小于 25%，二氧化碳与水化产物之间的反应几乎停止。因此，由于上述两方面的互相牵制的原因，就存在一个适当的相对湿度，它相应于产生最大的碳化收缩。

1.8.4　水泥石的耐久性

耐久性是指材料暴露于服役环境中能保持其原有的形状、质量和功能的能力。

因为受环境因素的影响，材料的微结构和性能会随着时间而变化。在特定的使用条件下，如果材料的性能呈现一定程度的劣化，以致继续使用将不安全或不经济，则可以认为该材料的服役寿命已经结束。

首先，在多孔材料中，水被认为是多种物理劣化过程的起因(渗透、冰冻等)；作为侵蚀性离子迁移的载体，水也可以引起化学劣化过程。其次，与水传输相关的物理化学现象是由固体材料的渗透性所控制的。第三，劣化速率受水中离子的种类和浓度以及固体材料的化学成分影响，如水泥石是一种碱性材料，酸性水对其有害。人们认为，水泥石的水密性(不透水性)是其耐久性好坏的决定因素。随着水化的进行，水泥石内的空间不断被水化产物所填充，大孔逐渐减少，毛细孔隙率也在下降，孔与孔之间从连通发展到不连通，其渗透系数显著减小。美国鲍尔斯(T. C. Powers)的研究表明：水灰比为 0.6 的水泥浆体经完全水化后，可以像致密的岩石一样不透水。

水泥石的抗渗性、抗冻性和抗侵蚀性与其耐久性有密切的关系。

1. 水泥石的抗渗性

水泥石的抗渗性对于水泥混凝土建筑物，特别是对于水工构筑物，是很重要的耐久性能，而且对于某些水泥制品，如输水、输油、输气用的压力管和水泥船等也是很重要的耐久性能。

水泥石的抗渗性是指抵抗各种有害介质进入内部的能力。

研究表明，水泥石的抗渗性主要与孔结构有关。水泥石是一个多孔体，在水压力作用下，多孔体的渗水量可以用达西(Darcy)公式表示，即

$$\frac{\mathrm{d}g}{\mathrm{d}t}=kA\frac{\Delta h}{L}$$

式中，$\frac{\mathrm{d}g}{\mathrm{d}t}$——渗水速度($cm^3/s$)；

A——多孔体的横截面面积(cm^2)；

Δh——作用在试件表面上的水压差(cm 水柱)；

k——渗透系数(cm/s)。

由上式可知，当试件尺寸和两侧压力差一定时，渗水速度和渗水系数成正比，所以通常用渗透系数 k 表示表示抗渗性的优劣，渗透系数越大，渗透性越大，水泥石的抗渗性越差。水泥石的渗透系数与其水化龄期及孔隙率的关系，如表 3－1－37 所示。

表 3－1－37　水泥石的渗透性

龄期(d)	孔隙率(%)	渗透系数 k(cm/s)	龄期(d)	孔隙率(%)	渗透系数 k(cm/s)
新拌浆体	67	1.15×10^{-3}	5	53	5.90×10^{-9}
1	63	3.65×10^{-5}	5	53	5.90×10^{-9}
2	60	3.05×10^{-6}	12	51	1.95×10^{-10}
3	57	1.91×10^{-7}	24	48	4.60×10^{-11}
4	55	2.30×10^{-8}			

表 3－1－37 所示结果表明，新拌水泥浆体的渗透系数很大，为 1.15×10^{-3}；而养护 24d 以

后则降为 4. 60×10^{-11}，两者相差 2500 倍。但是其总孔隙率则由 67%降至 48%，相差不到 20%。

试验证明，影响水泥石渗透性能的主要因素是其中连通的毛细孔隙。而对水化硅酸钙凝胶体的试验研究结果表明，尽管其本身的凝胶孔隙率高达 28%，但其渗透系数仅为 2×10^{-15} cm/s，比火成岩(渗透系数 3.45×10^{-13} cm/s)的抗渗性还好。因为凝胶孔很小，水分子不可能透过，实际上可以认为是不渗水的，也就是凝胶孔对抗渗性实际上是没有影响的。

图 3-1-77 所示为水泥石的毛细孔对渗透系数的影响。从图中可以看出，水泥石的渗透系数随毛细孔含量的增大而显著增大。当毛细孔隙率达到 18%～20%后，连通毛细孔所占比例急剧增加，渗透性加大。当毛细孔隙率小于 20%时，其渗透系数已经相当小了。

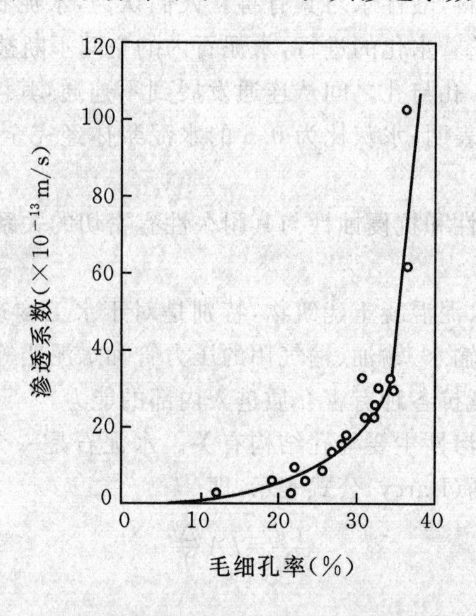

图 3-1-77　水泥石的渗透系数和毛细孔隙率的关系

如前所述，水泥石中的毛细孔是指原水泥—水体系中没有被水化产物填充的那部分空间，因此，毛细孔的数量取决于水泥的水化程度和水灰比。图 3-1-78 表示在几种不同水灰比的水泥石中，毛细孔的含量随水泥水化程度的变化规律。

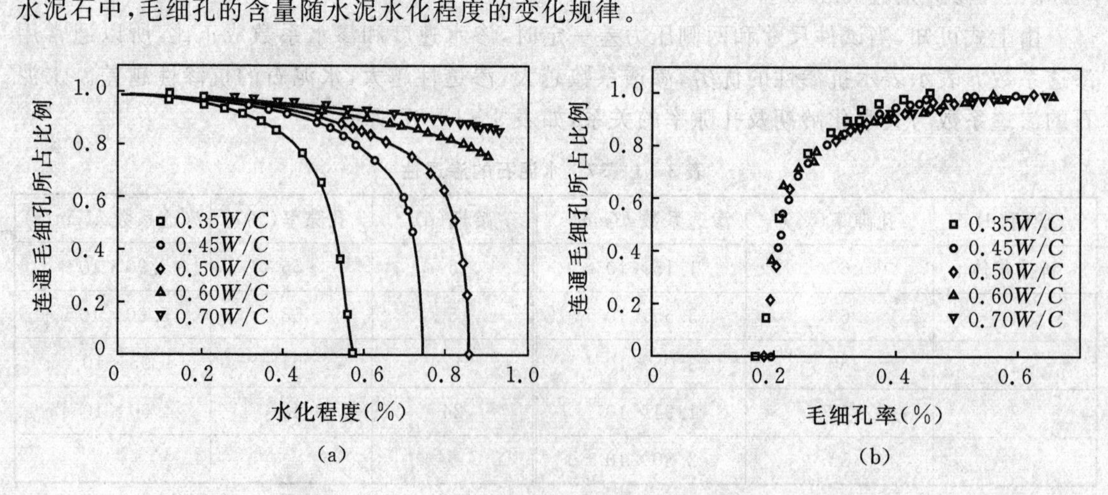

图 3-1-78　连通毛细孔与水灰比及水化程度的关系

图 3-1-78 (a)表明,当水灰比小于 0.5 时,毛细孔的数量主要与水泥的水化程度有关,即水化程度增加,水泥石中连通孔所占的比例下降。如果水灰比大于 0.6,虽然水泥已经完全水化,但水泥石中连通毛细孔也是不可避免的,其数量随水灰比的增加而增多。

图 3-1-78 (b)表明,不论水灰比和水化程度如何,只要水泥石中的毛细孔率达到某一数值(渗流阀值)后,水泥石中就会出现毛细孔网络,图中结果表明,当体系中毛细孔率达到 18%~20%后,连通毛细孔所占的比例急剧增加,因而水泥石的渗透性也随之加大,上述结论与图 3-1-77 中的结果吻合。

图 3-1-79 显示了水泥石和混凝土的渗透系数与水灰比的关系。由图中结果可知,渗透系数随水灰比的增大而提高。当水灰比较小时,水泥石中的毛细孔常被凝胶所堵塞,不易连通,因此渗透系数较小。当水灰比较大时,不仅使总毛细孔率提高,而且可使毛细孔径增大并基本连通,从而使渗透系数显著提高。

综上分析,降低毛细孔的数量(尤其是连通毛细孔)是提高水泥石抗渗性最有效的措施。

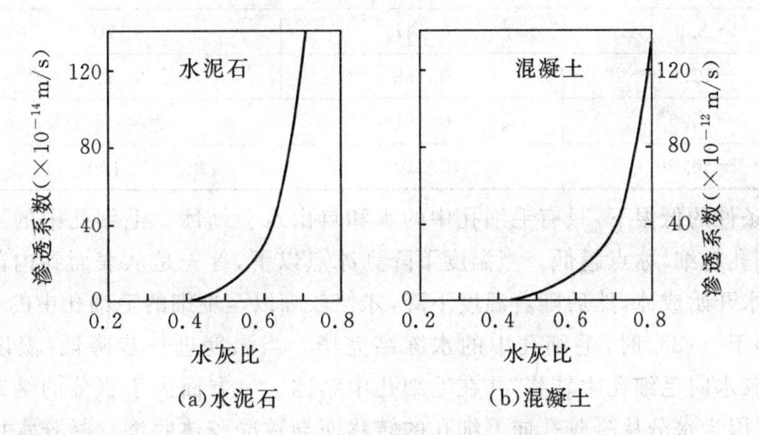

图 3-1-79 水泥石与混凝土的渗透系数和水灰比的关系

2. 水泥石的抗冻性

在寒冷地区负温下使用的水泥,其耐久性在很大程度上取决于抵抗冻融循环的能力。

水泥石的抗冻性主要与水泥石中水分(可以是水泥石中的固有水分,也可是由水泥石外通过渗透进入水泥石的水分)的结冰以及由此产生的体积变化有关。水在结冰时,体积膨胀约增加 9%,为原来的 1.1 倍,因此,水泥石中的水结冰会使孔壁承受一定的膨胀应力,如其超过水泥石的抗拉强度后,就会引起裂缝等不可逆的结构变化,从而在冰融化后不能完全复原,所产生的膨胀也仍有部分残留。

水泥石中可以结冰的水分是可蒸发水,对于饱水的水泥石而言,其中可蒸发水的成冰量是温度的函数。表 3-1-38 为在标准条件下水泥石中可蒸发水的成冰量与温度的关系。

表 3-1-38　水泥石中水分结冰量与温度的关系

温度(℃)	成冰的水量与 水泥质量之比	成冰率(以−30℃ 成冰率为 100%)
0	0	0
−0.5	0.045	21
−1.5	0.075	36
−2.0	0.093	44
−3.0	0.109	52
−4.0	0.122	58
−5.0	0.131	62
−6.0	0.137	65
−8.0	0.147	70
−12.0	0.168	80
−16.0	0.181	86
−30.0	0.210	100

一般自然条件的低温下,只有毛细孔中的水和自由水会结冰。毛细孔中的水受到表面张力的作用,毛细孔越细,冰点越低。当温度下降到冰点以下,首先是从表面到内部的自由水以及粗毛细孔的水开始成冰,然后随着温度下降,才使较细以至更细的毛细孔中的水结冰。试验表明,当温度等于−12℃时,毛细孔中的水冻结完毕。当温度进一步降低(温度在−12℃以下),将引起凝胶水向毛细孔中转移,并在毛细孔中结冰。一方面由于水分的结冰会引起体积的膨胀,同时又因为水分从凝胶孔向毛细孔的转移而导致凝胶体收缩。凝胶水由于所处的凝胶孔极为窄小,只能在极低的温度(−78℃)下结冰,而结合水是不会结冰的。

试验证明,当在水泥石中加入少量引气剂后,水泥石的抗冻性可以得到大大改善。图 3-1-80表示了水泥石经受冻融循环作用时体积的变化。图 3-1-80 (a)中曲线表明,随着冰冻发生体积膨胀,如在−24℃时,最大伸长可达 1600×10^{-6},而在融解时曲线是不可逆的,留下了永久变形(残留 500×10^{-6},占总膨胀值的 30%多)。再次冻融时,原先形成的裂缝又由于结冰而扩大,如此经过反复的冻融循环,裂缝越来越大,导致更为严重的破坏。当水泥浆中加入引气剂时,可使膨胀趋势减缓,因为引气量逐渐增加时,引入的气孔为水压力提供了外逸的边界。如图 3-1-80 (b)所示中引气为 2%时,−24℃的伸长减少为 800×10^{-6},融解后残留 300×10^{-6}。当引气为 10%[见图 3-1-80 (c)]时,冰冻曲线呈现出另一种情况,其特点为:第一是冰冻曲线可以近似地认为是可逆的。这是因为由水冰冻所产生的膨胀应力,主要用于压缩水泥石中的空气泡,而在融解时,被压缩的气泡具有弹性复原的能力,因此冻融曲线显示出可逆性。第二是伴随着冻融过程发生的是收缩,而不是膨胀。这是因为水分冰冻引起的体积膨胀力为气泡的压缩所平衡,而压缩的气泡又作用于凝胶体并使凝胶水向毛细孔转移,凝胶水的转移伴随着体积的缩小。因此,为了提高水泥混凝土的抗冻性,适当加入引气剂是必要的。

改善水泥石抗冻性的另一个途径是降低水灰比,提高密实度,特别是尽可能使之形成小孔。因为毛细孔径变小,可使其中水的结冰温度降低。水灰比对抗冻性的影响如图 3-1-81

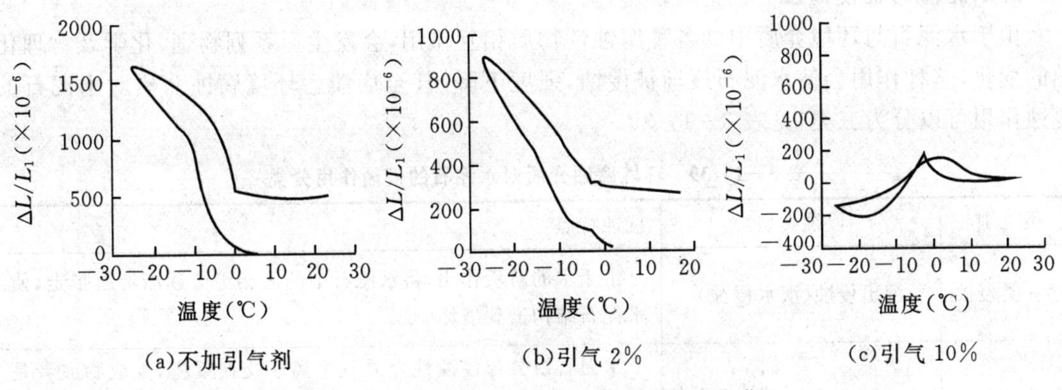

图 3-1-80 冻融过程中水泥石的体积变化

所示，实践证明：当水灰比小于 0.4 时，水泥石的抗冻性好。当水灰比大于 0.55 时，抗冻性将显著降低。

此外，水泥石的抗冻性还与受冻前养护龄期有关（见图 3-1-82）。图中表明：硬化时间越长，受冻后其膨胀值越小。因此，工程中应防止水泥石过早受冻。

另外，试验证明，当水泥石的充水程度小于 85%～90%时，一般也不会有冻害的问题。

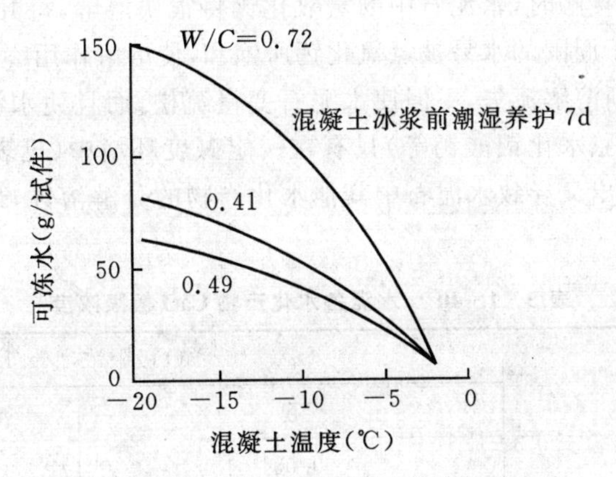

图 3-1-81 水灰比对混凝土抗冻性的影响

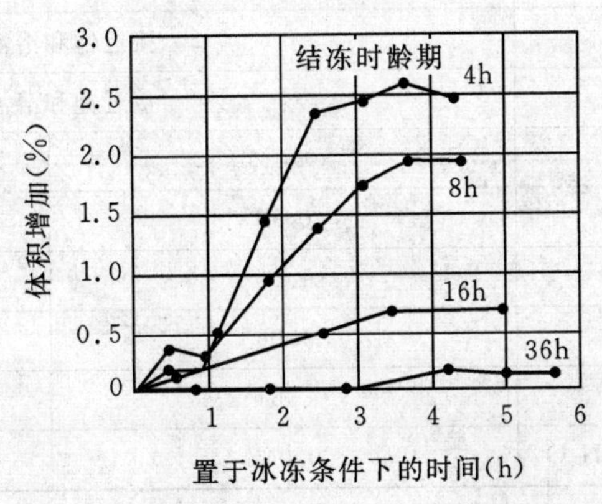

图 3-1-82 冰冻开始龄期对体积膨胀的影响

3. 水泥石的抗侵蚀性

由于水泥石与环境介质中的各种腐蚀性物质相互作用，会发生一系列物理、化学及物理化学的变化，这种作用会使水泥石逐渐被侵蚀，强度下降，甚至崩溃。环境腐蚀介质对水泥石的侵蚀作用可以分为三类，见表 3－1－39。

表 3－1－39　环境腐蚀介质对水泥石的侵蚀作用分类

类　别	侵蚀类型	侵蚀特点
第一类侵蚀	溶出侵蚀（淡水侵蚀）	由于水的溶析作用，将水泥石中的固相组分逐渐溶解带走，使水泥石结构遭到破坏
第二类侵蚀	离子交换侵蚀	水泥石组分与侵蚀性介质发生离子交换反应，生成物或者是易溶解的物质为水所带走，或者是生成一些没有胶结能力的无定型物质，破坏了原有水泥石的结构
第三类侵蚀	硫酸侵蚀（膨胀侵蚀）	水泥石与侵蚀性介质反应并在混凝土内部气孔和毛细孔内部形成难溶的盐类时，如果这些盐类结晶体逐渐积累长大，体积增加，会使混凝土内部产生有害应力

（1）第一类侵蚀——溶出侵蚀（淡水侵蚀）。雨水、雪水以及多数河水和湖水均属于软水。当水泥石与这些水长期接触时，水泥石中的氢氧化钙将很快溶解，每升水中可达 1．3g。在静水及无水压情况下，由于周围的水易被氢氧化钙所饱和，使溶解作用终止。但在流水及压力水作用下，氢氧化钙将不断溶解流失，不但使水泥石变得疏松，而且使水泥石的碱度降低。而水泥水化产物（水化硅酸钙、水化铝酸钙等）只有在一定碱度环境中（见表 3－1－40）才能稳定，所以氢氧化钙的不断溶出又导致水泥石中其他水化产物的分解溶蚀，最终导致水泥石的腐蚀破坏。

表 3－1－40　水泥各水化产物 CaO 极限浓度

水化产物	CaO 极限浓度(g/L)	
	起	止
$CaO \cdot SiO_2 \cdot aq$	0.031	0.052
$3CaO \cdot SiO_2 \cdot aq$	接近饱和溶液	
$1.7CaO \cdot SiO_2 \cdot aq$	接近饱和溶液	
$2CaO \cdot SiO_2 \cdot aq$	接近饱和溶液	
$3CaO \cdot Al_2O_3 \cdot 6H_2O$	0.415	0.56
$2CaO \cdot Al_2O_3 \cdot 8H_2O$	0.16	0.36
$4CaO \cdot Al_2O_3 \cdot 19H_2O$	1.06	1.08
$4CaO \cdot Fe_2O_3 \cdot 19H_2O$	1.06	—
$2CaO \cdot Fe_2O_3 \cdot 8H_2O$	0.64	1.06
$3CaO \cdot Al_2O_3 \cdot 3CaSO_4 \cdot 32H_2O$	0.045	—

（2）第二类侵蚀——离子交换侵蚀。溶解于水中的酸类和盐类可以与水泥石中的氢氧化钙起置换反应，生成易溶性盐或没有胶结能力的物质，使水泥石结构破坏。最常见的是碳酸、

有机酸、盐酸及镁盐的侵蚀。

①碳酸侵蚀。雨水、泉水及地下水中常含有一些游离的碳酸，当含量超过一定量时，将使水泥石结构破坏。其反应过程如下：

$$Ca(OH)_2 + CO_2 + H_2O = CaCO_3 \downarrow + 2H_2O$$

$$CaCO_3 + CO_2 + H_2O = Ca(HCO_3)_2$$

反应生成物(碳酸氢钙)易溶于水，若水中碳酸较多，并超过平衡浓度，反应向右进行，使氢氧化钙转变为碳酸氢钙而溶失，最终还会导致水化硅酸钙和水化铝酸钙的分解。

②盐酸及一般酸侵蚀。工业废水、地下水等常含有盐酸、硝酸、氢氟酸以及醋酸、蚁酸等有机酸，均可与水泥石中的氢氧化钙反应，生成易溶物，其反应过程如下：

$$2HCl + Ca(OH)_2 = CaCl_2(\text{易溶}) + 2H_2O$$

③镁盐侵蚀。海水及地下水中常含有氯化镁等镁盐，均可与水泥石中氢氧化钙反应，生成易溶、无胶结力物质。其反应过程如下：

$$MgCl_2 + Ca(OH)_2 = CaCl_2(\text{易溶}) + Mg(OH)_2(\text{无胶结力})$$

(3)第三类侵蚀——硫酸盐侵蚀。当水泥石与含有硫酸或硫酸盐的水接触时，将产生有害膨胀应力。其反应方程式为：

$$Ca(OH)_2 + H_2SO_4 = CaSO_4 \cdot 2H_2O$$

二水石膏不但可以在水泥石中结晶产生膨胀，也可以和水泥石中的水化铝酸钙反应生成水化硫铝酸钙(膨胀性更大)。其反应方程式如下：

$$3(CaSO_4 \cdot 2H_2O) + 3CaO \cdot Al_2O_3 \cdot 6H_2O + 20H_2O = 3CaO \cdot Al_2O_3 \cdot 3CaSO_4 \cdot 32H_2O$$

生成的水化硫铝酸钙，由于含有大量结晶水，体积膨胀 1.5 倍左右，对水泥石具有破坏作用。

在海水中，除硫酸根离子外，当还含有大量镁离子时，对水泥石侵蚀特别显著，$MgSO_4$可以和水泥石中的 $Ca(OH)_2$进行反应，其反应方程式如下：

$$MgSO_4 + Ca(OH)_2 + 2H_2O = CaSO_4 \cdot 2H_2O + Mg(OH)_2(\text{无胶结力})$$

由于 $Mg(OH)_2$的溶解度极小(18mg/L)，它可以从溶液中沉淀下来，使反应向右进行，使水泥石中 $Ca(OH)_2$溶出，严重时可以将它消耗完。$Ca(OH)_2$溶出后，水泥石的孔隙增加，使腐蚀性介质进一步渗透，这样又促进了 SO_4^{2-} 的腐蚀作用。

水化硅酸钙还可以与硫酸镁反应生成石膏，进而与水化铝酸钙形成水化硫铝酸钙。所以，溶液中存在硫酸镁时，会产生镁盐和硫酸盐双重腐蚀。

(4)防止侵蚀的措施。

①根据腐蚀环境特点，合理选用水泥品种。选用硅酸三钙含量低的水泥，使水化产物中氢氧化钙含量减少，以提高水泥石的抗侵蚀能力。选用铝酸三钙含量低的水泥，则可降低硫酸盐的侵蚀作用。选用掺混合材料硅酸盐水泥，活性混合材料中的活性氧化硅和活性氧化铝可以和硅酸盐水泥熟料水化生成的氢氧化钙作用，生成低碱的水化硅酸钙及水化铝酸钙，从而消耗水泥石中的氢氧化钙，使其被腐蚀的速度降低，同时使水化硫铝酸钙在氢氧化钙浓度较低的溶液中结晶，使晶体膨胀性比较缓慢，不致使固相体积膨胀产生局部显著内应力，而造成水泥石破坏。

②提高水泥石的密实度。硅酸盐水泥完全水化需水量为 23%左右(占水泥质量的百分数)，通常情况下水化需水量仅为水泥质量的 10%～15%，而实际用水量高达水泥质量的

40%～70%，多余的水分蒸发后形成连通的孔隙，从而使腐蚀介质容易进入水泥石内部，还可能在水泥石的孔隙间产生结晶膨胀，加速水泥石的腐蚀。所以提高水泥石或混凝土的密实度，腐蚀介质就很难侵入，水泥石被腐蚀的可能性就会减小。

提高水泥石或混凝土密实度的方法：合理设计配比，降低水灰比，仔细选择骨料并合理设计骨料的级配，掺入外加剂，改善施工方法，加强施工管理等。

③在水泥石表面加做保护层或进行表面处理。为提高水泥石或混凝土的抗腐蚀性，可在其表面加上耐腐蚀性高而且不透水的保护层，如耐酸石料、耐酸陶瓷、玻璃、塑料、沥青等，以隔绝侵蚀介质与混凝土的接触。

④采用浸渍混凝土。对于有特殊要求的抗侵蚀混凝土，可以采用浸渍混凝土，即将树脂单体浸渍到混凝土的孔隙中，再使之聚合以填满混凝土的孔隙，这种混凝土具有高的抗侵蚀性。

项目2 其他通用硅酸盐水泥

由于可持续发展战略和混凝土结构耐久性的要求，矿物掺合料在混凝土中的掺用已日益普遍，人们对矿物掺合料的认识和使用技术水平正在提高。尽管由于认识的局限，矿物掺合料在混凝土中的掺量受到工程管理和现行规范的限制，而在满足性能要求的前提下，大城市商品混凝土已普遍掺用较大掺量的矿物掺合料。

矿物掺合料也是水泥的重要组成部分，优质的矿物掺合料在水泥中的使用不仅仅是取代水泥，节约能源，以及减少环境污染，还可以改善水泥性能。只是人们习惯将水泥生产过程中掺入的这些矿物质称为混合材料。在生产水泥时，为改善水泥性能，调节水泥强度等级而加到水泥中的人工的和天然的矿物材料，称为水泥混合材料。

国家《建筑材料行业“十二五”科技发展规划》将“大宗废物无害化安全处置和资源化综合利用技术”作为“十二五”期间科技创新方向及重点领域。规划指出开发水泥窑替代原燃料及协同处置废物关键技术与成套装备，实现低品位原料、大宗工业固体废物、城市污泥、建筑垃圾、生活垃圾、工业危废物等的安全无害化处理和资源化综合利用，开发高附加值、高品质、低成本、可循环、无二次污染的再生材料产品及其规模化制造技术，为循环经济和环保产业发展提供技术支撑。因此，其他掺矿物掺合料的水泥将会有更为广阔的发展前景。

GB175－2007/XGI－2009 规定，以硅酸盐水泥熟料和适量石膏及规定混合材料制成的水硬性胶凝材料称为通用硅酸盐水泥（common portland cement）。通用硅酸盐水泥按混合材料的品种和掺量，分为硅酸盐水泥、普通硅酸盐水泥、矿渣硅酸盐水泥、火山灰质硅酸盐水泥、粉煤灰硅酸盐水泥和复合硅酸盐水泥。通用硅酸盐水泥各品种的组分和代号见表 3-2-1。

表 3-2-1　通用硅酸盐水泥组分和代号

品种	代号	组分				
		熟料＋石膏	粒化高炉矿渣	火山灰质混合材料	粉煤灰	石灰石
硅酸盐水泥	P·Ⅰ	100	—	—	—	—
	P·Ⅱ	≥95	≤5	—	—	—
		≥95	—	—	—	≤5
普通硅酸盐水泥	P·O	≥80且<95	>5且≤20①		—	

续表 3-2-1

品种	代号	组分				
		熟料+石膏	粒化高炉矿渣	火山灰质混合材料	粉煤灰	石灰石
矿渣硅酸盐水泥	P·S·A	≥50 且<80	>20 且≤50②	—	—	—
	P·S·B	≥30 且<50	>50 且≤70②	—	—	—
火山灰质硅酸盐水泥	P·P	≥60 且<80	—	>20 且≤40③	—	—
粉煤灰硅酸盐水泥	P·F	≥60 且<80	—	—	>20 且≤40④	—
复合硅酸盐水泥	P·C	≥60 且<80	>20 且≤40⑤			

注:①本组分材料为符合本标准的活性混合材料,其中允许用不超过水泥质量 8%且符合本标准的非活性混合材料或不超过水泥质量 5%且符合本标准的窑灰代替。

②本组分材料为符合 GB/T 203 或 GB/T 18046 的活性混合材料,其中允许用不超过水泥质量 8%且符合本标准的活性混合材料或符合本标准的非活性混合材料或符合本标准窑灰中的任一种材料代替。

③本组分材料为符合 GB/T 2847 的活性混合材料。

④本组分材料为符合 GB/T 1596 的活性混合材料。

⑤本组分材料为由两种(含)以上符合本标准活性混合材料或和符合本标准的非活性混合材料组成,其中允许用不超过水泥质量 8%且符合本标准的窑灰代替。掺矿渣时,混合材料掺量不得与矿渣硅酸盐水泥重复。

2.1 普通硅酸盐水泥

普通硅酸盐水泥简称普通水泥,其代号为 P·O,是由硅酸盐水泥熟料、6%~15%混合材料、适量石膏经磨细制成的水硬性胶凝材料。掺活性混合材时,最大掺量不得超过 15%,其中允许用不超过水泥质量 5%的窑灰或不超过水泥质量 10%的非活性混合材料来代替;掺非活性混合材时,最大掺量不得超过水泥质量的 10%。

国家标准(GB175-2007)中对普通硅酸盐水泥的技术要求为:

(1)细度:用比表面积法测量,普通硅酸盐水泥的比表面积应大于 $300m^2/kg$。

(2)凝结时间:初凝不得早于 45min,终凝不得迟于 600min。

(3)强度:普通硅酸盐水泥的强度等级分为 42.5、42.5R、52.5、52.5R 共四个强度等级,各强度等级各龄期的强度不得低于表 3-2-2 的数值。

(4)烧失量:普通水泥中烧失量不得大于 5.0%。

表 3-2-2 普通硅酸盐水泥各强度等级、各龄期强度值

强度等级	抗压强度(MPa)		抗折强度(MPa)	
	3d	28d	3d	28d
42.5	16.0	42.5	3.5	6.5
42.5R	21.0	42.5	4.0	6.5
52.5	22.0	52.5	4.0	7.0
52.5R	26.0	52.5	5.0	7.0

注:R——早强型。

普通硅酸盐水泥的体积安定性及氧化镁、三氧化硫、碱含量、氯离子等技术要求与硅酸水

泥相同。虽然普通硅酸盐水泥中掺入的混合材料的量较硅酸盐水泥稍多，但与其他种类的掺混合材料的硅酸盐类水泥相比，其混合材料的掺加量仍然较少，从性能上看，它接近于同强度等级的硅酸盐水泥。这种水泥被广泛用于各种混凝土或钢筋混凝土工程，是我国主要的水泥品种之一。

2.2 矿渣硅酸盐水泥

矿渣硅酸盐水泥根据矿渣的掺加量分为A型和B型，A型矿渣掺量大于20%且小于或等于50%，代号P－S－A；B型矿渣掺量大于50%且小于或等于70%，代号P－S－B。允许用火山灰质混合材料、粉煤灰、窑灰以及石灰石和砂岩来代替矿渣，代替数量不得超过水泥质量的8%。

2.2.1 矿渣硅酸盐水泥的生产

1862年德国人发现矿渣具有潜在的活性后，矿渣就长期作为水泥混合材料使用。1865年德国开始生产石灰矿渣水泥，1880年初生产矿渣硅酸盐水泥，自此，矿渣硅酸盐水泥良好的耐久性及应用价值不断为人们所认识。在我国，矿渣的运用也有几十年之久，但都是作为活性混合材料添加在水泥熟料中，制成硅酸盐水泥、普通硅酸盐水泥或矿渣硅酸盐水泥。在传统的水泥生产方法中，一般将矿渣、水泥熟料和石膏共同粉磨，由于它们的易磨性不同，矿渣难磨，必然发生选择性粉磨，水泥中的矿渣较粗，很难发挥其潜在活性，因此，水泥中掺合比不高，对矿渣的应用量也极其有限。

20世纪80年代以后，随着粉磨技术的发展和粉磨工艺的改进，研究发现，将矿渣单独粉磨，作为水泥和混凝土的掺合料，取代相当数量的水泥熟料，可以提高矿渣的水化活性和水化浆体的密实度，从而用于生产矿渣水泥和高性能混凝土。我国从20世纪90年代开始进行矿渣微粉的研究和应用，并发布了一系列相关国家标准。

新型矿渣硅酸盐水泥是由硅酸盐水泥熟料、石膏和经过单独粉磨的矿渣加工后搅拌混合制成。在生产工艺上，熟料和高炉矿渣单独粉磨制成高强熟料粉和超细矿渣粉后单独储存，然后再根据品种要求，将高强熟料粉和矿渣微粉按比例混合制成矿渣硅酸盐水泥。在新型矿渣硅酸盐水泥中，还可以掺加适量石灰石等原料，以利于改善水泥的性能。

新型矿渣水泥与传统矿渣水泥相比较有一定的区别。首先，生产工艺过程不同。传统矿渣水泥是混合磨，由于矿渣难磨，在水泥粉磨过程中，容易出现水泥熟料的过粉磨、矿渣难磨而细度较粗的现象。传统矿渣水泥粉磨细度一般控制比表面积为350m^2/kg左右，而其中的矿渣粉磨细度一般在230～280m^2/kg的范围，矿渣的活性不能得到充分发挥。新型矿渣水泥中矿渣的粉磨细度可以达到500m^2/kg，在水泥水化过程中，矿渣的活性得到充分的发挥。其次，新型矿渣水泥的组分与传统矿渣水泥的组分不同，新型矿渣水泥充分利用碱、硫酸盐激发原理，矿渣在水泥水化过程中充分参与水化，形成稳定的水化产物。新型矿渣水泥可以大量掺入超细矿渣微粉，实现矿渣的资源化，节省大量资源、能源，从而得到高性能的产品，实现环保的目的。

2.2.2 矿渣硅酸盐水泥的水化硬化过程

矿渣硅酸盐水泥的水化硬化受其矿物组成的影响，较硅酸盐水泥水化硬化过程更为复杂。当矿渣硅酸盐水泥与水拌和后，水泥熟料矿物首先与水作用，生成钙矾石、水化硅酸钙、氢氧化钙和水化铁酸钙等水化产物，这些水化产物的性质与硅酸盐水泥水化时相同。与硅酸盐水泥不同的是，矿渣硅酸盐水泥存在着二次水化作用。水泥熟料水化释放出的氢氧化钙以及矿渣硅酸盐水泥中添加的激发剂，与矿渣颗粒的活性成分 SiO_2、Al_2O_3 相互作用，继续生成水化硅酸钙、水化铝酸钙及钙矾石等水化产物，并在较长时期内矿渣硅酸盐水泥的水化过程都将持续进行。较细的矿渣粉增加了与周围环境的接触面积，影响其水化反应程度及水化产物的数量和质量，使界面连接牢固。同时，超细矿渣粉和其水化产物填充于大颗粒的周围空隙中，降低了孔隙尺寸，优化了水泥硬化体颗粒级配，增加密实度，产生的孔结构也比普通水泥硬化体优良。这样可以有效减少离子扩散率，获得较高的抗侵蚀性、耐久性和高强度。

在矿渣硅酸盐水泥中，纤维状的水化硅酸钙和钙矾石是主要组成部分，而且水化硅酸钙凝胶较硅酸盐水泥更为致密。在水化硬化初期，水化产物以矿渣颗粒为中心，在矿渣颗粒表面生长，形成水泥石的基本结构框架。而在水化硬化后期，未水化的矿渣颗粒通过离子迁移继续水化，水化产物由矿渣颗粒表面向周围环境扩张，逐渐填充周围空隙，直至水化过程完全结束为止。

矿渣粉吸附水及外加剂较少，有一定的减水作用，一般是混凝土减水用水量的5%左右。与硅酸盐水泥相比，硬化矿渣硅酸盐水泥石还有一个重要特点，即氢氧化钙含量较低，这主要是矿渣水化中消耗了大量氢氧化钙，生成水化硅酸钙的缘故。

矿渣微粉的反应活性随细度增大而增大，具有极高细度的超细矿渣在较早龄期(3d)即已开始调节水泥水化过程，形成 AFt 晶体结构骨架及大量消耗板状 $Ca(OH)_2$ 晶体，增加早期水化硅酸钙凝胶生成，使浆体在早期形成较密实和坚固的结构。超细矿渣在混凝土中除具有显著的微集料效应外，还可起到一种独特的微颗粒效应，即：

(1)暴露更多的内部缺陷，增加颗粒反应面积，提高反应活性和反应机会。

(2)改善胶凝材料系统的颗粒粒径分布，使系统的颗粒堆积更加紧密和合理，从而改善拌和物的工作性能以及硬化混凝土的微结构。

(3)均匀分散的微颗粒在水泥水化中可以起到类似的晶核效应的作用，提高凝胶体形成数量并使水化产物在整个浆体内部空间的分布趋于均匀。

在新型矿渣硅酸盐水泥中加入石灰石，主要是作为填充剂。石灰石的掺入有两个方面的作用。第一，可以提高水泥的早期强度，这一点可以从试验结果加以证明，其原理是石灰石经过粉磨后加入水泥中，在水泥水化过程中填充水泥石的孔隙，降低了孔隙率。第二，可以降低水泥的成本，提高产品的竞争力。

2.2.3 矿渣硅酸盐水泥的性质和用途

矿渣硅酸盐水泥含有大量的矿渣粉，最高含量可以达到70%，熟料含量比硅酸盐水泥大为降低，同时由于矿渣存在二次水化的原因，使得矿渣硅酸盐水泥具有如下独特性：

(1)早期强度低、后期强度高。矿渣硅酸盐水泥中熟料矿物较少，而活性混合材料中的活性氧化硅、活性氧化铝与氢氧化钙、石膏的作用在常温下进行缓慢，故矿渣水泥的凝结硬化稍慢，早期(3d、7d)强度较低。但在硬化后期(28d以后)，由于水化硅酸钙凝胶数量增多，使水泥石强度不断增长，最后甚至超过同强度等级的普通硅酸盐水泥，如图3-2-1所示(1为普通水泥，2为矿渣水泥，3为粒化高炉矿渣)。

(2)凝结时间较长。矿渣硅酸盐水泥在硬化后期才形成高强度的水泥石。

(3)保水性较差。矿渣是一种内部孔隙很少的玻璃质材料，吸附水较少，加上水化慢，不能很快形成凝聚结构。因此一旦静置，水泥浆中的颗粒易产生沉降离析现象，使拌和物中的水升到表面形成水膜，即泌水。泌水越大，保水性越差，保水性差不但影响水泥浆与骨料、钢筋的黏结力，同时也在混凝土结构中形成连通性的毛细孔，从而影响混凝土的耐久性。

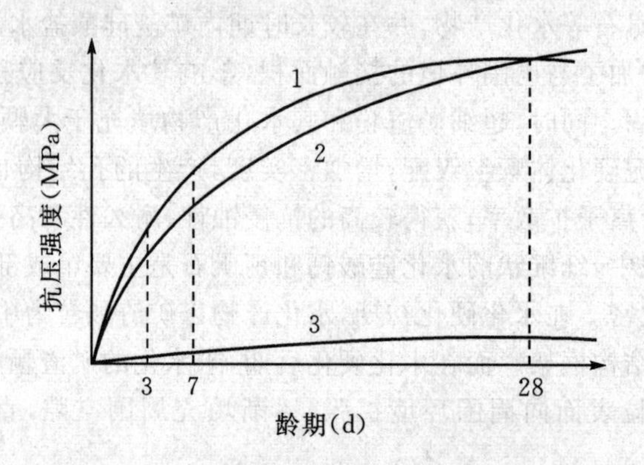

图 3-2-1　矿渣水泥与普通水泥强度增长情况的比较

(4)早期抗冻性较差。水泥的抗冻性与水泥石内部孔结构有关。混凝土越致密，抗冻性越好。由于矿渣水泥保水性差，泌水造成混凝土结构中连通的孔隙较多，因此抗冻性较普通硅酸盐水泥差。

(5)水化热低。矿渣水泥熟料含量相对减少，水化速度较低，水化放热也大大减少。因此，大掺量矿渣水泥尤其适用于大体积混凝土，避免由于水泥水化热高而引起温差裂缝等，影响工程的耐久性。

(6)耐侵蚀性能好。耐侵蚀性能好的主要原因在于矿渣水泥水化产物中氢氧化钙晶体含量低。

(7)抑制碱—骨料反应。由于矿渣的大量掺入，一方面，降低了水泥的碱含量，抑制了碱硅酸盐反应；另一方面，由于矿渣水泥水化体中氢氧化钙析出量减少，削弱了碱碳酸盐反应。

(8)蒸汽养护效果好。研究表明，热活化是明显提高矿渣水化活性的方法之一，因此对矿渣水泥采取湿热处理时，由于矿渣的活化作用，提高了具有亚微晶体结构的水化硅酸钙的生成量，增加了胶体结构组成的密实性。因此，矿渣水泥混凝土的湿热处理会大大改善混凝土的抗冻、抗渗和抗裂性。所以，用矿渣水泥配制的混凝土宜于蒸汽养护。

(9)耐热性好。矿渣水泥含有较少的石灰石等易在高温下分解和软化或熔点较低的材料。硅酸盐水泥熟料中的 C_3S 和 C_2S 的水化产物 $Ca(OH)_2$ 在高温下脱水，生成的 CaO 与矿渣及掺合料中的活性 SiO_2 和 Al_2O_3 又反应生成具有较强耐热性的无水硅酸钙和无水铝酸钙，使混凝土具有一定的耐热性。

矿渣硅酸盐水泥与硅酸盐水泥一样应用广泛，用于地下和地面建筑物，配制各种钢筋混凝土及钢筋混凝土构件。也可用于水中以及海洋工程，大体积混凝土结构，需要蒸汽养护的结构，以及使用过程中可能受热的工程。但是，由于矿渣水泥的早期强度低以及保水性差的缺点，一般不用于对早期强度要求较高的工程和需在低温环境中施工而又无保温措施的工程，也不适用于受冻融循环或干湿交替作用的建筑部位。

2.3　火山灰质硅酸盐水泥

火山灰质硅酸盐水泥代号为 P·P，根据 GB175—2007/XGl—2009 规定，火山灰质硅酸盐水泥中三氧化硫含量不得超过3.5%；氧化镁含量不得超过6.0%，如果水泥中氧化镁的含量(质量分数)大于6.0%时，需进行水泥压蒸安定性试验并合格；初凝时间不小于45min，终凝时间不大于600min；安定性用沸煮法检验必须合格；80μm方孔筛筛余不大于10%或45μm方孔筛筛余不大于30%。火山灰质硅酸盐水泥有32.5、32.5R、42.5、42.5R、52.5、52.5R六个强度等级。

2.3.1 火山灰质硅酸盐水泥的生产

火山灰质混合材料的掺加量应该根据水泥熟料的质量、混合材料的活性以及要求生产的水泥强度等级等因素，主要依据强度试验综合决定。为了使其具有与硅酸盐水泥不同的建筑性质，如耐水性、抗侵蚀性等，以适应某些工程的特殊要求，有时在水泥中还必须掺入一定量的火山灰混合材料，这就要求在熟料水化时所析出的$Ca(OH)_2$能最大限度地被火山灰质混合材料吸收。从这个角度出发，活性大的混合材料吸收$Ca(OH)_2$的能力强，因此可以比活性小的混合材料少掺一些。如果仅从出厂强度等级决定掺加量，则活性高的混合材料可以较活性低的多掺一些，这就很可能使部分超量的混合材料只起到调节强度等级的作用。当掺入量不足时，则不能充分表现出火山灰水泥的特点。

火山灰水泥的生产工艺过程与矿渣水泥相同，掺加量及水泥细度等可按照工程要求经试验决定。

2.3.2 火山灰质硅酸盐水泥的水化硬化

火山灰水泥的水化、凝结、硬化过程主要是把熟料的水化及混合材料与$Ca(OH)_2$的反应相联系起来。火山灰水泥加水后，首先是硅酸盐水泥中的熟料水化，生成$Ca(OH)_2$，成为与火山灰质混合材料产生二次水化反应的激发剂；火山灰质混合材中高度分散的活性氧化物吸收$Ca(OH)_2$，进而相互反应形成以水化硅酸钙为主体的水化产物，即水化硅酸钙凝胶和水化铝酸钙凝胶。实际上，火山灰水泥的两次水化反应是交替进行的，而且彼此互为条件、互相制约，并不是简单孤立的。例如，由于产生了二次反应，在一定程度上消耗了熟料水化的生成物，即液相中的$Ca(OH)_2$与活性的SiO_2和Al_2O_3发生二次水化反应，形成水化硅酸钙和水化铝酸钙，使其浓度降低(碱度降低)，因此，它们反过来又促使熟料矿物继续水化，如此反复进行，直到反应完全为止。其反应式如下：

$$xCa(OH)_2+(火)SiO_2+(n-1)H_2O \rightarrow xCaO\cdot SiO_2\cdot nH_2O$$

$$(1.5\sim2.0)CaO\cdot SiO_2\cdot aq+SiO_2 \rightarrow (0.8\sim1.5)CaO\cdot SiO_2\cdot aq$$

$$3CaO\cdot Al_2O_3\cdot 6H_2O+SiO_2+mH_2O \rightarrow xCaO\cdot SiO_2\cdot mH_2O+yCaO\cdot Al_2O_3\cdot pH_2O$$

由于火山灰质水泥的熟料相对减少，水泥的水化速度和水化热都较低，但总的硅酸钙凝胶数量比硅酸盐水泥水化时还多，故后期强度有较大的增长。此外，普通水泥在水化过程中如水分不足，使$Ca(OH)_2$长期受到CO_2的作用而生成$CaCO_3$，就会使水泥水化物分解而破坏水泥石的结构。这种水泥石表面起霜，大气稳定性较差，而加入火山灰质混合材料后，可以使水泥具有较好的抗溶出性腐蚀。

2.3.3 火山灰质硅酸盐水泥的性能和用途

火山灰质硅酸盐水泥的性能不仅取决于硅酸盐水泥熟料，还取决于火山灰质混合材料的品种和掺量。火山灰质混合材料掺加量越多，它的性能与硅酸盐水泥和普通水泥的差异越大。尽管不同品种火山灰质混合材料对火山灰水泥的影响也会有所差异，但从总体上看，火山灰水

泥仍具有自身的共同特点,其特点为:

(1)凝结硬化慢、早期强度低、后期强度发展快。火山灰质硅酸盐水泥中熟料矿物含量较少,而活性混合材料中的活性氧化硅、活性氧化铝与氢氧化钙、石膏的作用在常温下进行缓慢,故火山灰水泥的凝结硬化稍慢,早期强度较低。但在硬化后期,由于活性混合材料的二次反应,使水化硅酸钙凝胶数量增多,水泥石强度不断增长。火山灰水泥经过湿热处理,可以促进其强度的发展。

(2)抗软水、硫酸盐腐蚀性能好,抗碳化能力差。火山灰水泥水化所析出的氢氧化钙较少,而且在与活性混合材料作用时,又消耗掉大量的氢氧化钙,使水泥石中剩余的氢氧化钙就更少了,因此,火山灰水泥抵抗软水、海水和硫酸盐腐蚀的能力较强。火山灰水泥硬化后氢氧化钙含量少,使其碱度较低,所以抗碳化能力较差。

(3)水化热少。火山灰水泥中由于硅酸三钙和铝酸三钙含量相对减少,且水化过程较慢,故其水化热小。而且随着火山灰掺量的增加,水化热减少,当火山灰掺加量为40%时,其水化热仅为硅酸盐水泥的78%。

(4)抗渗性好。火山灰质混合材料在潮湿环境下,会吸收石灰而产生膨胀胶化作用,使水泥石或混凝土结构致密,因此,火山灰质硅酸盐水泥有较高的密实度和抗渗性。

(5)需水量大。需水量大是火山灰水泥的突出弱点,其原因在于火山灰质混合材料是多孔性物质,内比表面积大。

(6)干燥收缩较大,在干热条件下会产生起粉现象,抗冻性差。火山灰水泥需水量大,造成硬化水泥石中有较多的游离水分,这些水分会在干燥环境中蒸发而引起水泥石的收缩,同时在水泥石中产生连通的毛细孔,降低抗冻性。

根据其特性可知,火山灰质硅酸盐水泥适用于地下或水中工程、大体积混凝土工程和抗渗要求较高的工程,适宜生产混凝土预制构件,可与普通水泥一样用于地面建筑工程。火山灰质硅酸盐水泥在常温下凝结硬化较慢,早期强度较低,所以在施工中应延长养护时间。由于火山灰质硅酸盐水泥干缩变形较大,因此不宜用于干燥和高温的地方,又由于抗冻性差,不适用于受冻工程。

2.4 粉煤灰硅酸盐水泥

粉煤灰硅酸盐水泥代号为P·F,根据GB 175－2007/XG1－2009规定,粉煤灰硅酸盐水泥中三氧化硫含量不得超过3.5%;氧化镁含量不得超过6.0%,如果水泥中氧化镁的含量(质量分数)大于6.0%时,需进行水泥压蒸安定性试验并合格;初凝时间不小于45min,终凝时间不大于600min;安定性用沸煮法检验必须合格;80μm方孔筛筛余不大于10%或45μm方孔筛筛余不大于30%。粉煤灰硅酸盐水泥有32.5、32.5R、42.5、42.5R、52.5、52.5R六个强度等级。

GB/T 175－2007/XG1－2009规定,粉煤灰的掺量应大于20%但不高于40%。限制粉煤灰在混凝土中大量利用的原因,主要是粉煤灰煅烧、集灰装置等条件较差以及颗粒形貌问题导致粉煤灰品质差;此外,粉煤灰的应用技术也尚未成熟。虽然粉煤灰能显著改善混凝土耐久性已经逐渐得到认同,但随着粉煤灰在混凝土中掺量的大幅度提升,混凝土早期强度过低,有时难以满足工程要求。如水灰比0.5左右的混凝土,粉煤灰掺量为10%～20%,3d龄期时,抗压强度在11～22MPa、抗拉强度在0.9～1.4MPa之间,基本上可满足施工荷载的要求。但当粉煤灰掺量在20%以上时,混凝土抗压强度降低较多,粉煤灰每增加10%,强度下降15%,并且混凝土早期抗拉强度仅有0.3～0.6MPa，易引起早期混凝土开裂，给大体积混凝土结构留下隐患。

粉煤灰硅酸盐水泥的水化和硬化与火山灰质硅酸盐水泥很相似，首先是水泥熟料矿物水化，生成的氢氧化钙通过液相扩散到粉煤灰球形玻璃体颗粒表面，与活性氧化物反应，生成水化硅酸钙和水化铝酸钙。当有石膏存在时，生成水化硫铝酸钙。

由于粉煤灰的球形玻璃体比较稳定，其表面比较致密，不易水化。在显微镜下，在水化7d的粉煤灰水泥浆体中，粉煤灰颗粒几乎没有变化；直到28d，才能看到玻璃体表面开始初步水化；在90d后，粉煤灰颗粒表面才开始形成大量水化硅酸钙。

粉煤灰水泥的性能与火山灰水泥大致相同，但由于粉煤灰的形态效应、微集料效应等，使粉煤灰水泥具有一些火山灰水泥无法比拟的优点。

(1)需水量少、泌水性小、和易性好。粉煤灰水泥这一优点主要得益于粉煤灰的颗粒形态效应。粉煤灰中含有大量致密的球形玻璃体颗粒，比表面积小，对水的吸附能力小，所以需水量少，而且微珠颗粒具有良好的保水能力，减少泌水现象的效果尤其明显。

(2)干缩性小、抗裂性好。干缩性主要取决于用水量。如果水泥的需水量大，硬化后过多的未起水化作用的吸附水会逐渐蒸发，造成干缩。粉煤灰水泥的需水量少，因而干缩性小。水泥的抗裂性能与其干缩性能、抗拉强度密切相关。干缩越小，抗拉强度越高，水泥混凝土产生裂缝的机会越少，抗裂性能越好。所以，粉煤灰水泥对于防止砂浆和混凝土的裂缝和保持混凝土的体积稳定性十分有益。

(3)水化热少。粉煤灰的加入降低了熟料的含量，相应地降低了水化速度快、放热量多的铝酸三钙和硅酸三钙的含量，从而降低了水泥的水化热。尤其是粉煤灰掺加量较大时，水化热降低十分明显。

(4)具有较高的抗淡水和硫酸盐腐蚀的能力，抗碳化能力差。粉煤灰中的活性氧化物与熟料水化生成的氢氧化钙反应，消耗掉大量氢氧化钙，使水泥石中氢氧化钙的浓度降低，提高了抗腐蚀能力。粉煤灰水泥硬化后氢氧化钙含量少，使其碱度较低，所以抗碳化能力较差。

(5)早期强度低、后期强度增长率大。粉煤灰水泥中熟料含量少，掺入的粉煤灰活性表现缓慢，所以早期强度低；而粉煤灰的二次水化反应，可使粉煤灰水泥的后期强度不断增长。从表3-2-3中可以看出，粉煤灰水泥的后期强度(6个月之后)可以超过硅酸盐水泥。

表3-2-3　粉煤灰水泥和硅酸盐水泥的后期强度比较

水泥品种	抗折强度(MPa)						抗压强度(MPa)					
	3d	7d	28d	3m	6m	1y	3d	7d	28d	3m	6m	1y
硅酸盐水泥	6.4	7.6	8.7	9.1	9.4	9.4	29.8	38.1	46.5	53.8	57.0	55.2
粉煤灰水泥	3.9	5.1	7.3	9.6	10.1	10.7	16.4	23.5	37.5	52.3	65.7	66.5

注：粉煤灰水泥中掺入30%粉煤灰。

粉煤灰水泥不宜用于早期强度要求高的工程，或采取必要措施，如减少水灰比、提高水泥细度、蒸汽养护、掺入早强剂等来提高其早期强度。

(6)抗冻性差。粉煤灰水泥可广泛用于各种工业与民用建筑工程。粉煤灰掺量少的高等级水泥可用于重要建筑工程；大掺量粉煤灰特别适用于大体积混凝土。粉煤灰水泥还适用于地面工程和有腐蚀介质的工程，但不适用于低温施工的工程。

2.5 石灰石硅酸盐水泥

在生产人工砂和碎石的过程中产生了许多石灰石粉，人工砂中混杂石灰石粉，将对混凝土性能产生不可预知的影响。将石灰石粉丢弃，不但浪费资源，占用堆放场地，而且会对环境产生不利影响。因此，研究在混凝土中如何有效利用石灰石粉，以及人工砂中石灰石粉对混凝土性能的影响，减少石灰石粉废料的污染和浪费，对于混凝土产业的可持续发展具有重大的现实意义。

国内外将石灰石粉用作水泥混合材料的时间较长。德国生产的石灰石硅酸盐水泥中石灰石粉的掺量达到了6%～20%。法国已有关于石灰石硅酸盐水泥的品种标准CPJ45R和CPJ55R，石灰石粉可单掺也可复掺，单掺掺量达到10%～20%。在欧洲标准ENV197－1992中，复合普通硅酸盐水泥的石灰石粉取代率为6%～10%和21%～35%。我国现行国家标准中，允许在硅酸盐水泥和复合硅酸盐水泥中掺加一定量的石灰石，《石灰石硅酸盐水泥》(JC600－2010)中规定的石灰石掺量为10%～25%。

在国外，石灰石粉应用于工程的实例已经很多。20世纪90年代，日本已经将石灰石粉广泛应用于高流动性混凝土和高性能喷射混凝土。日本明石海峡大桥的桥墩、缆索锚固体的混凝土中石灰石粉用量为150kg/m^3，达到粉体材料总量的36.6%。法国西瓦克斯核电站Ⅱ号反应堆C50高性能混凝土中，除了使用了含有9%石灰石粉的CPJS细掺料水泥外，每立方混凝土中还掺加了27.1%的石灰石粉。我国普定、岩滩、江娅、汾河二库、白石、黄丹等水电工程的混凝土中，均采用石灰石粉取代了部分细骨料，取得了良好的效果。在龙滩、漫湾、大朝山、小湾等水电工程的混凝土中，采用石灰石粉作为掺合料取代部分水泥，也得到了成功应用。

国内外将石灰石粉应用于混凝土的方式主要有三种：一是石灰石粉取代部分细骨料；二是石灰石粉外掺；三是石灰石粉取代部分水泥单掺或复掺。

1. 石灰石硅酸盐水泥的性能指标

在国家标准《石灰石硅酸盐水泥》(JC/T 600－2010)中规定，以硅酸盐水泥熟料和适量石膏以及一定比例的石灰石磨细制成的水硬性胶凝材料，称为石灰石硅酸盐水泥，代号P·L。石灰石硅酸盐水泥中熟料与石膏的含量(质量分数)为：$75\% < G_{熟料+石膏} \leqslant 90\%$，石灰石含量(质量分数)为：$10\% < G_{石灰石} \leqslant 25\%$，硅酸盐水泥熟料应符合《硅酸盐水泥熟料》(GB/T 21372－2008)规定。石灰石中碳酸钙含量(质量分数)不小于75.0%，三氧化二铝含量(质量分数)不大于2.0%。所加石膏如果是天然石膏，应符合《天然石膏》(GB/T 5483－2008)的规定；如果是工业副产品石膏，应符合《用于水泥中的工业副产石膏》(GB/T 21371－2008)的规定。在水泥粉磨时允许加入不损害水泥性能的助磨剂，且应符合《水泥助磨剂》(JC/T 667－2004)的规定，加入量不大于水泥质量的0.5%。石灰石硅酸盐水泥强度等级分为32.5、32.5 R、42.5、42.5 R四个等级。

水泥中氧化镁含量(质量分数)应不大于5.0%，如果水泥经压蒸安定性试验合格，则水泥中氧化镁含量(质量分数)允许放宽到6.0%。三氧化硫含量(质量分数)应不大于3.5%，氯离子含量(质量分数)应不大于0.06%，水泥比表面积应不小于350m^2/kg，初凝应不早于45min，终凝应不迟于600 min。

2. 石灰石粉在水泥中的作用

许多学者研究了石灰石粉不同的应用方式、掺量和细度对混凝土性能的影响，一般认为，石灰石粉对混凝土性能的影响主要与其加速水化效应、活性效应和颗粒形貌效应有关。

(1)石灰石粉的加速水化效应。试验表明，少量的碳酸盐能延迟C_3S水化，而大量的碳酸盐存在时，C_3S单矿的水化被加速了。Detwile和Tennls也发现了石灰石粉在混凝土硬化过程中的加速作用，适当掺量的石灰石粉充当了C－S－H的成核基体，降低了成核位垒，加速了水泥的水化。进一步研究表明，$CaCO_3$加速C_3S水化的程度随其细度的增加而增加，而且对C_3S早期水化影响更大。

(2)石灰石粉的活性效应。石灰石粉的活性效应主要有两个方面：一是石灰石粉中的$CaCO_3$与水泥熟料中铝相的反应；二是石灰石粉中的$CaCO_3$与水泥水化反应生成的$Ca(OH)_2$的反应。G. Kakali等人测定了C_3A单矿分别掺0、10%、20%和35%的石灰石粉水化28d后水化产物的XRD衍射图谱发现，掺入石灰石粉后，水化产物发生了明显的变化。首先是碳铝酸盐的出现，石灰石粉的掺量越大，碳铝酸盐的衍射峰越明显，另外，铝酸盐的衍射峰随着石灰石粉掺量的增大而减小，说明石灰石粉的掺入抑制了硫铝酸盐的生成而加速了碳铝酸盐的生成，这是因为碳铝酸盐比硫铝酸盐更为稳定。水化碳铝酸盐可以与其他水化产物相互搭接，使水泥石结构更加密实，从而提高水泥石的强度和耐久性。路平等人在以石灰石粉做掺合料的混凝土试验中发现了新生成相——碱式碳酸钙，水泥水化反应生成的$Ca(OH)_2$晶体聚集在$CaCO_3$的周围，将$CaCO_3$腐蚀生成碱式碳酸钙。由于该相在接口区的黏结作用，导致该区结合强度的增强，在水化的后期通过SEM很难发现$CaCO_3$晶体。

(3)石灰石粉的颗粒形貌效应。颗粒形貌效应可以分为形态效应和填充效应。在取代水泥的情况下，表面光滑的石灰石粉颗粒分散在水泥颗粒之间，起到了分散作用，促使水泥颗粒的解絮；同时，部分水泥被取代，水泥的用量降低，整个体系反应速度也随之减缓，因此工作性能得到改善，坍落度损失减小。在不取代水泥时，混凝土单位体积的粉体材料增加，需水量增大，整个反应体系的反应速度没有减缓，因此坍落度损失较大。石灰石粉颗粒比水泥颗粒小，一方面填充在水泥颗粒之间，改善了胶凝材料的颗粒级配；另一方面填充在界面的空隙中，使水泥石结构和界面结构更为致密，从而提高水泥石强度和界面强度。

2.6　通用硅酸盐水泥的选用

2.6.1　硅酸盐水泥特性及应用

硅酸盐水泥特性及应用如下：

(1)凝结硬化快。早期及后期强度高，适用于有早强要求的工程。

(2)抗冻性好。适合水工混凝土和抗冻性要求高的工程。

(3)耐腐蚀性差。因水化后氢氧化钙和水化铝酸钙的含量较多，不适于用有海水、矿物水及硫酸盐侵蚀介质存在的环境。

(4)水化热高。不宜用于大体积混凝土工程，但有利于低温季节蓄热法施工。

(5)抗碳化性好。因水化后氢氧化钙含量较多，故水泥石的碱度不易降低，对钢筋的保护作用强(电化学知识)，适用于空气中二氧化碳浓度高的环境。

(6)耐热性差。不适用于承受高温作用的混凝土工程。

(7)耐磨性好。适用于高速公路、道路和地面工程。

2.6.2　普通硅酸盐水泥的特性及应用

(1)特性(与硅酸盐水泥相比)：①水化热略低；②早期强度略低；③耐腐蚀性稍好；④抗冻性略差；⑤耐磨性略差；⑥抗碳化性略差。

(2)用途:与硅酸盐水泥相同,广泛应用于各种砼或钢筋砼工程。

2.6.3 其他通用硅酸盐水泥特性及应用

矿渣水泥、火山灰水泥、粉煤灰水泥及复合硅酸盐水泥在组成上具有共性(均是硅酸盐水泥熟料、加较多的活性混合材料,再加上适量石膏磨细制成的),所以它们在性能上也存在着共性。

1. 其他通用硅酸盐水泥的共性

与硅酸盐水泥和普通硅酸盐水泥相比,其他通用硅酸盐水泥密度较小,早期强度比较低,后期强度增长较快;对养护温湿度敏感,适合蒸气养护;水化热小,耐腐蚀性较好;抗冻性、耐磨性不及硅酸盐水泥或普通水泥。

2. 其他通用硅酸盐水泥的特性

(1)矿渣水泥。保水性差,泌水性大。由矿渣水泥制成的混凝土的抗渗性、抗冻性及耐磨性会受到影响,但矿渣水泥的耐热性较好。

(2)火山灰水泥。易吸水,具有较高的抗渗性和耐水性。干燥环境下易失水产生体积收缩而出现裂缝,不宜用于长期处于干燥环境和水位变化区的混凝土工程。抗硫酸盐能力随成分而不同。

(3)粉煤灰水泥。需水量较低、抗裂性较好,适合大体积水工混凝土及地下和海港工程等。

(4)复合水泥。复合硅酸盐水泥的特性取决于所掺两种混合材料的种类、掺量及相对比例,与矿渣水泥、火山灰水泥、粉煤灰水泥有不同程度的相似或略有改善。在几种混合材料中,哪种混合材料的掺加量大,其性质就接近哪种水泥(如掺两种混合材料矿渣和火山灰,矿渣含量占大多数,则该复合水泥的性能就接近矿渣水泥)。

2.6.4 通用硅酸盐水泥的选用

1. 水泥强度等级的选择

水泥强度等级应与砼的设计强度等级相适应。原则上是:配制高强度等级的砼,应选用高强度等级的水泥;配制低强度等级的砼,应选用低强度等级的水泥。

2. 水泥品种的选用

水泥品种应根据砼工程特点、所处的环境条件和施工条件等进行选择。水泥性能必须符合国家标准规定。

通用水泥是土建工程中用途最广,用量最大的水泥品种。为了便于查阅和选用,现将其主要技术性质、特性和选用规则列出供参考(见表3-2-4,3-2-5)。

表 3-2-4 常用水泥的主要技术性能

性能＼水泥品种		硅酸盐水泥		普通水泥		矿渣水泥	火山灰水泥	粉煤灰水泥	复合水泥
水泥中混合材料掺量		0～5%		活性混合材料6%～15%，或非活性混合材料10%以下		粒化高炉矿渣20%～70%	火山灰质混合材料20%～50%	粉煤灰20%～40%	两种或两种以上混合材料，其总掺量为15%～50%
密度(g/cm^3)		3.0～3.15				2.8～3.1			
堆积密度(kg/m^3)		1000～1600				1000～1200	900～1000		1000～1200
细度		比表面积＞$300m^2/kg$		80μm方孔筛筛余量＜10%					
凝结时间	初凝	＞45min							
	终凝	＜6.5h		＜10h					
体积安定性	安定性	沸煮法必须合格（若试饼法和雷氏法两者有争议，以雷氏法为准）							
	MgO	含量＜5.0%							
	SO_3	含量＜3.5%（矿渣水泥中含量＜4.0%）							
强度等级	龄期	抗压(MPa)	抗折(MPa)	抗压(MPa)	抗折(MPa)	抗压(MPa)	抗折(MPa)	抗压(MPa)	抗折(MPa)
32.5	3d 28d	—	—	—	—	10.0 32.5	2.5 5.5	11.0 32.5	2.5 5.5
32.5R	3d 28d	—	—	—	—	15.0 32.5	3.5 5.5	16.0 32.5	3.5 5.5
42.5	3d 28d	17.0 42.5	3.5 6.5	16.0 42.5	3.5 6.5	15.0 42.5	3.5 6.5	16.0 42.5	3.5 6.5
42.5R	3d 28d	22.0 42.5	4.0 6.5	21.0 42.5	4.0 6.5	19.0 42.5	4.0 6.5	21.0 42.5	4.0 6.5
52.5	3d 28d	23.0 52.5	4.0 7.0	22.0 52.5	4.0 7.0	21.0 52.5	4.0 7.0	22.0 52.5	4.0 7.0
52.5R	3d 28d	27.0 52.5	5.0 7.0	26.0 52.5	5.0 7.0	23.0 52.5	4.5 7.0	26.0 52.5	5.0 7.0
62.5	3d 28d	28.0 62.5	5.0 8.0	—	—	—	—	—	—
62.5R	3d 28d	32.0 62.5	5.5 8.0	—	—	—	—	—	—
碱含量	用户要求低碱水泥时，按 $Na_2O+0.685K_2O$ 计算的碱含量，不得大于0.06%，或由供需双方商定								

表 3-2-5　常用水泥的特性及适用范围

		硅酸盐水泥	普通水泥	矿渣水泥	火山灰水泥	粉煤灰水泥
特性	1.硬化	快	较快	慢	慢	慢
	2.早期强度	高	较高	低	低	低
	3.水化热	高	高	低	低	低
	4.抗冻性	好	较好	差	差	差
	5.耐热性	差	较差	好	较差	较差
	6.干缩性	较小	较小	较大	较大	较小
	7.抗渗性	较好	较好	差	较好	较好
	8.耐蚀性	差	较差	好	好	好
适用范围	1.制造地上、地下及水中的混凝土、钢筋混凝土及预应力钢筋混凝土结构，包括受冻融循环的结构及早期强度要求较高的工程 2.配制建筑砂浆		同硅酸盐水泥	1.大体积工程 2.高温车间和有耐热耐火要求的混凝土结构 3.蒸气养护的构件 4.一般地上、地下和水中的钢筋混凝土结构 5.有抗硫酸盐侵蚀的工程 6.配制建筑砂浆	1.地下、水中大体积混凝土结构 2.有抗渗要求的工程 3.蒸气养护的构件 4.有抗硫酸盐侵蚀的工程 5.一般混凝土及钢筋混凝土工程 6.配制建筑砂浆	1.地上、地下、水中及大体积混凝土工程 2.蒸气养护的构件 3.抗裂性要求较高的构件 4.抗硫酸盐侵蚀的工程 5.一般混凝土工程 6.配制建筑砂浆
不适用工程	1.大体积混凝土工程 2.受化学及海水侵蚀的工程 3.耐热要求高的工程 4.有流动水及压力水作用的工程		同硅酸盐水泥	1.早期强度要求较高的混凝土工程 2.有抗冻要求的混凝土工程	1.早期强度要求较高的混凝土工程 2.有抗冻要求的混凝土工程 3.干燥环境的混凝土工程 4.有耐磨性要求的工程	1.早期强度要求较高的混凝土工程 2.有抗冻要求的混凝土工程 3.有抗碳化要求的工程

2.7 水泥的检测与质量评定

本节内容以通用水泥为主，介绍水泥的抽样、检测项目及应用等。

2.7.1 水泥取样(GB/T 12573—2008《水泥取样方法》)

(1)对硅酸盐水泥、普通水泥、矿渣水泥、火山灰水泥、粉煤灰水泥的取样规定：

水泥出厂前按同品种、同标号编号和取样。袋装水泥和散装水泥应分别进行编号和取样。每一编号为一取样单位。水泥出厂编号按水泥厂生产能力规定：

①120 万 t 以上，不超过 1200 t 为一编号；

②60 万 t～120 万 t，不超过 1000 t 为一编号；

③30 万 t～60 万 t，不超过 600 t 为一编号；

④10 万 t 以上～30 万 t，不超过 400 t 为一编号；

⑤4 万 t～10 万 t，不超过 200 t 为一编号；

⑥4 万 t 以下，不超过 100 t 和 3 d 的产量为一编号。

取样应有代表性，可连续取，也可从 20 个以上不同部位取等量试样，总量至少 12 kg。试样应充分拌匀，通过 0.9 mm 方孔筛，并记录筛余百分数及其性质。

(2)试验室用水必须是洁净的淡水。

(3)试验室温度应为 17～25℃，相对湿度大于 50%。养护箱温度为(20±3)℃，相对湿度大于 90%。

(4)水泥试样、标准砂、拌和用水及试模的温度应与试验室温度相同。

2.7.2 水泥细度检测(GB/T 1345—2005《水泥细度检验方法(筛析法)》)

筛析法测定水泥细度是用 80μm 标准筛(负压筛法也可用 45μm 标准筛)对水泥试样进行筛析，用筛网上所得筛余物的质量占原始质量的百分数来表示水泥样品的细度。试验分负压筛法及水筛法，在没有负压筛和水筛的情况下，允许用手工干筛法测定。

1. 主要仪器设备

(1)试验筛。由圆形筛框和筛网组成，筛孔为 80μm 方孔，分负压筛和水筛两种。

(2)负压筛析仪。负压筛析仪由筛座、负压筛、负压源及收尘器组成，筛析仪负压可调范围为 4000～6000Pa。

(3)水筛架和喷头。

(4)天平。天平最大称量为 100 g，分度值不大于 0.05 g。

2. 试验方法

(1)负压筛法。

①将负压筛放在筛座上，盖上筛盖，接通电源，检查控制系统，调节负压至 4000～6000Pa 范围内。

②称取试样 25g，置于洁净的负压筛中，盖上筛盖，放在筛座上，开动筛析仪连续筛析 2min，在此期间，如有试样附着在筛盖上，可轻轻敲击，使试样落下。筛毕，用天平称量筛余物。

③当工作负压小于 4000 Pa 时，应清理吸尘器内水泥，使负压恢复正常。

(2)水筛法。

①筛析试验前，应检查水中无泥、砂，调整好水压及水筛架位置，使其能正常运转。喷头底

面和筛网之间距离为 35～75 mm。

②称取试样 25 g，置于洁净的水筛中，立即用淡水冲洗至大部分细粉通过后，放在水筛架上，用水压为(0.05±0.02)MPa 的喷头连续冲洗 3min。筛毕，用少量水把筛余物冲至蒸发皿中，等水泥颗粒全部沉淀后，小心倒出清水，烘干并用天平称量筛余物。

(3)手工干筛法。

①称取水泥试样 25g，倒入干筛内。

②用一只手执筛往复摇动，另一只手轻轻拍打，拍打速度约 120 次/min，每 40 次向同一方向转动 60°，使试样均匀分布在筛网上，直至每分钟通过的试样量不超过 0.05g 为止。称取筛余物质量。

3. 试验结果

水泥试样筛余百分数按下式计算：

$$F = \frac{R_s}{W} \times 100\%$$

式中，F——水泥试样筛余百分数（%）；

R_s——水泥筛余物的质量（g）；

W——水泥试样的质量（g）。

计算结果精确至 0.1%。负压筛法与水筛法或手工干筛法测定的结果发生争议时，以负压筛法为准。

2.7.3 水泥标准稠度用水量、凝结时间、安定性测定(GB/T 1346－2011《水泥标准稠度用水量、凝结时间、安定性检验方法》)

1. 主要仪器设备

(1)水泥净浆搅拌机。搅拌叶片转速为 90 r/min，搅拌锅内径为 130 mm，深为 95 mm。锅底、锅壁与搅拌翅的间隙为 0.2～0.5 mm。

(2)水泥净浆标准稠度与凝结时间测定仪。滑动部分的总质量为(300±2)g；金属空心试锥，锥底直径为 40mm，高为 50 mm(见图 3－2－2)；装净浆用的锥模，上口内径为 60 mm，锥高为 75 mm(见 3－2－3)。

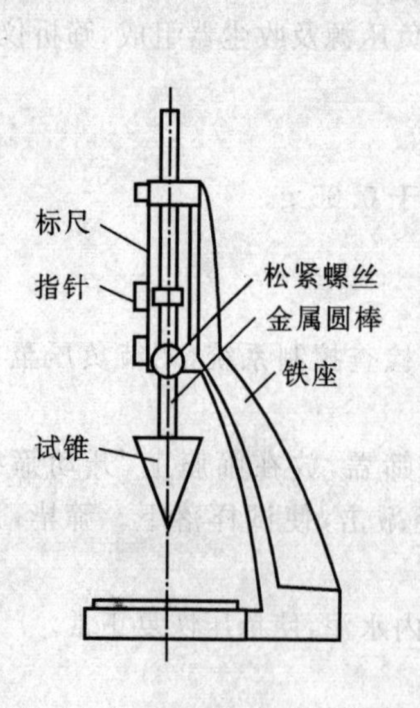

图 3－2－2 标准稠度及凝结时间测定仪

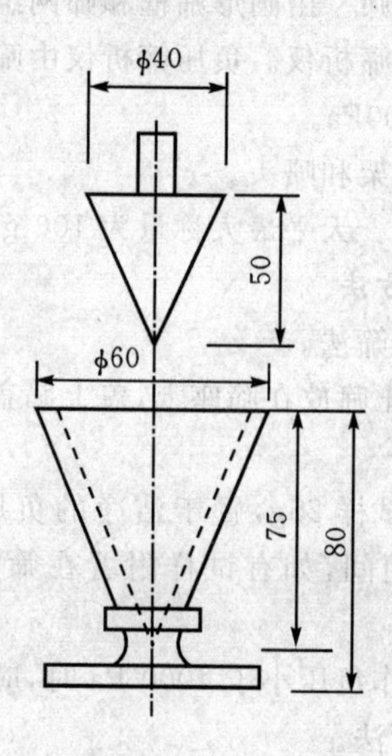

图 3－2－3 试锥及锥模(单位：mm)

(3)沸煮箱。有效容积约为 410 mm×240 mm×310 mm，篦板结构应不影响试验结果，篦板与加热器之间的距离大于 50mm。箱的内层由不易锈蚀的金属材料制成。能在(30±5)min 内将箱内试验用水由室温升至沸腾并可保持沸腾状态 3h 以上，整个试验过程中不需补充水量。

(4)雷氏夹。由铜质材料制成，如图 3-2-4 所示。当一根指针的根部先悬挂在一根金属丝或尼龙丝上，另一根指针的根部再挂上 300 g 质量的砝码时，两根指针的针尖距离增加应在(17.5±2.5) mm 范围以内，即 $2x=(17.5\pm2.5)$mm，当去掉砝码后，针尖的距离能恢复至挂砝码前的状态。雷氏夹受力示意图如图 3-2-5 所示。

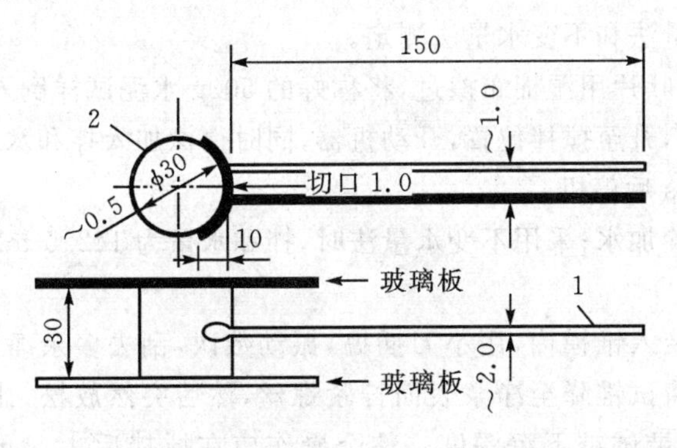

1—指针　2—环模

图 3-2-4　雷氏夹(单位:mm)

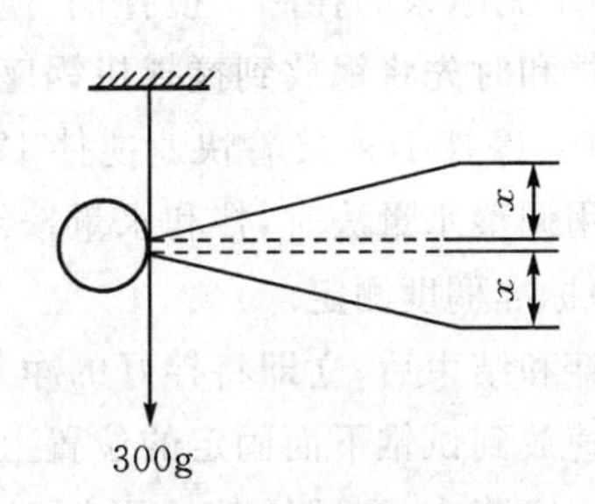

图 3-2-5　雷氏夹受力示意图

(5)量水器。最小刻度为 0.1 ml，精度 1 %。

(6)天平。能准确称量至 1 g。

(7)湿气养护箱。应能使温度控制在(20±1)℃，湿度大于 90%。

(8)雷氏夹膨胀值测定仪。如图 3-2-6 所示，标尺最小刻度为 1 mm。

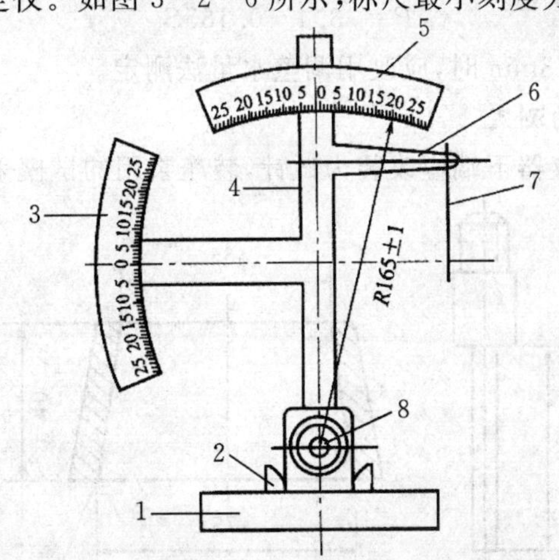

1—底座　2—模子座　3—测弹性标尺　4—立柱

5—测膨胀值标尺　6—悬臂　7—悬丝　8—弹簧顶扭

图 3-2-6　雷氏夹膨胀值测量仪

2. 试样及用水

(1)水泥试样应充分拌匀,通过 0.9mm 方孔筛并记录筛余物情况,但要防止过筛时混进其他水泥。

(2)试验用水必须是洁净的淡水,如有争议时也可用蒸馏水。

3. 试验室温湿度

(1)试验室的温度为(20±2)℃,相对湿度大于 50%。

(2)水泥试样、拌和水、仪器和用具的温度应与试验室一致。

4. 标准稠度用水量测定

(1)标准稠度用水量。可用调整水量法和不变水量法测定。

(2)水泥净浆的拌制。搅拌锅、搅拌叶片用湿棉布擦过,将称好的 500g 水泥试样倒入搅拌锅内。拌和时先将锅放到搅拌机锅座上,升至搅拌位置,开动机器,同时徐徐加入拌和水,慢速搅拌 120s,停拌 15s,接着快速搅拌 120 s 后停机。

采用调整水量法时,拌和水量按经验加水;采用不变水量法时,拌和水量为 142.5 ml。

(3)标准稠度测定。

①拌和结束后,立即将拌好的净浆装入锥模内,用小刀插捣,振动数次,刮去多余净浆;抹平后迅速放到试锥下面固定的位置上,将试锥降至净浆表面拧紧螺丝,然后突然放松,让试锥自由沉入净浆中,到试锥停止下沉时记录试锥下沉深度。整个操作应在搅拌后 1.5 min 内完成。

②用调整水量法测定时,以试锥下沉深度(30±1)mm 时的净浆为标准稠度净浆。其拌和水量为该水泥的标准稠度用水量(P),按水泥质量的百分比计。如下沉深度超出范围,需另称试样,调整水量,重新试验,直至达到(30±1)mm 时为止。

③用不变水量法测定时,根据测得的试锥下沉深度 S(mm)按下式(或仪器上对应的标尺)计算得到标准稠度用水量 P(%)。

$$P=33.4-0.185S$$

当试锥下沉深度小于 13mm 时,应改用调整水量法测定。

5. 水泥净浆凝结时间的测定

(1)测定凝结时间时,仪器下端应改装为试针,装净浆用的试模采用圆模,见图 3-2-7。

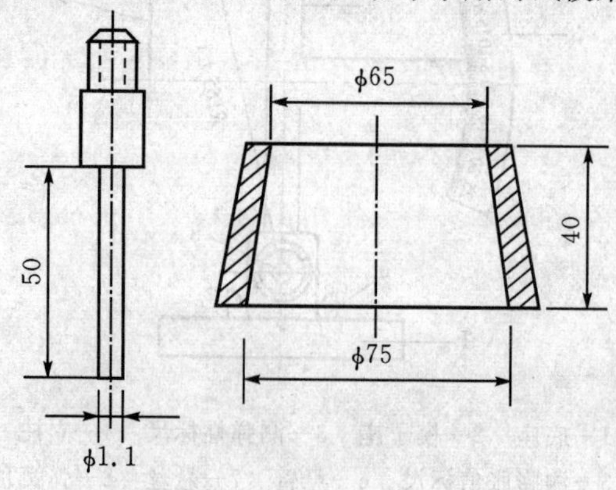

图 3-2-7 试针及圆模(单位:mm)

(2)凝结时间的测定可以人工测定,也可用自动凝结时间测定仪测定,两者有矛盾时,以人工测定为准。

(3)测定前的准备工作。将圆模放在玻璃板上,在内侧稍稍涂上一层机油,调整凝结时间测定仪的试针接触玻璃板时,指针应对准标尺零点。

(4)试件的准备。以标准稠度用水量加水,并按水泥标准稠度试验中净浆拌和的方法,拌成标准稠度水泥净浆。立即一次装入圆模,振动数次后刮平,然后放入湿气养护箱内。记录开始加水的时间作为凝结时间的起始时间。

(5)凝结时间的测定。试件在湿气养护箱中养护至加水后 30 min 时进行第一次测定。测定时,从湿气养护箱中取出圆模放到试针下,使试针与净浆面接触,拧紧螺丝 1～2s 后突然放松,试针垂直自由沉入净浆,观察试针停止下沉时的指针读数。当试针沉至距底板 2～3 mm 时,即水泥达到初凝状态;当下沉不超过 0.5～1 mm 时,水泥达到终凝状态。由加水至初凝、终凝状态的时间分别为该水泥的初凝时间和终凝时间,用小时(h)和分(min)表示。测定时应注意,在最初测定的操作时,应轻轻扶持金属棒,使其徐徐下降以防试针撞弯,但结果以自由下落为准;在整个测试过程中,试针贯入位置至少应距圆模内壁 10 mm。临近初凝时,每隔5 min 测定一次;临近终凝时,每隔 15 min 测定一次;到达初凝或终凝状态时应立即重复测一次,当两次结论相同时才能定为到达初凝或终凝状态。每次测定不得让试针落入原针孔,每次测试完毕需将试针擦净并将圆模放回湿气养护箱内,整个测定过程中要防止圆模受振。

6. 安定性的测定

(1)安定性的测定方法。测定方法可以用饼法,也可用雷氏法,有争议时以雷氏法为准。饼法是观察水泥净浆试饼沸煮后的外形变化来检验水泥的体积安定性。雷氏法是测定水泥净浆在雷氏夹中沸煮后的膨胀值来测定体积安定性。

(2)测定前的准备工作。若采用雷氏法时,每个雷氏夹需配备质量约 75～80g 的玻璃板两块;若采用饼法时,一个样品需准备两块约 100mm×100 mm 的玻璃板。每种方法每个试样需成型两个试件。凡与水泥净浆接触的玻璃板和雷氏夹表面都要稍稍涂上一层油。

(3)水泥标准稠度净浆的制备。以标准稠度用水量加水,按前述方法制成标准稠度水泥净浆。

(4)试饼的成型方法。将制好的净浆取出一部分分成两等份,使之成球形,放在预先准备好的玻璃板上,轻轻振动玻璃板并用湿布擦过的小刀由边缘向中间抹动,做成直径 70～80 mm、中心厚约 10 mm、边缘渐薄、表面光滑的试饼,接着将试饼放入湿气养护箱内养护(24±2)h。

(5)雷氏夹试件的制备方法。将预先制备好的雷氏夹放在已稍擦油的玻璃板上,并立刻将已制备好的标准稠度净浆装满试模,另一只手用宽约 10 mm 的小刀插捣 15 次左右然后抹平,盖上稍涂油的玻璃板,接着立刻将试模移至湿气养护箱内养护(24±2)h。

(6)沸煮。

①调整好沸煮箱内的水位,使其能保证在整个沸煮过程中都没过试件,不需中途添补试验用水,同时又保证能在(30±5)min 内升温至沸腾。

②脱去玻璃板取下试件。

当用饼法时,先检查试饼是否完整(如已开裂翘曲要检查原因,确认无外因时,该试饼已属不合格,不必沸煮),在试饼无缺陷情况下,将试饼放在沸煮箱的水中篦板上,然后在(30±5)

min 内加热至沸,并恒沸 3h±5 min。

当用雷氏法时,先测量试件指针尖端间的距离 A,精确到 0.5 mm,接着将试件放入水中篦板上,指针朝上,试件之间互不交叉,然后在(30±5)min 内加热至沸,并恒沸 3h±5 min。

(7)结果判别。沸煮结束立即放掉箱中热水,打开箱盖,待箱体冷却至室温时,取出试件进行判别。

①若为试饼,目测未发现裂缝,用直尺检查也没有弯曲的试饼为安定性合格,反之为不合格。当两个试饼判别结果有矛盾时,该水泥的安定性为不合格。

②若为雷氏夹,测量试件指针尖端间的距离 C,记录至小数点后一位,当两个试件煮后增加距离($C-A$)的平均值不大于 5.0 mm 时,即认为该水泥安定性合格。当两个试件的($C-A$)值相差超过 4 mm 时,应用同一样品立即重做一次试验。

2.7.4 水泥胶砂强度检验方法(GB/T 17671—1999《水泥胶砂强度检验方法(ISO 法)》)

1. 检测范围

抗压强度测定的结果与 ISO679 结果等同,如用标准规定的代用标准砂和振实台,当代用结果有异议时,以基准方法为准。

本标准适用于硅酸盐水泥、普通硅酸盐水泥、矿渣硅酸盐水泥、粉煤灰硅酸盐水泥、复合硅酸盐水泥、石灰石硅酸盐水泥的抗折与抗压强度的检验。其他水泥采用本标准时必须研究本标准规定的适用性。

2. 方法概要

本方法为 40 mm×40 mm×160 mm 棱柱体试体的水泥抗压强度或抗折强度测定。

试体由按质量计的一份水泥、三份中国 ISO 标准砂,用 0.5 的水灰比拌制的一组塑性胶砂制成。中国 ISO 标准砂的水泥抗压强度结果必须与 ISO 基准砂的相一致。

胶砂用行星搅拌机搅拌,在振实台上成型。也可使用频率为 2800～3000r/min,振幅为 0.75 mm 的振动台成型。

试体连模一起在湿气中养护 24 h,然后脱模在水中养护至强度试验。到试验龄期时将试体从水中取出,先进行抗折强度试验,折断后每截再进行抗压强度试验。

3. 试验室和仪器

(1)试验室。试体成型试验室的温度应保持在(20±2)℃,相对湿度不低于 50%。试体带模养护的养护箱或雾室温度保持在(20±1)℃,相对湿度不低于 90%。试体养护池水温度应在(20±1)℃范围内。试验室空气温度和相对湿度及养护池水温在工作期间每天至少记录一次。

养护箱或雾室的温度与相对湿度至少每 4 h 记录一次,在自动控制的情况下记录次数可酌减至一天记录两次。在温度给定范围内,控制所设定的温度应为此范围中值。

(2)设备。

①试验筛。金属丝网试验筛应符合 GB/T6003 的要求。

②搅拌机。搅拌机属行星式,应符合 JC/T681 的要求,搅拌锅及搅拌叶片见图 3-2-8。

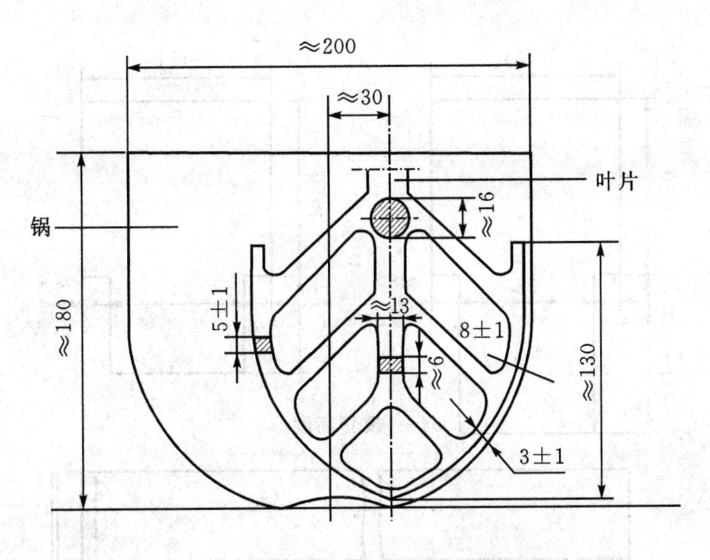

图 3-2-8 搅拌锅及搅拌叶片(单位:mm)

③试模。由三个水平的模槽组成,可同时成型三条截面为 40 mm×40 mm、长 160 mm 的棱柱体试体,其材质和制造要求应符合 JC/T726 的要求,见图 3-2-9。

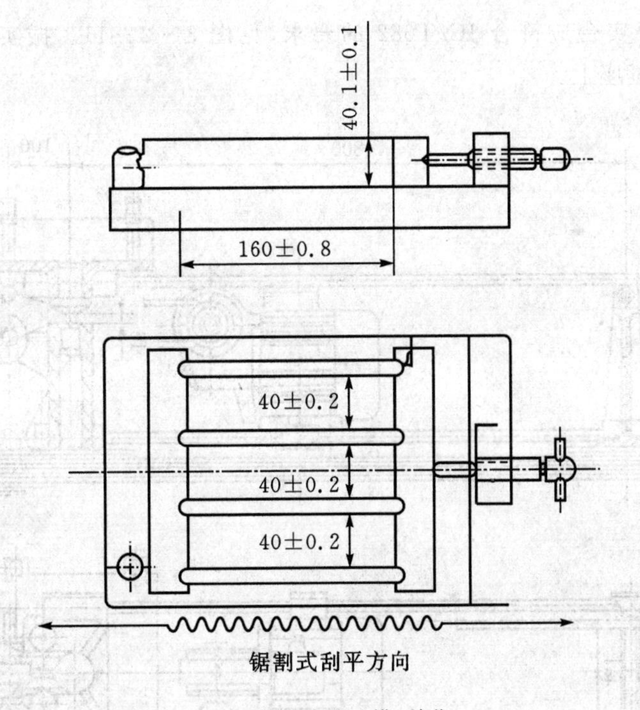

图 3-2-9 水泥胶砂试模(单位:mm)

成型操作时,应在试模上加一个壁高 20mm 的金属模套,当从上往下看时,模套壁与模型内壁应该重叠,超出内壁不应大于 1 mm。为了控制料层厚度和刮平胶砂,应备有播料器和金属刮平直尺,见图 3-2-10。

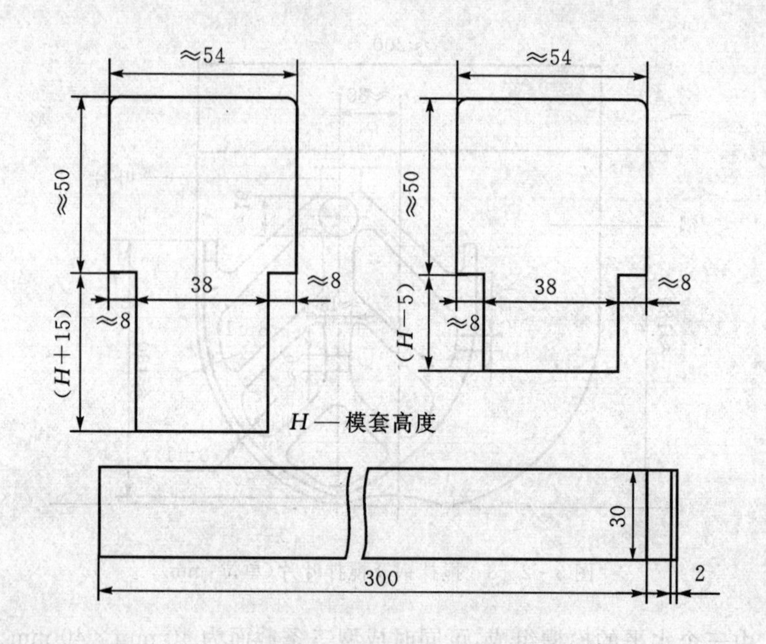

图 3-2-10 典型的播料器和金属刮平尺(单位:mm)

④振实台。振实台应符合 JC/T682 的要求,见图 3-2-11。振实台应安装在高度约 400mm 的混凝土基座上。

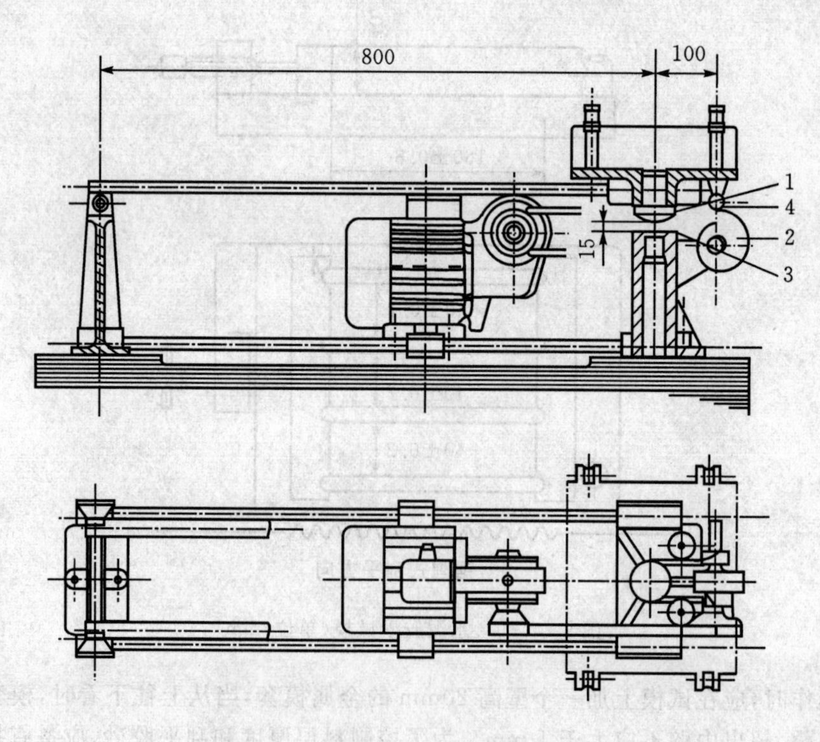

1—突头 2—凸轮 3—止动器 4—随动轮

图 3-2-11 水泥胶砂振实台(单位:mm)

⑤抗折强度试验机。抗折强度试验机应符合 JC/T742 的要求，试件在夹具中的受力状态如图 3-2-12 所示。

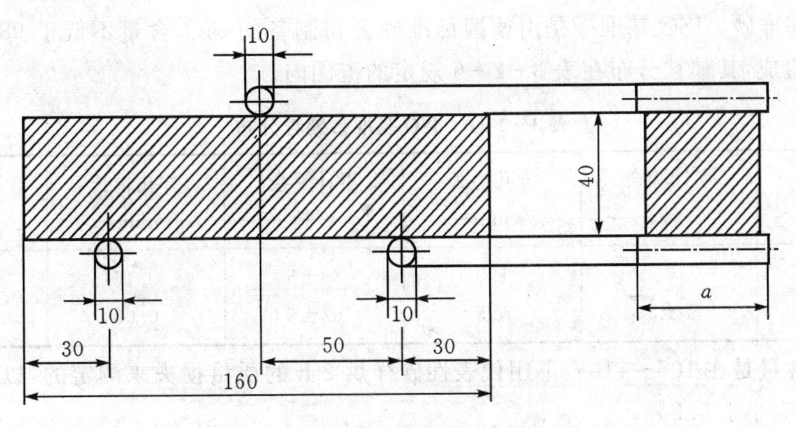

图 3-2-12　抗折强度测定加荷图(单位:mm)

抗折强度也可用抗压强度试验机来测定，此时应使用符合上述规定的夹具。

⑥抗压强度试验机。抗压强度试验机在较大的五分之四量程范围内使用时，记录的荷载应有±1%的精度，并具有按(2400±200)N/s 速率加荷的能力。

试验机压板应由维氏硬度不低于 HV 600 的硬质钢制成，最好为碳化钨，厚度不小于 10 mm，宽度为(40±0.1)mm，长不小于 40 mm。当试验机没有球座，或球座不灵活或直径大于 120 mm 时，应采用抗压夹具。试验机的最大荷载以 200～300 kN 为佳。

⑦抗压强度试验机用夹具。夹具应符合 ITC/T683 的要求，受压面积为 40 mm×40 mm，见图 3-2-13。

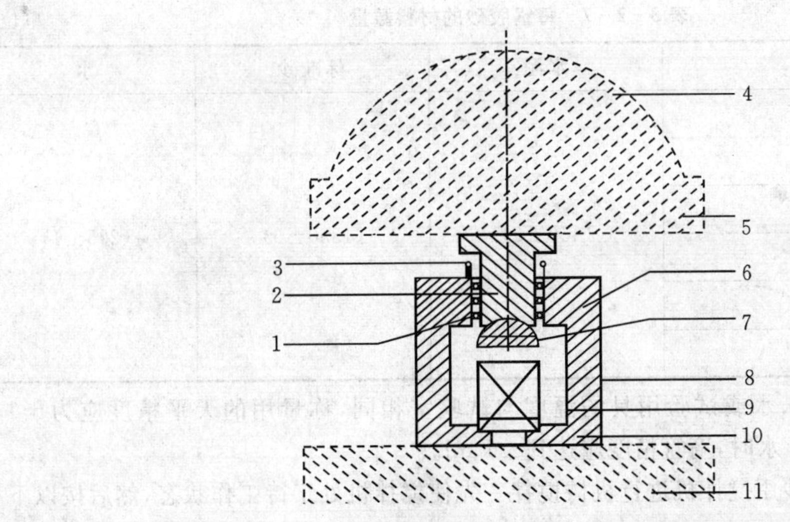

1—滚珠轴承　2—滑板　3—复位弹簧　4—压力机球座　5—压力机上压板　6—夹具球座
7—夹具上压板　8—试体　9—底板　10—夹具下压板　11—压力机下压板

图 3-2-13　水泥胶砂抗压强度试验夹具

4.胶砂的组成

(1)砂。

①ISO基准砂。ISO基准砂是由德国标准砂公司制备的SiO_2含量不低于98%的天然的圆形硅质砂组成,其颗粒分布在表3-2-6规定的范围内。

表3-2-6 ISO基准砂颗粒分布

方孔边长(mm)	累计筛余(%)	方孔边长(mm)	累计筛余(%)	方孔边长(mm)	累计筛余(%)
2.0	0	1.0	33±5	0.16	87±5
1.6	7±5	0.5	67±5	0.08	99±1

砂的湿含量是在105～110℃下用代表性砂样烘2 h的质量损失来测定的,以干基的质量百分数表示,应小于0.2%。

②中国ISO标准砂。中国ISO标准砂完全符合ISO基准砂颗粒分布和湿含量的规定。中国ISO标准砂可以单级分包装,也可各级预配合以(1350±5)g的量用塑料袋混合包装,但所用塑料袋材料不得影响强度试验结果。

(2)水泥。当试验水泥从取样至试验要保持24 h以上时,应把它贮存在基本装满和气密的容器里,这个容器应不与水泥起反应。

(3)水。仲裁试验或其他重要试验用蒸馏水,其他试验可用饮用水。

5.胶砂的制备

(1)配合比。胶砂的质量配合比应为一份水泥、三份标准砂和半份水(水灰比为0.5)。每锅胶砂成三条试体,每锅材料需要量见表3-2-7。

表3-2-7 每锅胶砂的材料数量

单位:g

水泥品种	水泥	标准砂	水
硅酸盐水泥	(450±2)	(1350±5)	(225±1)
普通硅酸盐水泥			
矿渣硅酸盐水泥			
粉煤灰硅酸盐水泥			
复合硅酸盐水泥			
石灰石硅酸盐水泥			

(2)配料。水泥、砂、水或试验用具的温度与试验室相同,称量用的天平精度应为±1g。当用自动滴管加225 ml水时,滴管精度应达到±1 ml。

(3)搅拌。每锅胶砂用搅拌机进行机械搅拌。先使搅拌机处于待工作状态,然后按以下程序进行操作:

①把水加入锅里,再加水泥,把锅放在固定架上,上升至固定位置。

②立即开动机器,低速搅拌30 s后,在第二个30 s开始的同时均匀地将砂子加入。当各级砂分装时,从最粗粒级开始,依次将所需的每级砂量加完。把机器转至高速再拌30 s。

③停拌90 s,在第1个15 s内用一胶皮刮具将叶片和锅壁上的胶砂刮入锅中间。在高速

下继续搅拌 60 s。各个搅拌阶段，时间误差应在±1 s 以内。

6. 试件制备

(1)尺寸。尺寸应是 40mm×40mm×160mm 的棱柱体。

(2)成型。

①用振实台成型。胶砂制备后立即进行成型，将空试模和模套固定在振实台上，用一个适当的勺子直接从搅拌锅里将胶砂分两层装入试模，装第一层时，每个槽里约放 300 g 胶砂，用大播料器垂直架在模套顶部，沿每个模槽来回一次将料层播平，接着振实 60 次。再装入第二层胶砂，用小播料器播平，再振实 60 次。移走模套，从振实台上取下试模，用一金属直尺以近似 90°的角度架在试模模顶的一端，然后沿试模长度方向以横向锯割动作慢慢向另一端移动，一次将超过试模部分的胶砂刮去，并用同一直尺以近乎水平的情况下将试体表面抹平。在试模上作标记或加字条标明试件编号和试件相对于振实台的位置。

②用振动台成型。当使用代用的振动台成型时，在搅拌胶砂的同时，将试模和下料漏斗卡紧在振动台的中心。将搅拌好的全部胶砂均匀地装入下料漏斗中，开动振动台，胶砂通过漏斗流入试模。振动(120±5)s 停车。振动完毕，取下试模，用刮平尺以“振实台成型”中规定的手法刮去其高出试模的胶砂并抹平，接着在试模上做标记或加字条标明试件编号。

7. 试件的养护

(1)脱模前的处理和养护。去掉留在模子四周的胶砂，立即将做好标记的试模放入雾室或湿箱的架子上养护，湿空气应能与试模各边接触。养护时不应将试模放在其他试模上，一直养护到规定的脱模时间取出脱模。脱模前对试件编号或做其他标记。两个龄期以上的试件，在编号时应将同一试模中的三条试件分在两个以上的龄期内。

(2)脱模。脱模应非常小心。对于 24 h 龄期的，应在破型试验前 20min 内脱模。对于 24 h 以上龄期的，应在成型后 20～24 h 之间脱模。

(3)水中养护。将做好标记的试件立即水平或竖直放在(20±1)℃水中养护，水平放置时刮平面应朝上。试件放在不易腐烂的篦子上，并彼此间保持一定的间距，以让水与试件的六个面接触，养护期间试件之间的间隔或试件上表面的水深不得小于 5 mm。每个养护池只养护同类型的水泥试件。最初用自来水装满养护池，随后随时加水保持适当的恒定水位，不允许在养护期间全部换水。除 24 h 龄期或延迟至 48 h 脱模的试件外，任何到龄期的试件应在试验(破型)前 15 min 从水中取出。揩去试件表面沉积物，并用湿布覆盖至试验为止。

(4)强度试验试件的龄期。试体龄期是从水泥加水搅拌开始试验时算起。不同龄期强度试验在下列时间里进行：24 h±15min，48 h±30min，72 h±45min，7 d±2 h，>28d±8 h。

8. 实验程序

(1)程序。先测定抗折强度，然后在折断的棱柱体上进行抗压强度试验，受压面是试件成型时的两个侧面，面积为 40mm×40mm。当不需要抗折强度数值时，抗折强度试验可以省去。但抗压强度试验应在不使试件受有害应力情况下折断的两截棱柱体上进行。

(2)抗折强度测定。将试件一个侧面放在试验机支撑圆柱上，试件长轴垂直于支撑圆柱，通过加荷圆柱以(50±10)N/s 的速率均匀地将荷载垂直地加在棱柱体相对侧面上，直至折断。保持两个半截棱柱体处于潮湿状态直至抗压试验。抗折强度按下式计算：

$$f_t=\frac{1.5F_fL}{b^3}$$

式中，F_f——折断时施加于棱柱体中部的荷载（N）；

L——支撑圆柱之间的距离（mm）；

b——棱柱体正方形截面的边长(mm)。

结果评定：取三个测值的平均计算抗折强度；若三个测值中有一个与平均值的相对误差大于±10%时，则取剩余两个测值的平均计算抗折强度，计算至0.1MPa。

(3)抗压强度测定。抗压强度试验用规定的仪器，在半截棱柱体的侧面上进行。半截棱柱体中心与压力机压板受压中心差应在±0.5 mm内，棱柱体露在压板外的部分约有10mm。在整个加荷过程中以(2400±200)N/s的速率均匀地加荷直至破坏。抗压强度按下式计算：

$$f_c = \frac{F_c}{A}$$

式中，F_c——破坏时的最大荷载（N）；

A——受压部分面积（mm^2）（40 mm×40 mm=1600 mm^2）。

结果评定：取六个测值的平均计算抗压强度；若六个测值中有一个与平均值的相对误差大于±10%时，则取剩余五个测值的平均计算抗压强度，若五个测值中再有超出它们平均值的相对误差±10%时，则此组结果作废。抗压强度结果计算至0.1MPa。

项目3　其他水泥

除本书已介绍的通用硅酸盐水泥之外，为了适应各种工程的不同需要，已经发展出许多专用或具有某些特性的水泥。这些水泥品种，或是强调其特性，如快硬硅酸盐水泥、抗硫酸盐硅酸盐水泥、硫铝酸盐膨胀水泥、铝酸盐应力水泥；或是具有工程上的专门用途，如海工水泥、水工水泥、砌筑水泥等。本项目主要介绍其中一些与工程建设密切相关的有代表性的水泥品种。

3.1　铝酸盐水泥

19世纪60年代，铝酸钙被发现具有水硬性，引起了各国学者的极大兴趣，20世纪初出现了不少相关的专利。1918年后，铝酸盐水泥开始投入商业生产。

铝酸盐水泥具有快硬、早强、耐腐蚀、耐热等特点。最初主要用于军事工程，如第一次世界大战中，法国用其构筑炮座和其他特殊工程。目前，这种水泥还广泛用于各类抢修、冬期施工、有早强要求的特殊工程。此外，由于其耐热特性，还被用作窑炉内衬材料，铝酸盐水泥也是配制膨胀水泥和自应力水泥的主要成分。

3.1.1　铝酸盐水泥的矿物组成

铝酸盐水泥是以铝矾土和石灰石为原料，经高温煅烧得到的以铝酸盐为主要成分的熟料，再经磨细而成的水硬性胶凝材料，其主要矿物组成为铝酸一钙（$CaO \cdot Al_2O_3$，CA）和其他铝酸盐矿物。

1.铝酸一钙(CA)

CA是铝酸盐水泥中的主要矿物，具有很高的水硬活性，其特点是凝结不快而硬化迅速，这也是铝酸盐水泥强度的主要来源。CA的这个特点使铝酸盐水泥的初始强度发展速率远高于高C_3S的硅酸盐水泥。但CA含量过高时，强度发展主要集中在早期，后期增进不明显。CA常与铁酸一钙、氧化铁或铬、锰等氧化物形成固溶体，其晶型与煅烧方法、冷却条件等因素有关，一般大小为 5～10μm。

2. 二铝酸一钙(CA_2)

铝酸盐水泥中 CaO 含量较低时，CA_2 含量较高。CA_2 的特点是水化硬化慢、早强低，但后期强度能不断增长。CA_2 含量过高时，将影响铝酸盐水泥快硬性能，但水泥的耐热性提高。

铝酸盐水泥矿物组成，一般以 CA 和 CA_2 为主。

3. 七铝酸十二钙($C_{12}A_7$)

铝酸盐水泥中 CaO 含量较高时，$C_{12}A_7$ 含量较高。$C_{12}A_7$ 晶体中 Ca 和 Al 的配位极不规则，结构中存在大量空腔，水极易进入。因此，其水化、凝结极快，但后期强度低。$C_{12}A_7$ 超过 10%时，常会引起快凝。

除上述矿物外，铝酸盐水泥中还存在 CA_6，少量 C_2S，少量的含铁相、含镁相以及钙钛石(CT)等。这些矿物基本上水化活性较低，或者无水硬性。其中的 CA_6 能提高水泥的耐热性。

3.1.2　铝酸盐水泥的水化硬化

铝酸盐水泥的水化过程，因温度不同而有所差别。

1. 铝酸一钙(CA)的水化

铝酸盐水泥的主要矿物为 CA，一般认为，其水化过程遵从如下规律：

当温度为 15～20℃时：

$$CA + 10H \rightarrow CAH_{10}$$

当温度为 20～30℃时：

$$(2m+n)CA + (10n+11m)H \rightarrow nCAH_{10} + mC_2AH_8 + mAH_3$$

其中 m 与 n 之比随温度提高而增加。

当温度大于 30℃时：

$$3CA + 12H \rightarrow C_3AH_6 + 2AH_3$$

2. 二铝酸一钙(CA_2)的水化

CA_2 的水化反应与 CA 相同，其水化过程遵从如下规律：

当温度为 15～20℃时：

$$CA_2 + 13H \rightarrow CAH_{10} + AH_3$$

当温度为 20～30℃时：

$$2CA_2 + 17H \rightarrow C_2AH_8 + 3AH_3$$

当温度大于 30℃时：

$$3CA_2 + 21H \rightarrow C_3AH_6 + 5AH_3$$

3. 七铝酸十二钙($C_{12}A_7$)的水化

$C_{12}A_7$ 的水化比 CA 还快，其水化过程遵从如下规律：

当温度为 5℃时：

$$C_{12}A_7 + 66H \rightarrow 4CAH_{10} + 3C_2AH_8 + 2CH$$

当温度小于 20℃时：

$$C_{12}A_7 + 51H \rightarrow 6C_2AH_8 + AH_3$$

当温度大于 25℃时：

$$C_{12}A_7 + 33H \rightarrow 4C_3AH_6 + 3AH_3$$

研究表明，铝酸盐水泥水化数小时内，便会形成氢氧化铝凝胶。随龄期增长，凝胶逐渐转变成氢氧化铝晶体。水化产物中 CAH_{10} 或 C_2AH_8 的含量，决定于水化温度和水泥成分。CAH_{10}的含量随温度下降而增加，当温度降至15℃以下时，C_2AH_8通常很少。25℃以上时，初始主要水化产物为 C_2AH_8 和 AH_3。除此之外，铝酸盐水泥水化产物中还有少量水化铝方柱石、C－S－H 凝胶和铁酸盐水化产物等。

铝酸盐水泥的硬化过程，与硅酸盐水泥基本相同。水化产物中的 CAH_{10}、C_2AH_8 都属于六方晶系，所形成的片状或针状晶体互相交叉搭接，形成坚固的骨架，氢氧化铝凝胶填充其间，使孔隙率下降、结构致密，水泥强度进一步提高。

值得注意的是，CAH_{10} 和 C_2AH_8 都是亚稳相，要逐渐转为比较稳定的 C_3AH_6。以 CAH_{10} 为例，1ml 的 CAH_{10} 经转化后，形成 0.254mlC_3AH_6 和 0.220mlAH_3，析出的水为 0.549ml，浆体孔隙率达 53.7%。C_2AH_8 经转化后，浆体孔隙率达 30.7%。而且这是一个自发的过程，并随温度的升高而加速。铝酸盐水泥水化产物硬化后发生晶形转变，造成后期强度倒缩比较显著，因此，一般不用于永久性承重结构中。

3.1.3 铝酸盐水泥的技术指标及要求

铝酸盐水泥一般为黄色或褐色，也有呈灰色的。《铝酸盐水泥》(GB 201－2000)规定，铝酸盐水泥按 Al_2O_3 含量分为四类。

(1)CA－50：$50\% \leqslant Al_2O_3 < 60\%$；

(2)CA－60：$60\% \leqslant Al_2O_3 < 68\%$；

(3)CA－70：$68\% \leqslant Al_2O_3 < 77\%$；

(4)CA－80：$77\% \leqslant Al_2O_3$。

标准规定铝酸盐水泥细度为：比表面积不小于 $300m^2/kg$，或 45μm 孔筛余不超过 20%，其胶砂强度和凝结时间见表 3-3-1 和表 3-3-2。

表 3-3-1 铝酸盐水泥胶砂强度

水泥类型	抗压强度(MPa)				抗折强度(MPa)			
	6h	1d	2d	28d	6h	1d	2d	28d
CA-50	20	40	50	—	3.0	5.5	6.5	—
CA-60	—	20	45	85	—	2.5	5.0	10.0
CA-70	—	30	40	—	—	5.0	6.0	—
CA-80	—	25	30	—	—	4.0	5.0	—

表 3-3-2 铝酸盐水泥凝结时间

水泥类型	初凝时间不得早于(min)	终凝时间不得迟于(h)
CA-50、CA-70、CA-80	30	6
CA-60	60	18

3.1.4 铝酸盐水泥的性质和应用

铝酸盐水泥和硅酸盐水泥相比，具有早强增长快、水化放热量大、抗硫酸盐腐蚀强和耐热性高的特点。因此，其主要用途如下：

(1)军事、抢修和冬期施工等特殊工程。铝酸盐水泥是早强快硬型水泥，在低温下也能很好硬化，适用于紧急抢修工程和早期强度要求比较高的特殊工程，但应考虑其后期强度的降低。铝酸盐水泥水化放热快，且强度随温度升高而下降，因此其养护温度应严格控制，一般15℃为宜，不得超过25℃，且不能用于大体积混凝土工程。

(2)耐硫酸盐腐蚀工程。铝酸盐水泥的主要矿物是低钙型铝酸钙，水化时不生成氢氧化钙。另外，水泥水化生成铝胶，使水泥石结构致密、抗渗性好。因此，铝酸盐水泥具有很好的抗硫酸盐及抗海水腐蚀的性能。

(3)配制不定型耐火材料。铝酸盐水泥的水化产物中没有氢氧化钙，不会发生高温脱水分解而造成结构破坏，并且其 Fe_2O_3 含量低，因此，是制作耐火浇注料的优良胶结料。普通铝酸盐水泥浇注料在中温(800～1200℃)下因结合水脱水收缩，强度下降；近年来，通过掺加 α-Al_2O_3 及 CA_6，克服了中温强度下降的缺点，大大提高了使用温度。

(4)配制膨胀水泥及自应力水泥。利用铝酸盐水泥可配制一系列膨胀水泥和自应力水泥，如无收缩不透水水泥、膨胀与不透水水泥、自应力铝酸盐水泥等。

3.2　硫铝酸盐水泥

19世纪60年代后期，美国学者首先研究成功了 C_4A_3S-β-C_2S 型超早强水泥。我国从20世纪70年代开始，先后研究成功了一系列硫铝酸钙型水泥，其中有超早强水泥、快硬高强水泥、无收缩水泥、膨胀水泥、自应力水泥及喷射水泥等。

按《硫铝酸盐水泥》(GB 20472－2006)规定，硫铝酸盐水泥(SAC)是指以适当成分的生料，经煅烧得到的以无水硫铝酸钙和硅酸二钙为主要矿物成分的水泥熟料，掺加不同量的石灰石、适量石膏共同磨细制成，是具有水硬性的胶凝材料。

3.2.1　硫铝酸盐水泥的矿物组成

1. 无水硫铝酸钙

无水硫铝酸钙是硫铝酸盐水泥的主要矿物，其化学分子式为 $3CaO \cdot 3Al_2O_3 \cdot CaSO_4$，简写为 C_4A_3S。其形成温度一般为1300～1350℃，稳定温度在1400℃以内。显微镜下观察其多为5～10μm 短柱状晶体。

C_4A_3S 水硬活性很高，且具有早强、膨胀的特点。

2. 硅酸二钙

硅酸二钙也是硫铝酸盐水泥的主要矿物之一。在硫铝酸盐水泥中，硅酸二钙一般以 β-C_2S 形式存在，由含磷工业副产品磷石膏生产硫铝酸盐水泥时，硅酸二钙以 α-C_2S 形式存在。相对于硅酸盐水泥，硫铝酸盐水泥中的 β-C_2S 是在较低温度下生成，所以水化活性较高、水化较快，较早就能生成C－S－H凝胶，28d以后强度仍能不断增长。

3. 其他矿物

硫铝酸盐水泥中还有由原料所带入的铁在烧成时形成铁相。一般认为，铁相组成是介于 C_2F 和 C_6A_2F 之间的系列固溶体，具体组成与生料组成、烧成温度有关。

此外，硫铝酸盐水泥中一般还有少量游离石膏、钙钛矿存在。

3.2.2　硫铝酸盐水泥的水化硬化

硫铝酸盐水泥加水拌和时，迅速发生水化反应。一般认为，其主要水化产物为钙矾石

($C_3A \cdot 3CaSO_4 \cdot 32H_2O$,AFt)、$AH_3$凝胶和C—S—H凝胶。

无水硫酸钙(C_4A_3S)与石膏的水化反应按下式进行：

$$C_4A_3S+2(CaSO_4 \cdot 2H_2O)+34H_2O \rightarrow C_3A \cdot 3CaSO_4 \cdot 32H_2O+2AH_3$$

β-C_2S水化形成C—S—H凝胶和氢氧化钙：

$$C_2S+nH_2O \rightarrow C-S-H+CH$$

氢氧化钙又与系统中的AH_3和石膏反应生成钙矾石，其反应如下：

$$3CH+3CSH_2+AH_3+20H_2O \rightarrow C_3A \cdot 3CaSO_4 \cdot 32H_2O$$

当石膏不足时，还会生成单硫型硫铝酸钙：

$$C_4A_3S+18H_2O \longrightarrow C_3A \cdot 3CaSO_4 \cdot 12H_2O+2AH_3$$

在大量水存在的情况下，β-C_2S充分水化，发生下列反应：

$$C_4A_3S+2C_2S+23H_2O \longrightarrow C_3A \cdot 3CaSO_4 \cdot 12H_2O+C_2ASH_8+AH_3$$

综上所述，硫铝酸盐水泥水化首先生成针状钙矾石晶体。当石膏掺量不足时，还会生成低硫型水化硫铝酸钙，这些针状晶体相互搭接形成骨架结构，保证了水泥的早期强度；C—S—H凝胶和AH_3凝胶填充在水化硫铝酸钙中间，加固并致密了水泥石结构，保证了水泥后期强度的增长。改变水泥中石膏的加入量，可以制得不收缩、微膨胀、膨胀和自应力水泥。

3.2.3 硫铝酸盐水泥的性能和应用

硫铝酸盐水泥分为快硬硫铝酸盐水泥、低碱度硫铝酸盐水泥和自应力硫铝酸盐水泥。快硬硫铝酸盐水泥(R·SAC)以3d抗压强度，分为42.5、52.5、62.5和72.5四个强度等级。低碱度硫铝酸盐水泥(L·SAC)以7d抗压强度，分为32.5、42.5和52.5三个强度等级。自应力硫铝酸盐水泥(S·SAC)以28d自应力值，分为3.0、3.5、4.0和4.5四个自应力等级。

硫铝酸盐水泥的凝结时间较快，初凝和终凝的时间间隔较短，初凝一般在8～60min，终凝在10～90min。要使凝结变慢，通常加入缓凝剂。

硫铝酸盐水泥具有快硬和负温硬化的特点，在低温下(−15～25℃)，仍可水化硬化，这对加速模板周转和冬期施工具有重要的意义，可用于抢修工程、冬期施工工程，这种水泥还曾成功地应用于南极长城站的建设。硫铝酸盐水泥长期强度稳定，并不断增长。但其水化产物钙矾石在150℃以上会脱水，使强度大幅下降，故耐热性较差，一般应在常温下使用。

硫铝酸盐水泥液相碱度较低(pH值为10.5～11.5)，可与耐碱玻璃纤维匹配，来生产耐火性好的玻璃纤维增强水泥制品，可防止玻璃纤维的腐蚀。以此水泥为基础生产彩色水泥，可改善泛白现象。但低碱度对钢筋的保护作用较弱，混凝土保护层薄时钢筋腐蚀加重，在潮湿环境中使用，必须采取相应措施。

硫铝酸盐水泥不含C_3A矿物，且水泥石致密度高，所以具有较好的抗硫酸盐性能。

硫铝酸盐水泥还可用来配制膨胀水泥和自应力水泥等。

3.3 抗硫酸盐水泥

硫酸盐腐蚀是工程中常见的一种腐蚀类型，很多电站、大坝、海港等工程都由于硫酸盐腐蚀而过早破坏。我国八盘峡水电站工程，由于电站左岸山头硫酸根离子高达12300mg/L以上，致使主厂房的混凝土墙发生严重腐蚀。为确保混凝土工程的耐久性，除了采用适宜的混凝土工艺外，还要求工程中使用抗硫酸盐水泥。

根据《抗硫酸盐硅酸盐水泥》(GB 748—2005)规定，抗硫酸盐水泥按其抗硫酸盐性能，分为中抗硫酸盐水泥、高抗硫酸盐水泥两类。以特定矿物组成的硅酸盐水泥和熟料，加入适量石膏，磨细制成的具有抵抗中等浓度硫酸根离子侵蚀的水硬性胶凝材料，称为中抗硫酸盐硅酸盐水泥（简称中抗硫酸盐水泥）。具有抵抗较高浓度硫酸根离子侵蚀性能时，简称为高抗硫酸盐水泥。

3.3.1 硫酸盐腐蚀机理

硫酸盐腐蚀破坏是由于环境介质中的硫酸盐与水泥浆体中的矿物组分发生化学反应，形成膨胀性产物或者将浆体中的C—S—H 等强度组分分解而造成的。常见腐蚀反应见表 3-3-3。

表 3-3-3 混凝土硫酸盐侵蚀机理

侵蚀过程		反应式
基本侵蚀	SO_4^{2-} 侵入	$CH + SO_4^{2-} \longrightarrow C\bar{S}H_2 + OH^-$、
	石膏腐蚀	
	硫铝酸盐腐蚀	$C_3A \cdot C\bar{S} \cdot H_{12} + 2C\bar{S}H_2 + 16H \longrightarrow C_3A \cdot 3C\bar{S} \cdot H_{32}$
附加镁侵蚀	镁腐蚀 镁—石膏腐蚀	$3M\bar{S} + C\text{-}S\text{-}H \longrightarrow 3C\bar{S}H_2 + 3MH + 2S-H$
		$3M\bar{S} + C_3A \cdot C\bar{S} \cdot H_{12} \longrightarrow 4C\bar{S}H_2 + 3MH + AH_3$
		$M\bar{S} + CH + 2H \longrightarrow MH + C\bar{S}H_2$

3.3.2 抗硫酸盐水泥的矿物组成

由表 3-3-3 可知，硅酸盐水泥中易受腐蚀的组分主要是氢氧化钙和水化铝酸钙，因此，必须控制水泥熟料矿物组成，减少易受腐蚀组分的含量。GB 748—2005 规定，水泥中 C_3A 和 C_3S 需满足表 3-3-4 的要求。

表 3-3-4 抗硫酸盐水泥中 C_3A 和 C_3S 含量要求

分 类	C_3S 含量（质量分数，%）	C_3A 含量（质量分数，%）
中抗硫酸盐水泥	≤55.0	≤5.0
高抗硫酸盐水泥	≤50.0	≤3.0

一般来说，抗硫酸盐水泥熟料中 C_3A 不得超过 5.0%，C_3S 不得超过 55.0%，C_3A 与 C_4AF 的总量不超过 22.0%。用于严重腐蚀环境中的高抗硫酸盐水泥，则需 C_3A 不得超过 3.0%，C_3S 不得超过 50.0%。

3.3.3 抗硫酸盐水泥的应用

抗硫酸盐水泥适用于一般受硫酸盐腐蚀的海港、水利、地下、隧道、道路和桥梁等工程。由抗硫酸盐水泥制备的普通混凝土，一般可抵抗硫酸根离子浓度低于 2500mg/L 的纯硫酸盐腐蚀。

3.4 快硬高强水泥

高强、早强混凝土在土木工程中的应用日益增加，快硬高强水泥的品种和数量也随之增多。目前，我国快硬高强水泥已有很多品种。

3.4.1 快硬硅酸盐水泥

凡以硅酸钙为主要成分的水泥熟料，加入适量石膏，经磨细制成的具有早期强度增进率较快的水硬性胶凝材料，称为快硬硅酸盐水泥，简称快硬水泥。

快硬硅酸盐水泥的原料和生产过程与硅酸盐水泥基本相同，只是为了快硬和早强，生产时适当提高了熟料中 C_3S 和 C_3A 的含量，C_3S 含量达 50%～60%，C_3A 为 8%～14%，两者总量应不少于 60%～65%，同时适当增加石膏的掺量，并提高水泥的粉磨细度，通常比表面积达 $450m^2/kg$。

快硬硅酸盐水泥的早期、后期强度均较高，抗渗性和抗冻性好，水化放热量大，适用于早强、高强混凝土工程，以及紧急抢修工程和冬期施工等工程。由于其放热量大、耐腐蚀性差，因此，不得用于大体积混凝土工程和与腐蚀介质接触的混凝土工程。

快硬硅酸盐水泥易吸收空气中的水蒸气，存放时应注意防潮，且存放期一般不超过一个月。

3.4.2 快硬硫铝酸盐水泥

按 GB 20472－2006 规定，以适当成分的生料，经煅烧得到的以无水硫铝酸钙和硅酸二钙为主要矿物成分的水泥熟料，掺加少量的石灰石、适量石膏共同磨细制成，具有早期强度高的水硬性胶凝材料，称为快硬硫铝酸盐水泥(R－SAC)。

快硬硫铝酸盐水泥以 3d 抗压强度分为 42.5、52.5、62.5 和 72.5 四个强度等级。这是一种早期强度很高的水泥，其 12h 强度可达到 3d 强度的 60%～70%。快硬硫铝酸盐水泥各龄期强度要求见表 3-3-5。

表 3-3-5　快硬硫铝酸盐水泥各龄期强度要求

强度等级	抗压强度(MPa)			抗折强度(MPa)		
	1d	3d	28d	1d	3d	28d
42.5	30.0	42.5	45.0	6.0	6.5	7.0
52.5	40.0	52.5	55.0	6.5	7.0	7.5
62.5	50.0	62.5	65.0	7.0	7.5	8.0
72.5	55.0	72.5	75.0	7.5	8.0	8.5

快硬硫铝酸盐水泥具有快凝、早强、不收缩的特点，可用于配制早强、抗渗和抗硫酸盐侵蚀的混凝土。快硬硫铝酸盐适用于负温施工，浆锚、喷锚支护，抢修、堵漏水泥制品。

3.5 膨胀水泥

普通硅酸盐水泥在空气中硬化，通常都表现为收缩。由于收缩，混凝土内部会产生微裂纹，不但使混凝土的整体性破坏，而且会使混凝土的一系列性能变坏。例如，强度、抗渗性和抗冻性下降，会使外部侵蚀性介质(如腐蚀性气体、水汽等)透入，腐蚀混凝土或锈蚀钢筋，使混凝土的耐久性下降。另外，在浇筑装配式构件的接头或建筑物之间的连接处以及填塞孔洞、修补缝隙时，由于水泥石的干缩，也不能达到预期的效果。

膨胀水泥在硬化过程中能产生一定体积的膨胀，采用膨胀水泥配制混凝土，能改善甚至克服一般水泥收缩带来的不利影响。

3.5.1 膨胀原理

有许多化学反应能使混凝土产生膨胀，但适用于制造膨胀水泥的，主要有以下几种材料：

1. CaO

在水泥中掺入一定量的在特定温度下煅烧制得的氧化钙(生石灰),氧化钙水化时产生体积膨胀。煅烧温度通常控制在1150～1250℃。如我国的浇筑水泥,日本的石灰系膨胀剂等。

2. MgO

在水泥中掺入一定量的在特定温度下煅烧制得的氧化镁(菱苦土),氧化镁水化时产生体积膨胀。煅烧温度通常控制在900～950℃。如我国研制的用于油井和水工工程中的氧化镁膨胀剂。

3. 钙矾石(高硫型水化硫铝酸钙)

由于CaO和MgO的水化速度和膨胀速度对环境温度较敏感,且随煅烧温度和颗粒大小变化,因此,其膨胀性能不够稳定。除此之外,两者胶凝后强度比较低,所以在生产中没有得到广泛应用,实际应用较多的是形成钙矾石以产生膨胀。

在溶液中,只要有适当浓度的钙离子、铝酸盐和硫酸盐离子,就能形成钙矾石。一般情况下,硫酸盐离子由二水石膏或无水石膏提供,铝酸钙(C_3A、$C_{12}A_7$、CA、CA_2)提供铝酸盐离子,硅酸钙(C_3S、C_2S)矿物水化提供钙离子,无水硫铝酸钙则可同时提供上述离子。钙矾石的生成反应可简单表示为:

$$3CaO+Al_2O_3+3CaSO_4+32H_2O \rightarrow 3CaO \cdot Al_2O_3 \cdot 3CaSO_4 \cdot 32H_2O$$

膨胀水泥是利用水泥在一定水化阶段形成一定量的钙矾石相($3CaO \cdot Al_2O_3 \cdot 3CaSO_4 \cdot 32H_2O$)而使混凝土产生体积膨胀的水泥,如膨胀与自应力硅酸盐水泥、自应力铝酸盐水泥、膨胀与自应力硫铝酸盐水泥等。

4. 复合膨胀剂

两种及以上膨胀相复合形成膨胀源,称为复合膨胀剂。如由煅烧的钙质膨胀熟料、适量明矾石和石膏共同粉磨而成的复合膨胀剂,它依靠CaO水化产生早期膨胀,明矾石在石灰、石膏激发下形成钙矾石而产生后期膨胀。

3.5.2 常用膨胀水泥

按照膨胀值不同,膨胀水泥可分为膨胀水泥和自应力水泥。膨胀水泥的线膨胀系数一般在1%以下,相当或稍大于一般水泥的收缩率,可以补偿收缩,所以又称补偿收缩或无收缩水泥。自应力水泥的线膨胀系数一般为1%～3%,膨胀值较大,在限制条件(如配筋)下使混凝土产生压应力,这种压应力能使混凝土免于产生内部的微裂纹,还能抵消一部分外界因素所产生的拉应力,从而有效改善混凝土抗拉强度低的缺陷。

膨胀水泥按主要矿物组成可分为以下几种:

1. 硅酸盐膨胀水泥

硅酸盐膨胀水泥和自应力水泥是以适当比例的普通硅酸盐水泥、高铝水泥和石膏三者配制而成。我国生产的大致配比为:

(1)膨胀水泥:普通硅酸盐水泥77%～81%,高铝水泥12%～14%,二水石膏7%～9%;

(2)自应力水泥:普通硅酸盐水泥69%～73%,高铝水泥12%～15%,二水石膏15%～18%。

硅酸盐膨胀水泥和自应力水泥水化时产生膨胀的原因,主要是由于高铝水泥中的铝酸盐和石膏遇水化合,生成钙矾石。膨胀值的大小可通过改变高铝水泥和石膏的含量来调节,在一定的铝酸盐含量下,水泥的膨胀速度和膨胀量决定于石膏含量。

在硅酸盐膨胀水泥中，一般习惯称高铝水泥和石膏为膨胀组分，而硅酸盐水泥则为强度组分。膨胀组分与强度组分必须协调，若水泥的强度发展过快，则膨胀值或自应力值变小；若膨胀过大，则强度下降，甚至破坏。所以，配比必须恰当，并且与细度也有密切关系。此外，所用硅酸盐水泥强度等级不应低于 42.5，其 C_3A 含量以偏低为佳。这是因为 C_3A 水化较 CA 慢，会使膨胀延续到后期，难以稳定。而高铝水泥以 CA 为主要矿物组成，形成钙矾石的速度很快，水化 3d 时基本上已消耗完结，因此，所配水泥的膨胀稳定期短，较易控制。

2. 以高铝水泥为基础的膨胀水泥

它是在高铝水泥中加入适量二水石膏，或不同类型的石膏和水化铝酸盐或石灰等配制而成的一类膨胀水泥，包括不透水膨胀水泥、石膏矾土膨胀水泥、自应力铝酸盐水泥等。

3. 以硫铝酸盐水泥熟料为基础的膨胀水泥

它是以硫铝酸盐水泥为基础，再加入不同数量的石膏配制而成。随着石膏量的增加，水泥膨胀量由小到大递增，而成为微膨胀硫铝酸盐水泥、膨胀硫铝酸盐水泥和自应力硫铝酸盐水泥。用硫铝酸盐水泥熟料，外掺石膏混合粉磨制备膨胀水泥时，所引进的 SO_3 含量在 6%～7%（15%～25%石膏）；生产自应力水泥时，则宜增加到 12%～14%（25%～50%石膏）。

根据水泥 28d 自应力值大小，自应力硫铝酸盐水泥可划分为 3.0、3.5、4.0、4.5 四个等级，见表 3-3-6。

表 3-3-6 自应力硫铝酸盐水泥各龄期自应力值要求

级别	7d(MPa)	28d(MPa)	
	≥	≥	≤
3.0	2.0	3.0	4.0
3.5	2.5	3.5	4.5
4.0	3.0	4.0	5.0
4.5	3.5	4.5	5.5

3.5.3 膨胀水泥的应用

膨胀水泥适用于补偿混凝土收缩的结构工程，做防渗层或防渗混凝土，填灌构件的接缝及管道接头，也可用于堵漏和抢修补强工程、固结机器底座及地脚螺钉等。

自应力水泥主要用于制造输水、输油、输气用自应力水泥钢筋混凝土压力管。其中，硫铝酸盐自应力水泥性能稳定，成品率比自应力硅酸盐水泥高，一般在 95%以上。铝酸盐自应力水泥是一种用于制造水泥压力管的专用水泥，这种水泥自应力值高，抗渗性和气密性能好，制管的成品合格率也高，主要用以制造较大口径的高压输水、输气管。

3.6 低热水泥

低热水泥是一类专用于大坝等大体积混凝土工程、具有较低水化热的水泥品种。水泥在水化时必然产生一定量的水化热，而混凝土热导率较低，散热困难，这对大体积混凝土尤其不利。例如，水工大坝浇筑时，坝体内部几乎处于绝热状态，水泥水化放热能使内部混凝土温度升至 60℃以上，与冷却较快的混凝土表面温差达数十度。水化后期，由于物体热胀冷缩，坝体内外产生不均匀收缩，产生较大拉应力，当应力值超过混凝土的抗拉强度时，就出现所谓的温差裂缝，降低了工程的耐久性。采用低热水泥，是减少和消除这一影响最直接、有效的途径之一。

3.6.1　低热水泥的矿物组成

低热水泥包括低热硅酸盐水泥(简称低热水泥)、低热矿渣硅酸盐水泥(简称低热矿渣水泥)、中热硅酸盐水泥(简称中热水泥)、低热微膨胀水泥和低热粉煤灰水泥等。

根据《中热硅酸盐水泥低热硅酸盐水泥低热矿渣硅酸盐水泥》(GB 200－2003)规定,凡以适当成分的硅酸盐水泥熟料加入适量石膏磨细制成的具有中等(低)水化热的水硬性胶凝材料,称为中(低)热硅酸盐水泥。这种水泥不得掺入混合材。低热矿渣水泥是在低热硅酸盐水泥基础上,掺加20%～60%水泥质量的粒化高炉矿渣,并允许用不超过混合材料总量50%的磷矿渣或粉煤灰代替部分矿渣,共同粉磨制备的具有低水化热的水硬性胶凝材料。低热粉煤灰水泥尚无国家标准,其生产和使用一般参考低热矿渣水泥,粉煤灰掺量为20%～40%。

低热水泥熟料矿物组成仍然是C_3S、C_2S、C_3A和C_4AF,各矿物水化热如表3-3-7所示。

表3-3-7　水泥熟料单矿物完全水化放热量

熟料矿物成分	C_3S	C_2S	C_3A	C_4AF	*f*-CaO
完全水化放热量(kJ/kg)	502	259	866	418	1161

由表3-3-7数据可知,在C_3S、C_2S、C_3A和C_4AF中,C_3A水化放热量最大,C_3S次之,C_2S最低,其水化放热速率规律也与此类似。显然,降低C_3A和C_3S含量,是降低水泥水化热的有效途径。但C_3S是硅酸盐水泥熟料的主要强度组分,含量太低则水泥早期强度得不到保证,故C_3S不宜过分减少。另外,*f*-CaO消解时放热量也很高,所以其含量也应严格控制。低热水泥熟料矿物组成及有关要求见表3-3-8。

表3-3-8　低热水泥熟料矿物组成及要求

品　种	C_3A	C_3S	C_2S	MgO	*f*-CaO	R_2O	备　注
中热水泥	≤6	≤55		≤5	≤1.0	≤0.6	$R_2O=Na_2O+0.658K_2O$
低热水泥	≤6		≥40	≤5	≤1.0	≤0.6	
低热矿渣水泥	≤8			≤5	≤1.2	≤1.0	

3.6.2　低热水泥的水化热

低水化热是低热、中热水泥最主要的特性,有关水泥品种的水化热上限值见表3-3-9。

表3-3-9　低热水泥的各龄期水化热限值

品　种	强度等级	水化热(kJ/kg)	
		3d	7d
中热水泥	42.5	251	293
低热水泥	42.5	230	260
低热矿渣水泥	32.5	197	230

3.6.3　低热微膨胀水泥

低热微膨胀水泥是20世纪70年代我国研发的一类新型低热水泥品种,具有低水化热、高早强、微膨胀的性能特点。它针对一般低热水泥硬化过程中固有的“干缩效应”引起混凝土开裂的问题，通过水化早期的适度膨胀来补偿混凝土后期的干燥收缩。该水泥品种已在我国多个大中型水电工程的大体积混凝土中使用。

低热微膨胀水泥属于熟料—矿渣—石膏系列，为提高水泥的早期强度，保证微膨胀值，水泥中的 SO_3 含量相应增加到 4%～6%。

作为一种专用水泥品种，根据其特殊性能要求，我国专门制定了相应的国家标准——《低热微膨胀水泥》(GB 2938—2008)，对其性能提出了具体的指标要求，见表 3-3-10。

表 3-3-10　低热微膨胀水泥的主要技术指标

强度等级	抗压强度(MPa)		抗折强度(MPa)		线膨胀率(%)			水化热(kJ/kg)	
	7d	28d	7d	28d	1d	7d	28d	3d	7d
32.5	18.0	32.5	5.0	7.0	0.05	0.10	0.60	185	220

由表 3-3-10 数据可知，同强度等级的低热微膨胀水泥各龄期水化热，比低热矿渣水泥的相应值还要低。此外，低热微膨胀系列水泥的主要组分是矿渣和粉煤灰，水泥碱度低，且水泥石结构非常密实，因而，它对淡水和硫酸盐也具有较好的抗蚀性。

3.7　砌筑水泥

1. 定义

凡由一种或一种以上的水泥混合材料，加入适量硅酸盐水泥熟料和石膏，经磨细制成的工作性较好的水硬性胶凝材料，称为砌筑水泥，代号 M。砌筑水泥主要用于砌筑和抹面砂浆、垫层混凝土等，不应用于结构混凝土。

2. 强度等级

砌筑水泥分 12.5 和 22.5 两个强度等级。

3. 技术要求

(1)三氧化硫：砌筑水泥中三氧化硫含量应不大于 4.0%。

(2)细度：80μm 方孔筛筛余不大于 10.0%。

(3)凝结时间：初凝时间不早于 60min，终凝不迟于 12h。

(4)安定性：用沸煮法检验应合格。

(5)保水率：保水率不低于 80%。

(6)强度：强度满足表 3-3-11 要求。

表 3-3-11　砌筑水泥强度等级表

水泥等级	抗压强度(MPa)		抗折强度(MPa)	
	7d	28d	7d	28d
12.5	7.0	12.5	1.5	3.0
22.5	10.0	22.5	2.0	4.0

3.8　道路水泥

20 世纪 50 年代中期，随着汽车工业的发展，人们对公路质量的要求越来越高，一些国家开始将原用于机场跑道的水泥混凝土用作公路，尤其是高速公路的路面材料。早期的道路混凝土以石油沥青为胶结料，耐老化性差、温度稳定性低、使用寿命短，因此维护费用高。道路水泥混凝土则具有承载力强、路面阻力小、使用寿命长（可达30～40年，是沥青水泥的几倍）和维修费用低的优点。虽然一次性投资较高，但综合效益高，现已被人们广泛接受。

道路水泥是道路硅酸盐水泥的简称。根据国家标准《道路硅酸盐水泥》（GB 13693－2005），它是由道路硅酸盐水泥熟料、适量石膏，加入标准规定的混合材料，磨细制成的水硬性胶凝材料，代号P·R(portland cement for road)。

道路水泥是在硅酸盐水泥的基础上，通过对水泥熟料矿物组成的调整及合理煅烧、粉磨，使其抗折强度得到增强，同时达到增韧、阻裂、抗冲击、抗冻和抗疲劳等性能。为此，其水泥熟料的组成有如下限制：$C_3A \leqslant 5.0\%$，$C_4AF \geqslant 16\%$。

根据路面实际的应用环境和条件，道路水泥需具备以下技术特性（以道路硅酸盐水泥为例）：

(1) 氧化镁：道路水泥中氧化镁含量不得超过5.0%。

(2) 氧化硫：道路水泥中氧化硫含量不得超过3.5%。

(3) 烧失量：道路水泥中的烧失量不得大于3.0%。

(4) 游离氧化钙：道路水泥熟料中的游离氧化钙，旋窑生产不得大于1.0%，立窑生产不得大于1.8%。

(5) 碱含量：如用户提出要求时，由供需双方商定。

(6) 铝酸三钙：道路水泥熟料中铝酸三钙的含量不得大于5.0%。

(7) 铁铝酸四钙：道路水泥熟料中铁铝酸四钙的含量不得小于16.0%。

(8) 细度：80μm方孔筛筛余不大于10.0%。

(9) 凝结时间：初凝时间不早于1.5h，终凝时间不迟于10h。

(10) 安定性：用沸煮法检验必须合格。

(11) 干缩率：28d干缩率不得大于0.10%。

(12) 耐磨性：以磨损量表示，不得大于$3.0kg/m^2$。

(13) 强度：不得低于表3-3-12的规定。

表3-3-12　道路水泥的等级与各龄期强度

强度等级	抗压强度(MPa)		抗折强度(MPa)	
	3d	28d	3d	28d
32.5	16.0	32.5	3.5	6.5
42.5	21.0	42.5	4.0	7.0
52.5	26.0	52.5	5.0	7.5

道路硅酸盐水泥适用于不同等级的公路，尤其是高速公路路面和机场路面以及其他水泥混凝土路面工程。道路水泥混凝土的抗冲击性能、耐磨性和抗蚀性均明显优于一般水泥混凝土，采用道路水泥修筑的各种路面工程的耐久性和使用寿命均显著提高。道路水泥以其特有的多种优良性能，满足了各种路面结构的技术要求，已成为交通建设中不可缺少的一种专用水泥品种，具有十分广阔的应用前景。

3.9 白色硅酸盐水泥

1.定义

由氧化铁含量少的白色硅酸盐水泥熟料、适量石膏，0～10%的石灰石或窑灰，磨细制成的水硬性胶凝材料称为白色硅酸盐水泥(简称白水泥)，代号P·W。

白色硅酸盐水泥熟料是以适当成分的生料烧至部分熔融，所得以硅酸钙为主要成分，氧化铁含量少的熟料。要想使水泥变白，主要控制其中氧化铁(Fe_2O_3)的含量，当Fe_2O_3的含量小于0.5%时，则水泥接近白色。烧制白色硅酸盐水泥要在整个生产过程中控制氧化铁的含量。

2.强度等级

白水泥按规定的抗压强度和抗折强度分为32.5、42.5和52.5三个强度等级，各强度等级的各龄期强度应不低于表3-3-13的规定。

表3-3-13 白水泥各龄期强度

强度等级	抗压强度(MPa)		抗折强度(MPa)	
	3d	28d	3d	28d
32.5	12.0	32.5	3.0	6.0
42.5	17.0	42.5	3.5	6.5
52.5	22.0	52.5	4.0	7.0

3.技术要求

(1)三氧化硫：水泥中三氧化硫含量应不大于3.5%。

(2)细度：80μm方孔筛筛余不大于10.0%。

(3)凝结时间：初凝时间不早于45min，终凝时间不迟于10h。

(4)安定性：用沸煮法检验必须合格。

(5)水泥白度：水泥白度值应不低于87。

白色硅酸盐水泥主要用于建筑装饰，如在粉磨时加入碱性颜料，可制成彩色水泥；也可在白水泥中加颜料使其变成彩色水泥，用于彩色路面等。

模块知识巩固

1.硅酸盐水泥熟料是由哪几种矿物组成的？它们的水化产物是什么？

2.硅酸盐水泥的凝结硬化过程是怎样进行的？

3.国标中规定通用水泥的初凝时间和终凝时间对施工有什么实际意义？

4.如何采取措施防止水泥的腐蚀？

5.何谓水泥的体积安定性？造成体积安定性不良的原因是什么？

6.水泥生产过程中加入适量石膏为什么对水泥不起破坏作用？

7.铝酸盐水泥的主要矿物成分是什么？它适用于哪些地方？使用时应注意什么？

8.生料的配制工艺。

9.硅酸盐水泥的生产方法及熟料烧结。

10.新型干法工艺采用窑外分解的原因。

11.硅酸盐水泥熟料矿物形成的物理化学过程。

12.硅酸盐熟料矿物的形成过程。

13. 为什么熟料出窑后要快速冷却?
14. 水泥熟料中各氧化物的作用。
15. 硅酸盐水泥熟料的矿物组成。
16. 铝酸三钙在有 $Ca(OH)_2$ 和石膏中的水化特点。
17. 硅酸三钙水化过程中为什么会出现诱导期?
18. 延迟成核假说。
19. 早凝和假凝现象。
20. 硅酸盐水泥的水化过程。
21. 影响硅酸盐水泥水化速率的因素。
22. 水泥石的结构。
23. 影响水泥石结构强度的主要因素。
24. 水泥石的体积变化。
25. 加入引气剂能提高水泥石耐久性的原因是什么?

扩展阅读

【材料 1】荧光水泥

日本研制出一种荧光水泥,其原理是在水泥中掺入一些可以发光的荧光物质,水泥借助这类物质作为发光源,向外发出不同颜色的光。例如,硫化锌发光水泥是在水泥中添加了硫化锌等发光物质,这样该水泥可发出红、蓝、绿、黄、象牙色五种颜色的光。荧光水泥在阳光和灯光的照射下,只要几分钟的照射时间,就能发光 15～60min,而且这种水泥还具有耐火、耐久性强、无公害等优点,可用于交通道路、地下隧道及室内照明。

【材料 2】绿色水泥

绿色水泥是一种水化硬化后既能适合植物生长,又具有一定强度的水泥。这种水泥可大量用于城市休闲绿地,住宅小区的绿化,停车场、屋顶花园、建筑物墙面绿化等。绿色水泥的应用,可大幅度提高城市绿化面积,改善城市生态环境。用于高速公路的护坡、江河的固堤,既能固土,又能起到美化、绿化的作用。绿色水泥的进一步开发,还可应用于沙漠固沙,为沙漠治理提供新的技术途径与材料。这种水泥在生产过程中,应考虑水泥水化后形成的高碱环境和其对植物所需营养元素供给的影响(如氮、磷、钾等元素)。

【材料 3】新型干法水泥生产线介绍

1. 破碎及预均化

(1)破碎。水泥生产过程中,大部分原料要进行破碎,如石灰石、黏土、铁矿石及煤等。石灰石是生产水泥用量最大的原料,开采后的粒度较大,硬度较高,因此石灰石的破碎在水泥厂的物料破碎中占有比较重要的地位。

(2)原料预均化。预均化技术就是在原料的存、取过程中,运用科学的堆取料技术,实现原料的初步均化,使原料堆场同时具备贮存与均化的功能。

2. 生料制备

水泥生产过程中,每生产 1t 硅酸盐水泥至少要粉磨 3t 物料(包括各种原料、燃料、熟料、混合料、石膏)。据统计,干法水泥生产线粉磨作业需要消耗的动力约占全厂动力的 60%以上,其中生料粉磨占 30%以上,煤磨约占 3%,水泥粉磨约占 40%。因此,合理选择粉磨设备和工艺流程，优化工艺参数，正确操作，控制作业制度，对保证产品质量、降低能耗具有重大意义。

3. 生料均化

新型干法水泥生产线过程中，稳定入窖生料成分是稳定熟料烧成热工制度的前提，生料均化系统起着稳定入窖生料成分的最后一道把关作用。

4. 预热分解

生料的预热和部分分解由预热器来完成，代替回转窑部分功能，达到缩短回窑长度，同时使窑内以堆积状态进行气料换热过程，移到预热器内在悬浮状态下进行，使生料能够同窑内排出的炽热气体充分混合，增大了气料接触面积，传热速度快，热交换效率高，达到提高窑系统生产效率、降低熟料烧成热耗的目的。

(1)物料分散。换热80%在入口管道内进行。喂入预热器管道中的生料，在与高速上升气流的冲击下，物料折转向上随气流运动，同时被分散。

(2)气固分离。当气流携带料粉进入旋风筒后，被迫在旋风筒筒体与内筒(排气管)之间的环状空间内做旋转流动，并且一边旋转一边向下运动，由筒体到锥体，一直可以延伸到锥体的端部，然后转而向上旋转上升，由排气管排出。

(3)预分解。预分解技术的出现是水泥煅烧工艺的一次技术飞跃。它是在预热器和回转窑之间增设分解炉和利用窑尾上升烟道，设燃料喷入装置，使燃料燃烧的放热过程与生料的碳酸盐分解的吸热过程，在分解炉内以悬浮态或流化态迅速进行，使入窑生料的分解率提高到90%以上。将原来在回转窑内进行的碳酸盐分解任务，移到分解炉内进行；燃料大部分从分解炉内加入，少部分由窑头加入，减轻了窑内煅烧带的热负荷，延长了衬料寿命，有利于生产大型化；由于燃料与生料混合均匀，燃料燃烧热及时传递给物料，使燃烧、换热及碳酸盐分解过程得到优化。因而，它具有优质、高效、低耗等一系列优良性能及特点。

5. 水泥熟料的烧成

生料在旋风预热器中完成预热和预分解后，下一道工序是进入回转窑中进行熟料的烧成。

在回转窑中，碳酸盐进一步的迅速分解并发生一系列的固相反应，生成水泥熟料中的等矿物。随着物料温度的升高，等矿物会变成液相，溶解于液相中并进行反应生成大量熟料。熟料烧成后，温度开始降低。最后由水泥熟料冷却机将回转窑卸出的高温熟料冷却到下游输送、贮存库和水泥磨所能承受的温度，同时回收高温熟料的显热，提高系统的热效率和熟料质量。

6. 水泥粉磨

水泥粉磨是水泥制造的最后工序，也是耗电最多的工序。其主要功能在于将水泥熟料(及胶凝剂、性能调节材料等)粉磨至适宜的粒度(以细度、比表面积等表示)，形成一定的颗粒级配，增大其水化面积，加速水化速度，满足水泥浆体凝结、硬化要求。

7. 水泥包装

水泥出厂有袋装和散装两种发运方式。

模块四 活性无机混合材料

模块概述

《建筑材料行业“十二五”科技发展规划》提出了作为水泥和混凝土组分的大宗工业固体废物向混凝土“性能调节型”功能材料发展的概念，摆脱掺和料、混合材这样的落后概念，从具有胶凝性(如一些材料具有的潜在胶凝性)扩展到改善微结构、工作性、水化动力学功能。本模块仍旧用“活性无机混合材料”来代替“性能调节型功能材料”概念的描述。各种活性无机混合材料的应用，改善了无机胶凝材料的性能，促进了胶凝材料新品种和新技术的发展，促进了工业副产品在胶凝材料系统中更多的应用，还有助于节约资源和保护环境，活性无机混合材料已经逐步成为优质无机胶凝材料必不可少的材料。按水化活性来分，无机混合材料主要分为活性混合材料和非活性混合材料。本模块主要介绍了火山灰质、高炉矿渣、硅灰和矿物聚合物等活性混合材料。

知识目标

能正确表述无机混合材料的定义及分类；

能掌握活性混合材料和非活性混合材料的特性及其在水泥中的作用；

能基本掌握火山灰质活性混合材料化学成分和种类；

能掌握火山灰质活性混合材料应用于水泥材料中的技术指标；

能掌握高炉矿渣的生产及特性，高炉矿渣应用于水泥材料中的技术指标；

能掌握硅灰活性混合材的特性及应用；

能了解矿物聚合物活性混合材料的特性及应用。

技能目标

能正确分析活性混合材料和非活性混合材料的性能，并进行合理选择和使用；

根据现行标准规范，能正确检测火山灰质、高炉矿渣、硅灰及其他活性混合材的各项性能指标；

能正确保管和贮存活性无机混合材料；

能独立处理试验数据，正确填写试验报告；

能根据工程特点及所处环境，正确选择、合理使用混合材料，会运用现行标准规范检测、分析和处理建筑工程施工中出现的技术问题。

课时建议

8 学时

项目1 无机混合材料概述

在水泥生产过程中，为改善水泥性能、调节水泥强度等级而掺加到水泥中的矿物质原料称为混合材料，它分为活性混合材料和非活性混合材料。混合材料有天然的，也有人为形成的（如工业废渣等）。在硅酸盐水泥中掺加一定量的混合材料，能改善原水泥的性能，增加品种，提高产量，节约熟料，降低成本，扩大水泥的使用范围。

中国建筑材料联合会2011年10月18日颁布的《建筑材料行业"十二五"科技发展规划》指出，大宗工业废弃物在水泥、玻璃、陶瓷、砖瓦、水泥制品等建材领域的无害化处置、资源化利用使得这些产业成为我国冶金、电力、煤炭、化工等产业发展循环经济的关键节点，并将"废物处置及其综合利用"作为"十二五"时期行业科技创新的七个重点领域之一。同时提出了作为水泥和混凝土组分的大宗工业固体废物向混凝土"性能调节型"功能材料发展的概念，摆脱掺和料、混合材这样的落后概念，从具有胶凝性（如一些材料具有的潜在胶凝性）扩展到改善微结构、工作性、水化动力学功能。这一概念在后来的研究中逐渐被广泛接受。现代粉体材料改性技术的发展为"性能调节型"材料的发展提供了技术支撑。随着粉体超细和改性技术的发展，一些工业固体废弃物、天然硅质和硅铝质矿物在水泥和混凝土中的功能化作用更加明显。试想，如果每年1.3亿t的矿渣和3亿t的粉煤灰，还有其他的尾矿粉体材料，都能变成高品质的性能调节功能材料，这对于节约水泥和改善提高混凝土性能都将会产生巨大的作用。

1.1 活性混合材料

活性混合材料是指具有火山灰性或潜在水硬性，或兼有火山灰性和水硬性的矿物质材料。

火山灰性是指磨细的矿物质材料和水拌和成浆后，单独不具有水硬性，但在常温下与外加的石灰一起和水后的浆体，能形成具有水硬性化合物的性能，如火山灰、粉煤灰、硅藻土等。

潜在水硬性是指该类矿物质材料只需在少量外加剂的激发条件下，即可利用自身溶出的化学成分，生成具有水硬性的化合物，如粒化高炉矿渣等。

水泥中常用的活性混合材有：

(1)粒化高炉矿渣。粒化高炉矿渣是高炉冶炼生铁所得，以硅酸钙(β-C_2S)与铝硅酸钙(C_2AS)等为主要成分的熔融物，经淬冷成粒后的产品。矿渣的化学成分主要为CaO、Al_2O_3、SiO_2，通常占总量的90%以上，此外尚有少量的MgO、FeO和一些硫化物等。矿渣的活性，不仅取决于化学成分，而且在很大程度上取决于内部结构。矿渣熔体在淬冷成粒时，阻止了熔体向结晶结构转变，而形成玻璃体，因此具有潜在水硬性。

(2)火山灰质混合材。火山灰质混合材是具有火山灰性的天然或人工的矿物质材料。如天然的火山灰、凝灰岩、浮石、硅藻土等，人工的烧黏土、煤矸石灰渣、粉煤灰及硅灰等。

(3)粉煤灰。粉煤灰是从电厂煤粉炉烟道气体中收集的粉末，以SiO_2和Al_2O_3为主要化学成分，含少量CaO，具有火山灰性。按煤种分为F类和C类，可以袋装或散装。袋装每袋净含量为25kg或40kg。包装袋上应标明产品名称（F类、C类）、等级、分选或磨细、净含量、批号、执行标准等。

1.2 非活性混合材

非活性混合材是指在水泥中主要起填充作用，而又不损害水泥性能的矿物质材料。非活性混合材料掺入水泥中主要起调节水泥强度、增加水泥产量及降低水化热等作用。常用的有磨细石英砂、石灰粉及磨细的块状高炉矿渣与高硅质炉灰等。在制备普通混凝土拌和物时，为节约水泥，改善混凝土性能，调节混凝土强度等级而掺入的天然或人工的磨细混合材料，称为掺合料。

项目2 火山灰质混合材料

根据《用于水泥中的火山灰质混合材料》(GB/T 2847－2005)规定，凡是具有火山灰性的天然的或人工的矿物质材料都称为火山灰质混合材料。

火山灰是指由火山喷发出的直径小于2mm的碎石和矿物质粒子。在爆发性的火山运动中，固体石块和熔浆被分解成细微的粒子而形成火山灰，常呈深灰、黄、白等色，堆积压紧后成为凝灰岩。人们发现在石灰中掺入火山爆发时喷出的火山灰后，不但能在空气中硬化，而且也能在水中硬化，获得与一般水泥相似的水硬性质。这说明火山灰质混合材料是一种活性混合材，它可以作为硅酸盐水泥的混合材料，制成火山灰质硅酸盐水泥。在水泥中掺入火山灰质混合材料，不但可以改善水泥的某些性能，而且还可以达到节约燃料，增加水泥产量和利用工业废料的目的。

真正的火山灰基本上是由少量晶质矿物嵌入大量玻璃质中所形成的，玻璃质或多或少的因风化而变质，其多孔性像凝胶一样，具有大量的内比表面积，其中除含可溶性SiO_2外，还含相当数量的可溶性的Al_2O_3。火山灰化学成分的波动范围为：45%～60% SiO_2，15%～30%($Al_2O_3+Fe_2O_3$)，15% ($CaO+MgO+R_2O$)(杂质)，10%左右烧失量。

2.1 火山灰质混合材料的化学成分和种类

1.根据火山灰质混合材料的来源分类

火山灰质混合材料按其成因，可分为天然和人工的火山灰质混合材料两大类(见表4-2-1)。

表4-2-1 天然及人工火山灰质混合材料

天然火山灰质混合材料		人工火山灰质混合材料	
火山灰	火山喷发的细粒碎屑的疏松沉淀物	煤矸石	煤层中炭质页岩经自燃或煅烧后的产物
凝灰岩	由火山灰沉积形成的致密岩石	烧页岩	页岩或油母页岩经自燃或煅烧后的产物
沸石岩	凝灰岩经环境介质作用而形成的一种以碱或碱金属的含铝硅酸盐矿物为主的岩石	烧黏土	黏土经煅烧后的产物
浮石	火山喷出的多孔玻璃质岩石	煤渣	煤炭燃烧后的残渣
硅藻土或硅藻石	由极细致的硅藻壳聚集、沉积形成的生物岩石，一般硅藻土呈松土状	硅质渣	由矾土提取硫酸铝的残渣

2.根据火山灰质混合材料与石灰结合的性质分类

火山灰质混合材料的活性来源是其中的活性 SiO_2 和活性 Al_2O_3 对石灰的吸收，所以，按其活性的大小可分为三类：

(1)含水硅酸质混合材料。以无定形的 SiO_2 为主要活性成分，含有结合水，形成 $SiO_2 \cdot nH_2O$ 的非晶体质矿物。与石灰的反应能力强、活性好，但拌和成浆时需水量大，影响硬化体性能且干缩较大。属于这一类的有硅藻土、硅藻石、蛋白石以及硅质渣等，具体见表 4-2-2。

表 4-2-2 含水硅酸质混合材料的主要品种

名称	化学成分举例(质量分数 %)					
	SiO_2	Al_2O_3	Fe_2O_3	CaO	MgO	烧失量
硅藻土	68.78	14.98	4.30	1.90	0.78	6.57
硅藻石	76.50	7.70	3.20	1.90	1.90	7.90
蛋白石	88.92	4.28	2.03	0.41	0.44	2.43
硅质渣	79.10	4.70	4.70	0.30	0.30	13.80

(2)铝硅玻璃质混合材料。除以 SiO_2 为主要成分外，还会有一定数量的 Al_2O_3 和少量的碱性氧化物(Na_2O+K_2O)，它是由高温熔体经过不同程序急速冷却而成。其活性决定于化学成分及冷却速度，并与玻璃体含量有直接关系。火山爆发的生成物，如火山灰、凝灰岩、浮石等属于天然的混合材料，其中常有结合水存在；而人工的则是煤粉燃烧后的灰渣，如粉煤灰、液态渣等，具体见表 4-2-3。

表 4-2-3 铝硅玻璃质混合材料的主要品种

名称	化学成分举例(质量分数 %)					
	SiO_2	Al_2O_3	Fe_2O_3	CaO	MgO	烧失量
火山灰	45.50	15.12	12.05	12.92		—
凝灰岩	64.67	17.03	4.20	3.48	1.21	4.63
粗面凝灰岩	67.68	12.83	0.50	6.20	6.20	10.53
浮石	66.00	15.00	3.00	2.00	0.30	3.00
粉煤灰	50.94	26.03	5.72	3.68	1.11	7.22
液态渣	50.92	29.34	11～12	2～3	1.0～1.2	—

(3)烧黏土质混合材料。活性组分主要为脱水黏土矿物，如脱水高岭土($Al_2O_3 \cdot 2SiO_2$)，其化学成分以 SiO_2 和 Al_2O_3 为主，其 Al_2O_3 含量与活性大小有关。这种材料一般用高岭土多的原料(如黏土等)经煅烧而得，主要有烧黏土、煤矸石灰渣、沸腾炉渣以及页岩等，具体见表 4-2-4。

表 4-2-4 烧黏土质混合材料的主要品种

名称	化学成分举例(质量分数 %)					
	SiO_2	Al_2O_3	Fe_2O_3	CaO	MgO	烧失量
烧黏土	60.46	25.18	8.04	0.86	0.70	3.68
煤矸石灰渣	62.90	23.28	6.00	2.31	0.80	2.68
沸腾炉渣	63.80	23.10	4.04	2.74	0.87	1.80
页岩渣	54.20	28.00	11.40	0.56	1.31	3.18

在水泥工业中使用火山灰质混合材料，是综合利用地方性资源和各种工业废料的重要方面，可以因地制宜，就地取材。随着近代工业的高速发展，粉煤灰、煤矸石、沸腾炉渣等工业废料越来越多，应该加以充分利用。

2.2 粉煤灰

根据《用于水泥和混凝土中的粉煤灰》(GB/T 1596—2005)规定，从煤粉炉烟道气体中收集的粉末称为粉煤灰。煤粉在炉膛中呈悬浮状态燃烧，燃煤中的绝大部分可燃物都能在炉内烧尽，而煤粉中的不燃物(主要为灰分)大量混杂在高温烟气中。这些不燃物因受到高温作用而部分熔融，同时由于其表面张力的作用，形成大量细小的球形颗粒。在锅炉尾部引风机的抽气作用下，含有大量灰分的烟气流向炉尾。随着烟气温度的降低，一部分熔融的细粒因受到一定程度的急冷呈玻璃体状态，从而具有较高的潜在活性。在引风机将烟气排入大气前，上述这些细小的球形颗粒，经过除尘器被分离、收集，即为粉煤灰。

我国是个产煤大国，以煤炭为电力生产基本燃料。电力工业的迅速发展，使粉煤灰排放量急剧增加，燃煤热电厂每年所排放的粉煤灰总量逐年增加，1995 年粉煤灰排放量达 1.25 亿 t，2000 年约为 1.5 亿 t，到 2010 年达到 3 亿 t，给我国的国民经济建设及生态环境造成巨大的压力；另外，我国又是一个人均资源占有量有限的国家，粉煤灰的综合利用，变废为宝、变害为利，已成为我国经济建设中一项重要的技术经济政策。

1. 粉煤灰的化学成分和矿物组成

我国火电厂粉煤灰的主要氧化物组成为：SiO_2、Al_2O_3、FeO、Fe_2O_3、CaO、TiO_2、MgO、K_2O、Na_2O、SO_3、MnO_2、P_2O_5等。其中，氧化硅、氧化钛来自黏土、页岩；氧化铁主要来自黄铁矿；氧化镁和氧化钙来自与其相应的碳酸盐和硫酸盐。

由于煤的灰量变化范围很广，而且这一变化不仅发生在来自世界各地或同一地区不同煤层的煤中，也发生在同一煤矿不同部分的煤中。因此，构成粉煤灰的具体化学成分含量，也就因煤的产地、燃烧方式和程度等不同而不同，具体见表 4-2-5。

表 4-2-5 我国电厂粉煤灰化学组成(%)

成分	SiO_2	Al_2O_3	$F3_2O_3$	CaO	MgO	SO_3	Na_2O	K_2O	烧失量
范围	34.30～65.76	14.59～40.12	1.50～6.22	0.44～16.80	0.20～3.72	0.00～6.00	0.10～4.23	0.02～2.14	0.63～29.97
均值	50.8	28.1	6.2	3.7	1.2	0.8	1.2	0.6	7.9

粉煤灰的活性主要来自其中的活性 SiO_2(玻璃体 SiO_2)和活性 Al_2O_3(玻璃体 Al_2O_3)在一

定碱性条件下的水化作用。因此，粉煤灰中活性 SiO_2、活性 Al_2O_3 和 f-CaO（游离氧化钙）都是活性的有利成分。此外，硫在粉煤灰中一部分以可溶性石膏（$CaSO_4$）形式存在，它对粉煤灰早期强度的发挥有一定作用，因此粉煤灰中的硫也是粉煤灰活性的有利组成成分。粉煤灰中的钙含量在 3%左右，它对胶凝体的形成是有利的。粉煤灰中少量的 MgO、Na_2O、K_2O 等生成较多玻璃体，在水化反应中会促进碱硅反应。但 MgO 含量过高时，对安定性带来不利影响。粉煤灰中的未燃碳粒疏松多孔，是一种惰性物质，不仅对粉煤灰的活性有害，而且对粉煤灰的压实也不利。另外，过量的 Fe_2O_3 对粉煤灰的活性也不利。

由于煤粉各颗粒间的化学成分并不完全一致，因此燃烧过程中形成的粉煤灰在排出的冷却过程中，形成了不同的物相。冷却速度较快时，玻璃体含量较多；反之，玻璃体容易析晶。可见，从物相上讲，粉煤灰是晶体矿物和非晶体矿物的混合物，其矿物组成的波动范围较大。一般晶体矿物为石英、莫来石、氧化铁、氧化镁、生石灰及无水石膏等，非晶体矿物为玻璃体、无定形碳和次生褐铁矿，其中玻璃体含量占 50%以上。

2. 粉煤灰的物理化学性质

粉煤灰的物理性质包括密度、堆积密度、细度、比表面积、需水量等，这些性质是化学成分及矿物组成的宏观反映。由于粉煤灰的组成波动范围很大，这就决定了其物理性质（表 4-2-6）的差异也很大。

表 4-2-6 粉煤灰的基本物理性质

项目		范围	平均值
密度（g/cm^3）		1.9～2.9	2.1
堆积密度（g/cm^3）		0.531～1.261	0.780
比表面积（cm^2/g）	氮吸附法	800～19500	3400
	透气法	1180～6530	3300
原灰标准稠度（%）		27.3～66.7	48.0
需水量（%）		89～130	106
28d 抗压强度比（%）		37～85	66

粉煤灰是一种人工火山灰质混合材料，它本身略有或没有水硬胶凝性能，但当以粉状及水存在时，能在常温，特别是在水热处理（蒸气养护）条件下，与氢氧化钙或其他碱土金属氢氧化物发生化学反应，生成具有水硬胶凝性能的化合物。

3. 粉煤灰的技术要求

拌制水泥混凝土和砂浆时，作掺合料的粉煤灰成品应满足表 4-2-7 所示的要求。

表 4-2-7 拌制混凝土和砂浆用粉煤灰技术要求

项 目			技术要求		
			Ⅰ	Ⅱ	Ⅲ
细度(0.045mm 方孔筛筛余,%)	≤	F类粉煤灰	12	25	45
		C类粉煤灰			
需水量比(%)	≤	F类粉煤灰	95	105	115
		C类粉煤灰			
烧失量(%)	≤	F类粉煤灰	5.0	8.0	15.0
		C类粉煤灰			
含水量(%)	≤	F类粉煤灰	1.0		
		C类粉煤灰			
三氧化硫(%)	≤	F类粉煤灰	3.0		
		C类粉煤灰			
三氧化硫(%)	≤	F类粉煤灰	1.0		
		C类粉煤灰	4.0		
安定性 雷氏夹沸煮后增加距离(mm)	≤	C类粉煤灰	5.0		

表 4-2-7 中,F 类粉煤灰是由无烟煤或烟煤煅烧收集的粉煤灰;C 类粉煤灰是由褐煤或次烟煤煅烧收集的粉煤灰,其氧化钙含量一般大于 10%。

水泥活性混合材料用粉煤灰应满足的技术要求见表 4-2-8。

表 4-2-8 粉煤灰混合材料性能指标

项 目			技术要求
烧失量(%)	≤	F类粉煤灰	8.0
		C类粉煤灰	
含水量(%)	≤	F类粉煤灰	1.0
		C类粉煤灰	
三氧化硫(%)	≤	F类粉煤灰	3.5
		C类粉煤灰	
游离氧化钙(%)	≤	F类粉煤灰	1.0
		C类粉煤灰	4.0
安定性 雷氏夹沸煮后增加距离(mm)	≤	C类粉煤灰	5.0
强度活性指数(%)	≥	F类粉煤灰	70.0
		C类粉煤灰	

为了能在工程建设中大力利用粉煤灰，减少其堆放占用的土地及水域面积，节约水泥，保护环境，使粉煤灰发挥其在高性能混凝土中其他组分不可替代的作用，就必须努力研究粉煤灰的活化技术，以解决粉煤灰混凝土早期活性低而造成利用率低的问题。

粉煤灰的活性包括物理活性和化学活性两个方面。物理活性包括颗粒形态效应和微集料效应。颗粒形态效应主要是指粉煤灰含有大量粒型完整、表面光滑的玻璃微珠，在水泥浆体中起到“润滑”作用；微集料效应主要是指颗粒充当微小集料，均匀分布在体系中，填充空隙和毛细孔，改善体系的孔结构和增大密实度。粉煤灰的化学活性是在水存在的情况下，与CaO化合形成水硬性固体。粉煤灰的活性成分是SiO_2、Al_2O_3和CaO。我国生产的粉煤灰多为低钙粉煤灰，即CaO含量低于10%，所以其主要活性成分是SiO_2、Al_2O_3。而从相组成分析，SiO_2、Al_2O_3主要存在于硅铝玻璃体中(尤其是具有不饱和键的可溶性SiO_2、Al_2O_3几乎全部来源于玻璃体)，结晶相以及非晶相中的未燃碳均是化学惰性成分。

一般粉煤灰活性激发的方法有：①物理方法：粉煤灰的粉磨、分选和养护温度的控制；②化学方法：各类碱激发剂、硫酸盐激发剂或多种复合激发；③物理化学方法：表面改性、水热预处理、压蒸法、引入晶种法等。由于物理活化措施的原理是利用了粉煤灰的形态效应和微集料效应，虽然能提高粉煤灰混凝土的早期强度，但其活化的程度有限。物理化学活化不仅活化程度高，而且不受粉煤灰掺入量的限制，但这种方法需要额外的热力设备，工艺过程复杂，在很大程度上限制了其在实际工程中的应用。相比之下，化学激发粉煤灰活性就是一条相对有效的途径，只要直接在粉煤灰—水泥体系中加入少量的化学激发剂，就可达到激发活性的目的。

4. 粉煤灰的用途

粉煤灰是一种放错地方的资源，粉煤灰可用作水泥、砂浆、混凝土的掺合料，并成为水泥、混凝土的组分；粉煤灰作为原料代替黏土生产水泥熟料的原料、制造烧结砖、蒸压加气混凝土、泡沫混凝土、空心砌砖、烧结或非烧结陶粒；可以铺筑道路，构筑坝体，建设港口，农田坑洼低地、煤矿塌陷区及矿井的回填；也可以从中分选漂珠、微珠、铁精粉、碳、铝等有用物质，其中漂珠、微珠可分别用作保温材料、耐火材料、塑料、橡胶填料等。

2.3 煤矸石

煤矸石是夹杂有可燃物质的岩石及黏土矿物，其含煤量一般不超过10%～20%，采煤或洗煤过程中作为废石排除。其主要的岩石有炭质页岩、泥质页岩或砂质页岩。黏土矿物组成主要为高岭石和水云母等。煤矸石化学成分主要是氧化硅、氧化铝和氧化铁。

煤矸石在空气、水和温度的长期作用下，经过自燃或煅烧，矿物相发生变化，是产生活性的根本原因。煤矸石中的黏土矿物成分，经过适当温度煅烧，发生脱水、分解，高岭石分解为偏高岭石和无定形的SiO_2及Al_2O_3，具有与石灰化合成新的水化物并产生强度的能力。所以，煤矸石灰渣可视为一种火山灰活性混合材料，其活性大小的衡量标准是黏土矿物含量。煤矸石的活性变化过程如下：

高岭石在550～700℃时脱水，晶格破坏，形成无定形偏高岭土。当温度在800～900℃时，分解成无定形的Al_2O_3和SiO_2，具有火山灰活性。反应方程式如下：

$$Al_2O_3 \cdot 2SiO_2 \cdot 2H_2O(\text{高岭土}) \xrightarrow{550\sim700℃} Al_2O_3 \cdot 2SiO_2 + 2H_2O(\text{偏高岭土})$$

$$Al_2O_3 \cdot 2SiO_2 \cdot 2H_2O(\text{偏高岭土}) \xrightarrow{800\sim900℃} Al_2O_3 \cdot 2SiO_2(\text{无定形})$$

研究表明，对某一种煤矸石灰渣活性的大小可以用下述原则判别：

(1)煤矸石中黏土矿物含量高者,则灰渣的活性高。

(2)黏土矿物中脱水相活性依下列顺序减小:高岭石>钾云母>伊利石>绿泥石。

(3)某一黏土矿物的活性又决定于它在高温下的脱水相的稳定性,原始结构破坏得越厉害,结构越不稳定,其溶解度越大,因而其活性也越大。

2.4 沸石粉

1.沸石粉的特性

沸石是一种含有碱或碱土金属架状结构的含水铝硅酸盐矿物,沸石粉属火山灰质铝硅酸盐混合材料,在我国的蕴藏量很大,其分布面广,开采加工简便,目前应用较为普遍。沸石粉的主要化学成分为 SiO_2 和 Al_2O_3,含量分别为 65%~70%和 10%~15%左右。其中,可溶性硅和铝的含量分别不低于 10%和 8%。沸石粉的密度为 2.2~2.4g/cm³,堆积密度 700~800kg/m³。

目前,天然沸石矿有 40 多种,用于配制水泥和混凝土的主要是斜发沸石和丝光沸石。沸石是一种硅氧四面体组成的结晶矿物,硅氧四面体可由铝氧四面体置换,但 Si/Al 比不固定,一般在 3~5 之间。沸石矿物形成多孔格架状构造,晶格内部有大量彼此连通的空腔与管道,具有巨大的内表面积。沸石粉的这种独特的内部结构极易被结晶水填充,而这种水被称为"沸石水"。在一定温度下,加热脱水后沸石结构并不破坏,而是成为海绵或泡沫状多孔性结构,具有吸附性和离子交换特性。此外,沸石还具有良好的热稳定性、耐酸性、导电性、化学反应的催化裂化性、耐腐蚀性和低堆积密度等性能特点。《高强高性能混凝土用矿物外加剂》(GB/T 18736-2002)中规定,沸石粉是指以一定品位纯度的天然沸石岩为原料,经粉磨至规定细度的产品,其质量指标要求见表 4-2-9。粉磨时可添加适量的水泥粉磨用工艺外加剂。

表 4-2-9 沸石粉的质量指标

试验项目			磨细天然沸石	
			Ⅰ	Ⅱ
化学性能	Cl(%)	≤	0.02	0.02
	吸铵值(mmol/100g)	≥	130	100
物理性能	比表面积(m^2/kg)	≥	700	500
胶砂性能	需水量比(%)	≤	110	115
	活性指数,28d(%)	≥	90	85

2.沸石粉的火山灰活性反应

水泥水化产物中氢氧化钙晶体在高碱性的孔溶液中沉淀下来,当沸石粉在高碱性的溶液中受到 OH^- 的侵蚀,其格架状构造开始分解:

$$Si^{3+}-O-Si^{3+}+6OH^- \rightarrow 2[SiO(OH)_3]^-$$

$$Si^{3+}-O-Al^{3+}+7OH^- \rightarrow [SiO(OH)_3]^- + [Al(OH)_4]^-$$

解聚后的 $[SiO(OH)_3]^-$ 和 $[Al(OH)_4]^-$ 进入溶液并与 Ca^{2+} 结合形成水化硅酸钙和水化铝酸钙。沸石粉的活性正是因为活性成分 SiO_2 和 Al_2O_3 与水泥水化过程中释放的氢氧化钙发生反应,使其转化为水化硅酸钙凝胶和水化铝酸钙。

通常认为,以无定形和玻璃态为主的物质比晶态的物质活性高。与一般活性火山灰质材料不同,天然沸石粉是一种微细结晶矿物,但其活性却很高。而将沸石粉经 500~600℃焙烧,变成玻璃态的沸石后，其增强效果比烧前要差，这说明沸石矿物结构改变后活性下降。沸石的粉磨细度对活性的影响也较大，磨细后沸石的表面能及表面活性很大，且经机械粉磨破碎，粉体表面反应活化点增多，使火山灰活性得到进一步提高。

2.5 沸腾炉渣

1. 沸腾炉渣的来源及组成

沸渣多数系煤矸石和洗中煤(发热量较低的煤)在沸腾锅炉床内，经 850～900℃的温度充分燃烧后排出的残渣。沸渣含碳量一般小于 3%，其外形多呈白色或灰白色的松散状无定形颗粒，密度一般为 $2.5g/cm^3$左右，松散堆积密度 $950～1050kg/m^3$。沸腾炉渣中含有玻璃体、石英、莫来石、少量硅酸盐矿物，玻璃体将给沸腾炉渣带来火山灰活性。沸渣的活性一般高于天然火山灰，可以作火山灰质混合材料生产火山灰质硅酸盐水泥，也可以生产石灰沸渣水泥或石膏沸渣水泥。

通过一定的粉磨工艺和添加激发剂措施，将沸腾炉渣加工成磨细沸腾炉渣(简称磨细沸渣、沸渣)，并根据《高强高性能混凝土用矿物外加剂》(GB/T 18736－2002)，使磨细沸渣的主要性能达到磨细粉煤灰Ⅰ级或Ⅱ级的指标，可以当磨细粉煤灰使用。

2. 沸腾炉渣的活性

通常所说的燃煤灰渣活性指火山灰活性，是指灰渣中玻璃体所含活性 SiO_2、Al_2O_3在常温下能与石灰反应生成水化硅酸钙、水化铝酸钙的性能。

煤中黏土矿物在燃烧过程中受热并迅速冷却的玻璃体是燃煤灰渣产生活性的主要来源，而其他矿物如碳酸盐、硫酸盐、磷酸盐及铁的氧化物等产生的活性很小。根据黏土矿物加热时的物相变化，可以认为燃煤灰渣产生活性有两个温度区域，即低温活性区和高温活性区。在低于 1000℃下燃烧的灰渣，如沸腾炉渣和固硫灰渣，活性来源于煤中黏土矿物分解造成的无定形物质；在高于1200℃以上温度燃烧的灰渣，如粉煤灰，活性来源于煤中矿物质熔融经急冷玻璃化形成的玻璃体。

当燃煤灰渣用作水泥混合材料或混凝土掺合料时，水泥中的石膏和水化产生的 $Ca(OH)_2$可以激发燃煤灰渣的活性。燃煤灰渣处于 $Ca(OH)_2$的液相环境中，$Ca(OH)_2$通过扩散到达燃煤灰渣颗粒表面，发生化学吸附和侵蚀，使玻璃体或无定形物质溶解，破坏硅氧、铝氧网络，激发出的活性 SiO_2和 Al_2O_3，与 $Ca(OH)_2$作用生成水化硅酸钙和水化铝酸钙，从而表现出火山灰活性。部分水化铝酸钙又可与石膏作用生成钙矾石。

2.6 火山灰质混合材料的活性评价

用于水泥中的火山灰质混合材料，其品质必须符合《用于水泥中的火山灰质混合材料》(GB/T 2847－2005)的规定。由于火山灰质混合材料的成因、化学成分、矿物组成、养护方式、热处理温度及物理状态等差异较大，因此建立一种准确、快速而简便的评定其火山灰活性的方法是困难的，并且不同的火山灰质混合材料采用不同的活性评价方法，所得结果往往不完全一致。因此，不同的火山灰质材料可根据具体情况，选择合适的活性分析方法。

1. 影响火山灰活性的因素

(1)细度。火山灰质材料越细，比表面积越大，火山灰反应速度越快，活性越高。

(2)化学成分与矿物组成。影响火山灰质材料活性的重要因素之一是其化学组成和矿物组成。粉煤灰中 SiO_2和 Al_2O_3的含量与火山灰活性的相关性较差，但烧失量与火山灰活性的相关性较好。烧失量是间接衡量粉煤灰中残余碳含量的指标，较高的碳含量将影响其火山灰反应的进行。火山灰质材料中非晶态物质的种类和含量对其活性也有较大的影响，非晶态物质含量越高，其活性也越高，且非晶态铝酸盐比非晶态硅酸盐更适合用作水泥的混合材料。

(3)热处理温度。黏土矿物经过热处理，可分解出具有火山灰活性的非晶态硅铝酸盐。热处理温度对于这类矿物的火山灰活性影响很大。

2.火山灰活性的评价方法

目前鉴定火山灰质混合材料活性的方法，大致可以分为化学法和物理法，具体分为以下几种：

(1)酸碱溶出法。酸碱溶出法是将火山灰质混合材料浸入一定浓度的酸或碱溶液中，一定时间后测定溶液中硅或铝的含量，所用的酸或碱有盐酸、硝酸、碳酸钠、氢氧化钾、氢氧化钠及氢氧化钙等。有研究者用火山灰质材料加饱和石灰水沸煮，加速其中的活性成分与 $Ca(OH)_2$ 的反应，利用反应产物溶于盐酸，将活性成分与非活性成分分离，用化学滴定的方法测得活性组分中的硅和铝的含量，从而快速评价其火山灰活性。

(2)石灰吸收法。石灰吸收法是将火山灰质材料与硅酸盐水泥浆或饱和石灰溶液混合，通过测定不同龄期溶液中反应剩余的 Ca^{2+} 和 OH^- 的浓度来定量地评价火山灰质混合材料的活性。测定结果中，Ca^{2+} 和 OH^- 浓度越低，火山灰活性越高。

我国国家标准《用于水泥中的火山灰质混合材料》(GB/T 2847－2005)和欧洲标准《Pozzolanicity Test for Pozzolanic Cement》(EN196－5：2005)中关于火山灰活性的测量方法，就是以石灰吸收法为基础的。为了加速火山灰活性的测量，可采用快速试验法，将混合液加热到一定温度后，在规定龄期测定溶液中剩余的 Ca^{2+} 浓度。

在国外，已利用石灰吸收法对粉煤灰、偏高岭土、黏土砖块、催化裂化残渣等火山灰质混合材料的活性进行了评价。

(3)热分析法。热分析法测量火山灰活性是通过 DTA－TG 或 DSC 分析测出掺入不同比例火山灰质材料的水泥浆体或石灰浆体中 $Ca(OH)_2$ 的含量，与空白样对比，计算火山灰反应所消耗的 $Ca(OH)_2$ 量，相同龄期所消耗的 $Ca(OH)_2$ 越多，火山灰活性越高。氢氧化钙在 450～550℃范围内分解，通过测量其质量损失，可测得其含量。热分析法能够确定火山灰反应进行的程度，是定量测量火山灰活性较好的方法之一。

(4)强度法。国家标准中称强度法为抗压强度比法，通常采用掺入一定量火山灰质材料的水泥加入规定需水量后，其 28d 抗压强度与空白样的 28d 抗压强度的比值作为衡量火山灰活性的指标，比值越大，活性越高。需水量可按浆体达到规定流动度时的需水量来量取。这种方法比较简单，容易操作，被国内外广泛采用。国家标准《用作水泥混合材料的工业废渣活性试验方法》(GB/T 12957—2005)中抗压强度试验法和美国标准 ASTM C311—07《Standard Test Methods for Sampling and Testing Fly Ash or Natural Pozzolans for Use inPortland-Cement Concrete》所规定的方法类似，都是以强度法为基础，不同之处在于 GB/T 12957—2005 规定的试验样品中火山灰质材料的掺入量为 30％，而 ASTM C311－07 规定的掺量为 20％。

强度指数法的计算公式如下：

$$K=\frac{R_1}{R_2}\times 100$$

式中，K——抗压强度比(％)；

R_1——掺工业废渣后的试验样品 28d 抗压强度(MPa)；

R_2——对比样品 28d 抗压强度(MPa)。

GB/T 2847—2005 规定，强度检验用对比水泥为 GSB14—1510 强度检验用水泥标准样品或强度等级为 52.5 及以上的硅酸盐水泥，有矛盾时，以 GSB14—1510 强度检验用水泥标准样品为准。

(5)电导率法。电导率法是通过测量火山灰反应过程中水泥浆体或石灰—混合材料浆体电导率的变化来间接衡量火山灰活性的一种方法。随着反应的进行，溶液中 Ca^{2+} 和 OH^- 的含量一般逐渐降低，也可能是先升高后降低，一般在 24h 后呈下降趋势，即电导率下降。因此，可通过测量电导率的下降程度来判断火山灰活性的高低。

(6)水化反应热法。水化反应热法一般是通过测量石灰—火山灰质材料—水体系的恒温水化热来评价火山灰活性的，相同龄期的水化反应热越大，活性越高。

项目 3　高炉矿渣

3.1　高炉矿渣的形成及应用

高炉矿渣是冶炼生铁时从高炉中排出的一种废渣。在高炉冶炼生铁时，向高炉加入的原料，除了铁矿石(如磁铁矿 Fe_3O_4、赤铁矿 Fe_2O_3，并夹有杂质如石英、黏土、碳酸盐等)和燃料(焦炭，含灰分约 10%)外，还要加入助熔剂(石灰石、白云石)以降低冶炼温度。当炉温达到 1400～1600℃时，助熔剂与铁矿石发生高温反应生成铁水和以硅酸盐和铝酸盐为主的熔融体。这类熔融体的密度为 2.3～2.8g/cm³，而铁水的密度为 7.0～8.0g/cm³，因而它浮在铁水上面，定期将其从排渣口排出，如经急冷成粒状，成为粒化高炉矿渣。

从化学成分来看，高炉矿渣属于硅酸盐质材料。高炉矿渣的排放量随着矿石品位和冶炼方法不同而变化。例如，采用贫铁矿炼铁时，每 1t 生铁产出 1.0～1.2t 高炉矿渣；用富铁矿炼铁时，每 1t 生铁只产出 0.25t 高炉矿渣。由于近代选矿和炼铁技术的提高，每 1t 生铁产出的高炉矿渣量已经大大降低。所以高炉矿渣的产量一般为生铁产量的 25%～50%左右，由此估计我国矿渣的年产量在 6000 万 t 以上。高炉矿渣通常用于筑路、回填、作水泥生产的原材料或混凝土掺合料等。

高炉矿渣的处理方式主要有以下三种：①高温炉渣自然冷却变成为坚硬的干渣；②用水淬将高温液态炉渣击碎，变成松散的水渣；③用蒸气或压缩空气将高温液态炉渣击散，变成为蓬松的渣棉，如图 4-3-1 至图 4-3-3 所示。

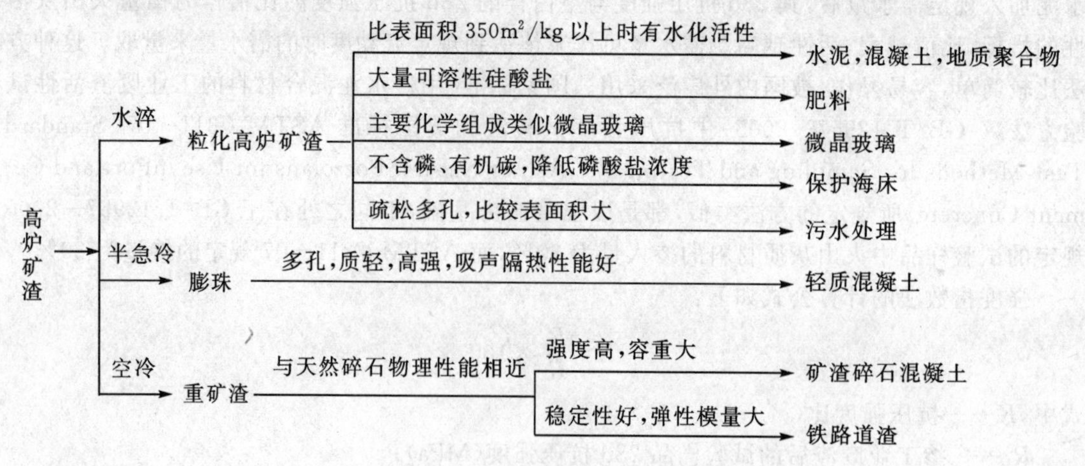

图 4-3-1　高炉矿渣种类及用途

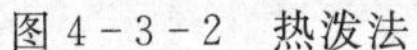

图 4-3-2　热泼法　　　　图 4-3-3　水淬法

高炉水渣是综合利用的好方法，先进的高炉水渣已经 100%得到利用。目前，冲制水渣的工艺设备均能保证水渣的质量，玻璃化程度可以达到 90%～95%，水渣平均粒度为 0.2～3.0mm，水渣含水不小于 15%，有潜在的水硬胶凝性能，在水泥熟料、石灰、石膏等激发剂作用下，显示出水硬胶凝性能，是优质的水泥原料。我国生产的水泥有 70%～80%掺用了不同数量的水渣。水渣还可作保温材料，湿碾和湿磨矿渣，可作为混凝土和道路工程的细骨料，土壤改良材料等。矿渣可加工成多孔的膨胀矿渣，经破碎、筛分后成为混凝土轻骨料，还可加工成内含微孔、表面光滑、大小不等的颗粒——膨珠。膨珠是优质的混凝土轻骨料，比用膨胀矿渣可节省水泥 20%；还可作水泥混合材料、道路材料、保温材料等，膨珠如图 4-3-4 所示。

用压缩空气喷吹或高压蒸气喷吹热熔矿渣流，可制取矿渣棉，作为保温、吸声、防火材料等，矿渣棉如图 4-3-5 所示。

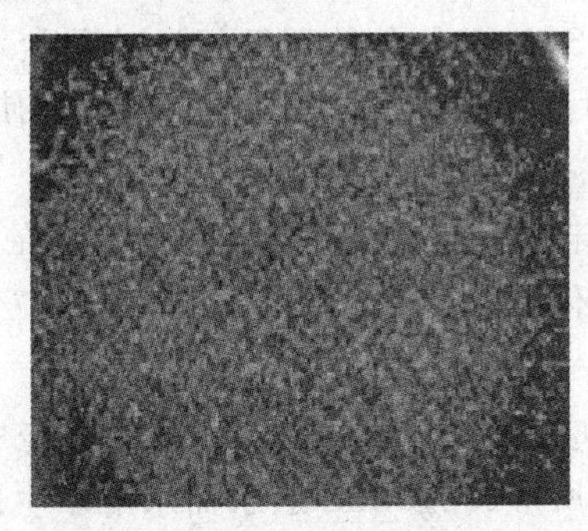

图 4-3-4　膨珠

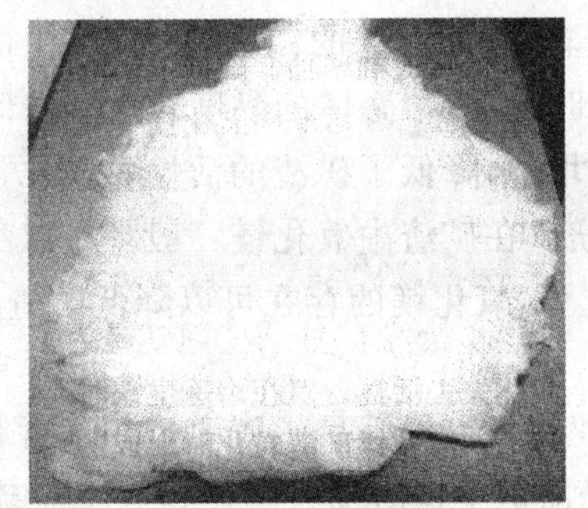

图 4-3-5　矿渣棉

3.2　高炉矿渣的化学成分和矿物组成

1. 化学成分

由于铁矿石成分、熔剂矿物类型和炼铁种类的不同，高炉矿渣的化学成分在很大范围内波动，如属特定的高炉矿渣，其化学成分则相对稳定，见表 4-3-1。

表 4-3-1　不同种类高炉矿渣的化学成分(%)

名称	CaO	SiO_2	Al_2O_3	MgO	MnO	Fe_2O_3	S	TiO_2	V_2O_5	F
普通矿渣	31～50	31～44	6～18	1～16	0.05～2.6	0.2～1.5	0.2～2			
锰铁矿渣	28～47	22～35	7～22	1～9	3～24	1.2～1.7	0.17～2			
钒钛矿渣	20～30	19～32	13～17	7～9	0.3～1.2	1.2～1.9	0.2～0.9	6～31	0.06～1	
高钛矿渣	23～46	20～35	9～15	2～10	<1		<1	20<29	0.1<0.6	
锰钛矿渣	28～47	21～37	11～24	2～8	5～23	0.1～0.7	0.3～3			
含氟矿渣	30～45	22～29	6～8	3～7.8	0.1～0.8	0.15～0.19				7～8

注:表中数据为质量百分比。

矿渣的化学成分与硅酸盐水泥熟料相比,其氧化钙含量较低,而氧化硅含量较高。矿渣中各氧化物的特性如下:

(1)氧化钙。在矿渣熔体缓慢冷却过程中,能与酸性氧化物氧化硅和氧化铝结合,生成具有水硬性的硅酸钙和铝酸钙。在快速冷却过程中,形成矿渣玻璃体时,氧化钙可作为矿渣玻璃结构中的网络结构调整剂,其数量增加,可以降低网络形成离子的聚合度,从而提高矿渣的水化活性。但含量超过 51%时,则熔融矿渣的黏度下降,冷却时析晶能力增加,并有利于矿物的晶型转变及晶格重排,易发生 β-C_2S 转变成 γ-C_2S,这些均会导致矿渣的水化活性下降。

(2)氧化铝。能形成铝酸钙晶体和铝硅酸钙玻璃体。当以六配位状态存在时,属于网络调整剂。当以四配位状态存在时,属于网络形成剂,但$[AlO_4]^{5-}$四面体的键强低于$[SiO_4]^{4-}$,因此氧化铝的存在会提高矿渣的水化活性。

(3)氧化硅。由于冶金的需要,在矿渣中的 SiO_2 相对含量已经超过硅酸盐水泥熟料,当 SiO_2 含量较高时,矿渣熔融体的黏度较大,冷却时易形成低碱度的高硅玻璃体,使玻璃结构中的网络形成剂增加,降低了矿渣的活性。

(4)氧化镁。在矿渣中氧化镁一般都是以稳定的化合物或玻璃态化合物存在,在含量不超过 20%的情况下,氧化镁的存在可以降低矿渣熔体的黏度,有利于提高矿渣的粒化质量,增加矿渣的活性。

(5)氧化亚锰。在优等品矿渣中,MnO 含量应不大于 2%;在合格品的矿渣中,其含量应不大于 15%。冶炼生铁时加入锰矿是为了脱硫,所形成的 MnS 遇水而水解产生体积膨胀,使矿渣粉化失去活性。但在冶炼生铁时,因锰矿中 Al_2O_3 含量较高而 SiO_2 含量降低,且出渣温度较高,因此锰矿渣粒化时形成的玻璃体含量较高,对其活性有利,所以 MnO 含量可放宽至不超过 15%。

(6)氧化钛。在矿渣中以惰性矿物钙钛矿($CaTiO_3$)的形式存在,当 TiO_2 含量高时,矿渣的活性降低。因此,在优等品矿渣中其含量不应大于 2%,在合格品矿渣中其含量不大于 10%。

(7)硫。矿渣中硫化物一般以 CaS 的形式存在。硫化钙与水分解能生成 $Ca(OH)_2$,对矿渣的活性有激发作用。

除上述氧化物、硫化物外,根据所用原料及冶炼生铁的品种,矿渣中还可能含有少量的氟化物、氧化铁、五氧化二磷、氧化钠、氧化钾、五氧化二钒、氧化钡、三氧化二铬等。这些氧化物对矿渣活性的作用,与其存在的形态及含量有关。

2. 矿物组成

仅用化学成分还不能完全说明高炉矿渣的活性，高炉矿渣的活性还与其矿物组成密切相关，矿渣的矿物组成由熔融矿渣的冷却速度决定。慢冷的矿渣具有相对均衡的结晶结构，碱性高炉矿渣中最常见的矿物有黄长石、硅酸二钙、橄榄石、硅钙石、硅灰石和尖晶石。酸性高炉矿渣由于其冷却的速度不同，形成的矿物也不一样。当快速冷却时全部凝结成玻璃体；在缓慢冷却时(特别是弱酸性的高炉渣)往往出现结晶的矿物相，如黄长石、假硅灰石、辉石和斜长石等。以上矿物除硅酸二钙具有缓慢水硬性外，其他矿物成分常温下水硬性很差，而硅酸二钙在慢冷的条件下易转化成没有胶凝能力的 γ-C_2S。所以慢冷矿渣即使化学成分适当，也几乎没有水化活性。而急冷阻止了矿物结晶，因而形成大量的无定形活性玻璃体结构或网络结构，具有较高的潜在活性。在激发剂的作用下，急冷矿渣的活性被激发出来，发生水化硬化作用从而产生强度。

3. 玻璃体理论

国内外学者对矿渣的微观结构进行了大量的研究，他们借鉴玻璃的结构理论来解释急冷矿渣的结构。一般有以下三种理论：

(1)认为粒化高炉矿渣是由不同的氧化物(CaO、Al_2O_3、SiO_2)形成的各方向发展的空间网络，它的分布规律性要比晶体差得多，近程有序，远程无序。

(2)认为粒化高炉矿渣是由极度变形的微晶组成，它们的尺寸极其微小，仅为 50～4000Å，是有缺陷的、扭曲的处于介稳态的微晶子，具有较高的活性。

(3)认为矿渣的结构在宏观上是由硅氧四面体组成的聚合度不同的网状结构，钙、镁离子分布在网状结构的空穴中，微观上大体是按相律形成不均匀物相或微晶矿物，近程有序，远程无序，如图 4-3-6 所示。

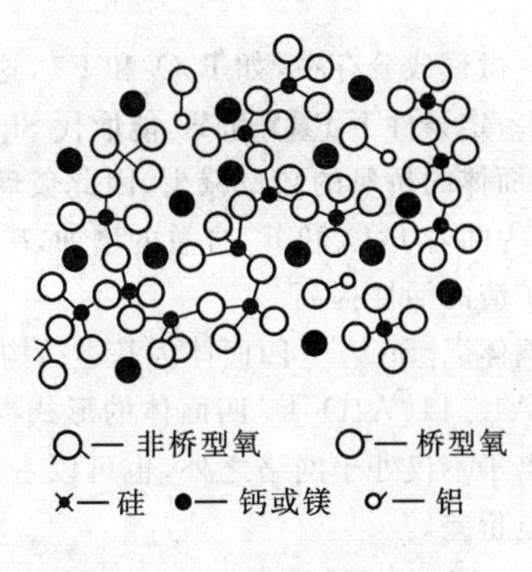

图 4-3-6 矿渣玻璃结构示意图

过去人们普遍认为玻璃是均质结构，近年来随着测试手段的进步，人们逐渐认识到了玻璃的微观不均匀性，即玻璃结构的分相问题。高温时均匀的矿物熔融体，在冷却的过程中分成两种或两种以上相的现象称为玻璃的分相。目前的研究表明，分相是玻璃中普遍存在的现象。粒化高炉矿渣中玻璃体占 90%左右，是矿渣活性的主要来源。因此，对矿渣玻璃体是否存在分相结构，以及其分相结构具体特点的认识，对于我们研究矿渣的潜在水硬活性及其水化过程具有十分重要的意义。

在透射电镜下可以看到,分相结构普遍存在于矿渣的玻璃体中。无论是碱性、中性还是酸性矿渣的玻璃体中,都存在着两种相的分相结构。其中一种相为连续相,而另一种相则呈类似球状或柱状并均匀分散于连续相中。通过电子探针元素分析可知,连续相含钙较多,以下称之为富钙相;类似球状或柱状相含硅较多,以下称之为富硅相。

不同的矿渣其玻璃体分相的尺度及各相的分布状态不同。在碱性矿渣的玻璃体中,富硅相所占的比例较小,富硅相呈较小的类似球状的颗粒分散于连续分布的富钙相中;在中性矿渣的玻璃体中,富硅相的比例有所增加,以较大的颗粒形态存在于富钙相中,有少量富硅相以类似柱状的形式存在;在酸性矿渣的玻璃体中,富硅相所占比例进一步增加,其颗粒尺度也进一步增加,富硅相以类似柱状或板柱状形式存在的现象更加普遍。

在一般情况下,富钙相呈连续分布状态,而富硅相呈类似球状或柱状分散于富钙相中。在此基础上可将碱性、中性和酸性矿渣玻璃体的微观结构分别简化成如图 4-3-7 所示的三种模型。

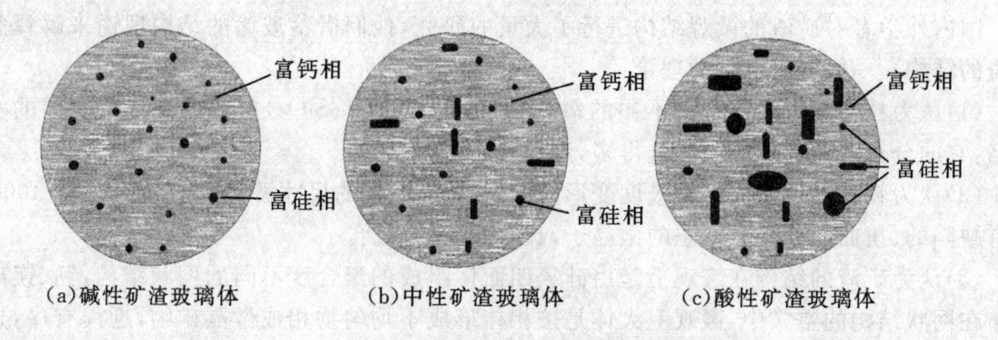

图 4-3-7 矿渣中玻璃体分相结构模型

一般而言,矿渣中还有一些微量成分存在,如 P_2O_5 和 F^-,这些微量成分也会对矿渣玻璃体微观分相结构产生影响。在一定条件下 P_2O_5 和 F^- 能取代 Si—O 键或 A1—O 键中的 O^{2-},使得矿渣玻璃体中连接硅氧四面体的桥氧的数量减少,因此玻璃体中硅氧四面体的聚合度降低。这在矿渣微观结构上表现为随着 P_2O_5 和 F^- 含量的增加,矿渣玻璃体的分相程度降低,使整个体系的不稳定性增加,即矿渣的活性提高。

总之,可以认为矿渣的玻璃体以$[SiO_4]^{4-}$四面体为基本结构单元,$[SiO_4]^{4-}$之间由“桥氧”连接而成空间网络,四配位的 $A1^{3+}$ 以$[A1O_4]^{5-}$四面体的形式参与网络形成。Ca^{2+}、Mg^{2+} 以及六配位的 $A1^{3+}$ 等网络改变离子不仅处于网络之外,也可以一定的配位状态分布于网络中,以平衡 $A1^{3+}$ 取代 Si^{4+} 产生的电价差。

3.3 高炉矿渣的水化机理

矿渣的水化特性决定于其结构,其结构又主要由化学成分和热力学过程所决定。在工业生产中,高炉矿渣很难完全玻璃化。因此,矿渣实际上是由玻璃相和结晶相或微晶相组成的复合体。

从矿渣玻璃体微观结构模型我们可以知道,矿渣是由富钙相和富硅相组成的具有致密结构的整体,其中富钙相占多数,为连续相,将非连续的呈类似球状或柱状分布的富硅相包裹于其中。富钙相可以认为是矿渣玻璃体的结构形成体,维持着矿渣玻璃体结构的稳定。富钙相玻璃是一种逆性玻璃,其网络形成体 Ca—O、Mg—O 键比 Si—O 键弱,又因为富钙相本身又具有由很多细小单元聚积而成的堆聚结构，具有庞大的内比表面积，更增加了其热力学不稳定；另一方面，富钙相又具有一定的动力学稳定性，使其破坏必须克服一定的活化能。

在中性环境中，水分子弱的作用不足以克服富钙相的分解活化能，故矿渣在中性环境中能保持结构的稳定，即矿渣不显示出活性；而在碱性环境中，OH^- 的强烈作用能够克服富钙相的分解活化能，使富钙相迅速水化和解体，进而导致矿渣玻璃体的解体，随后暴露于碱性介质中的富硅相也逐步水化和分解。从化学键和分散结构的特点可以判断，在碱性溶液中，富钙相的反应较为剧烈和迅速，而富硅相的反应则较为缓慢和持久。故矿渣在碱性介质环境中，初期的水化过程以富钙相的迅速水化和解体并导致矿渣玻璃体解体为主，脱离原先结构的富硅相则填充于富钙相的水化产物之间的间隙中。水化后期，随着富硅相水化反应的不断进行，其水化产物不断填充于先前的水化产物间隙内。故富硅相的存在，在前期提高了水泥石的致密度，而后期则保证了水泥后期强度的不断增长。

3.4　高炉矿渣潜在水化活性的激发

在一般条件下，矿渣不能水化硬化，即矿渣的胶凝能力不能自动发挥出来。但在有少量激发剂的情况下，或者施加一定的活化措施，它能够依靠自身的化学组成形成胶凝材料，从而具有水化活性。矿渣的主要激活方法包括机械活化、化学激发以及热激发。

1. 机械活化

传统的机械活化矿渣是采用普通机械球磨，将矿渣作为配制水泥的混合材来研究，矿渣粉的细度仅能达到 $200 \sim 250m^2/kg$，水化能力在很大程度上没有得到体现，影响了矿渣的使用。高能球磨能将矿渣粉的细度达到 $400m^2/kg$ 以上，并且不仅是传统意义上的物理细化过程，而且还伴随有能量转换。在高能球磨的过程中，强烈的机械冲击、剪切、磨削作用和颗粒之间的相互挤压、碰撞作用，可以促使矿渣玻璃体发生部分解聚，使得玻璃体中的分相结构在一定程度上得到均化，在颗粒表面和内部产生微裂纹，从而使极性分子或离子更容易进入玻璃体结构的内部空穴中，促进矿渣的分解和溶解，使矿渣活性提高。

2. 化学激发

化学激发是用含 Ca^{2+}、K^+、Na^+ 等阳离子化合物对矿渣网络结构进行解体，促使矿渣进行水化反应，解体后的硅、铝阴离子团与水结合生成水化硅酸钙和水化铝酸钙等水化物。在有硫酸钙的情况下能生成钙钒石，钾、钠离子会游离出来。这些水化产物的聚合导致物料凝结硬化。化学激发一般是采取碱和硫酸盐来激发矿渣的活性。早在20世纪70年代，日本研究人员就研究发现矿渣的水硬性和固化能力可通过加入 $Ca(OH)_2$ 和 Na_2SO_4 或 K_2SO_4 来提高。常用的激发剂有：$NaOH-Na_2CO_3$ 复合激发剂，$Ca(OH)_2$，$CaSO_4$，水玻璃，Na_2SO_4，$FeSO_4 \cdot 7H_2O$，三乙醇胺等。

3. 热激发

热激发是通过提高环境温度来促进矿渣的水化反应。

3.5　矿渣的质量评定

1. 矿渣品质要求

《用于水泥中的粒化高炉矿渣》(GB/T 203—2008)对粒化高炉矿渣的性能要求做了明确的规定，具体见表 4-3-2 所示。

表 4-3-10　矿渣粉的技术指标

项　目	技术指标	项　目	技术指标
质量系数 K	≥1.2	堆积密度(kg/m^3)	≤1.2×10^3
二氧化钛的质量分数(%)	≤2.0①	最大粒度(mm)	≤50
氧化亚锰的质量分数(%)	≤2.0②	大于 10mm 颗粒的质量分数(%)	≤8
氟化物的质量分数(以 F 记,%)	≤2.0	玻璃体质量分数(%)	≥70
硫化物的质量分数(以 S 记,%)	≤3.0		

①以钒钛磁铁矿为原料在高炉冶炼生铁时所得的矿渣,二氧化钛的质量分数可以放宽到 10%。

②在高炉冶炼锰铁时所得的矿渣,氧化亚锰的质量分数可以放宽到 15%。

另外,粒化高炉矿渣的放射性应符合 GB 6566－2010 的规定,并不得混有外来夹杂物、铁尘泥、未经充分淬冷的块状矿渣等。矿渣在未烘干前,其贮存期限,从淬冷成粒时算起,不宜超过 3 个月。

《用于水泥和混凝土中的粒化高炉矿渣粉》(GB/T 18046－2008)规定,粒化高炉矿渣粉是以粒化高炉矿渣为主要原料,可掺加少量石膏磨制成一定细度的粉体,简称矿渣粉。矿渣粉的技术指标应符合表 4-3-3 的技术指标规定。

表 4-3-3　粒化高炉矿渣粉的技术指标

项　目			级别		
			S105	S95	S75
密度(g/cm^3)		≥	2.8		
比表面积(m^2/kg)		≥	500	400	300
活性指数 ≥	7d		95	75	55
	28d		105	95	75
流动度比(%)		≥	95		
含水量(质量分数,%)		≤	1.0		
三氧化硫(质量分数,%)		≤	4.0		
氯离子(质量分数,%)		≤	0.26		
烧失量(质量分数,%)		≤	3.0		
玻璃体含量(质量分数,%)		≥	85		
放射性			合格		

此外,用于水泥中的粒化高炉矿渣的质量应该符合 GB/T 203－2008 的规定。

2. 质量评定方法

(1)化学分析法。《用于水泥和混凝土中的粒化高炉矿渣粉》(GB/T 203－2008)规定,矿渣中氧化钙(CaO)、氧化镁(MgO)、三氧化二铝(Al_2O_3)、二氧化硅(SiO_2)、二氧化钛(TiO_2)、氧化亚锰(MnO)、氟化物(F)、硫化物(S)的含量测定按 GB/T 176－2008 进行。

用化学成分分析来评定矿渣的质量是评定矿渣的主要方法。GB/T 203－2008 规定粒化高炉矿渣质量系数可用下式计算得到，即：

$$K=\frac{\omega_{CaO}+\omega_{MgO}+\omega_{Al_2O_3}}{\omega_{SiO_2}+\omega_{MnO}+\omega_{TiO_2}}$$

式中，K——矿渣的质量系数；

ω_{CaO}——矿渣中氧化钙的质量系数(%)；

ω_{MgO}——矿渣中氧化镁的质量系数(%)；

$\omega_{Al_2O_3}$——矿渣中氧化铝的质量系数(%)；

ω_{SiO_2}——矿渣中氧化硅的质量系数(%)；

ω_{MnO}——矿渣中氧化锰的质量系数(%)；

ω_{TiO_2}——矿渣中氧化钛的质量系数(%)。

质量系数 K 反映了矿渣中活性组分与低活性、非活性组分之间的比例关系，质量系数 K 值越大，矿渣活性越高。

另外，矿渣化学成分中碱性氧化物与酸性氧化物的比值，称为碱性系数 M_o。

$$M_o=\frac{\omega_{CaO}+\omega_{MgO}}{\omega_{SiO_2}+\omega_{Al_2O_3}}$$

$M_o>1$ 表示碱性氧化物多于酸性氧化物，该矿渣称之为碱性矿渣；

$M_o=1$ 表示碱性氧化物等于酸性氧化物，该矿渣称之为中性矿渣；

$M_o<1$ 表示碱性氧化物少于酸性氧化物，该矿渣称之为酸性矿渣。

(2)激发强度试验法。目前有氢氧化钠激发强度法、消石灰激发强度法、矿渣水泥强度比值 R 法等，这些方法都存在一定的不足和局限性。近年来，国际上和国内最常用的方法是直接测定矿渣硅酸盐水泥强度与硅酸盐水泥强度的比值来评定磨细矿渣的活性。以掺加 50% 矿渣微粉的水泥胶砂强度与不掺矿渣微粉的硅酸盐水泥砂浆的抗压强度的百分比率来表示矿渣微粉的活性系数。活性系数越大，矿渣微粉活性越好。

GB/T18046－2008 规定：对比样品的对比水泥为符合(GB175－2007/XG1－2009)规定的强度等级为 42.5 的硅酸盐水泥或普通硅酸盐水泥，且 7d 抗压强度 35MPa，28d 抗压强度 50～60MPa，比表面积 300～400m^2/kg，SO_3 含量(质量分数)2.3%～2.8%，碱含量(Na_2O+0.658K_2O)(质量分数)0.5%～0.9%。试验样品由对比水泥和矿渣粉按质量比 1∶1 组成，对比胶砂和试验胶砂配比见表 4-3-4。

表 4-3-4 试验砂浆配比

胶砂种类	对比水泥(g)	矿渣粉(g)	中国 ISO 标准砂(g)	水(mL)
对比胶砂	450	—	1350	225
试验胶砂	225	225	1350	225

试验方法按 GB/T 17671－1999 进行，分别测定试验样品的 7d、28d 的抗压强度 R_7、R_{28} 和对比样品 7d 和 28d 的抗压强度 R_{07}、R_{028}。

矿渣粉的 7d 活性指数按下式计算，计算结果保留至整数：

$$A_7=\frac{R_7}{R_{07}}\times 100\%$$

式中，A_7——矿渣粉 7d 活性指数(%)；

R_{07}——对比胶砂 7d 抗压强度(MPa)；

R_7——试验胶砂 7d 抗压强度(MPa)。

矿渣粉的 28d 活性指数按下式计算，计算结果保留至整数：

$$A_{28}=\frac{R_{28}}{R_{028}}\times 100\%$$

式中，A_{28}——矿渣粉 28d 活性指数(%)；

R_{028}——对比胶砂 28d 抗压强度(MPa)；

R_{28}——试验胶砂 28d 抗压强度(MPa)。

在矿渣微粉的细磨研究中，某试验结果列入表 4-3-5。

表 4-3-5　矿渣粉的细度与活性系数

比表面积(m^2/kg)	活性系数(%)			
	3d	7d	28d	90d
400	60	64	98	119
600	70	83	114	129
800	99	110	127	138

由表 4-3-13 可知，矿渣微粉的早期强度较低，而后其强度增进率较快。随着比表面积的提高，其活性系数(强度比)明显提高。当矿渣粉比表面积达到 400m^2/kg 时，28d 活性系数达 98%，与水泥基本相当；而当矿渣粉比表面积达到 600～800m^2/kg 时，其 28d 活性系数达 114%～127%，高于一般比表面积(350m^2/kg)水泥熟料的活性。

项目 4　硅灰

硅灰也叫微硅粉或凝聚硅灰，是铁合金在冶炼硅铁和工业硅(金属硅)时，矿热电炉内产生出大量挥发性很强的 SiO_2 和 Si 气体，气体排放后与空气迅速氧化冷凝沉淀而成。它是大工业冶炼中的副产物，整个过程需要用除尘环保设备进行回收，由于质量比较轻，故还需要用加密设备进行加密。

4.1　主要技术指标

(1)硅灰的物理与化学性质。外观为灰色或灰白色粉末，耐火度＞1600℃。容重为 1600～1700kg/m^3。硅灰的化学成分见表 4-4-1(各种不同的硅灰化学组成是不同的，以下只是例子)。

表 4-4-1　硅灰化学指标

项目	SiO_2	Al_2O_3	Fe_2O_3	MgO	CaO	Na_2O	PH 平均值
范围	75%～98%	1.0±0.2%	0.9±0.3%	0.7±0.1%	0.3±0.1%	1.3±0.2%	中性

(2)硅灰的细度。硅灰中细度小于 1μm 的占 80%以上，平均粒径为 0.1～0.3μm，比表面积为 20～28m^2/g。其细度和比表面积约为水泥的 80～100 倍，粉煤灰的 50～70 倍。

(3)颗粒形态与矿相结构。硅灰在形成过程中，因相变的过程中受表面张力的作用，形成了非结晶相无定形圆球状颗粒，且表面较为光滑，有些则是多个圆球颗粒粘在一起的团聚体。

它是一种比表面积很大、活性很高的火山灰物质。

4.2 主要应用

硅灰主要适用范围：商品砼、高强度砼、自流平砼、不定形耐火材料、干混(预拌)砂浆、高强度无收缩灌浆料、耐磨工业地坪、修补砂浆、聚合物砂浆、保温砂浆、抗渗砼、砼密实剂、砼防腐剂、水泥基聚合物防水剂；橡胶、塑料、不饱和聚酯、油漆、涂料以及其他高分子材料的补强，陶瓷制品的改性等。

4.2.1 水泥或混凝土掺合剂

微硅粉能够填充水泥颗粒间的孔隙，同时与水化产物生成凝胶体，与碱性材料氧化镁反应生成凝胶体。在水泥基的砼、砂浆与耐火材料浇注料中，掺入适量的硅灰，可起到如下作用：

(1)显著提高抗压、抗折、抗渗、防腐、抗冲击及耐磨性能。

(2)具有保水，防止离析、泌水，大幅降低砼泵送阻力的作用。

(3)显著延长砼的使用寿命。特别是在氯盐污染侵蚀、硫酸盐侵蚀、高湿度等恶劣环境下，可使砼的耐久性提高 1 倍甚至数倍。

(4)大幅度降低喷射砼和浇注料的落地灰，提高单次喷层厚度。

(5)是高强砼的必要成分。

(6)具有约 5 倍水泥的功效，在普通砼和低水泥浇注料中应用，可降低成本，提高耐久性。

(7)有效防止发生砼碱骨料反应。

(8)提高浇注型耐火材料的致密性。在与 Al_2O_3 并存时，更易生成莫来石相，使其高温强度、抗热振性增强。

(9)具有极强的火山灰效应，拌和混凝土时，可以与水泥水化产物 $Ca(OH)_2$ 发生二次水化反应，形成胶凝产物，填充水泥石结构，改善浆体的微观结构，提高硬化体的力学性能和耐久性。

(10)微硅粉为无定型球状颗粒，可以提高混凝土的流变性能。

(11)微硅粉的平均颗粒尺寸比较小，具有很好的填充效应，可以填充在水泥颗粒空隙之间，提高混凝土强度和耐久性。

4.2.2 耐火材料添加剂

优质微硅粉主要被用作高性能耐火浇注料、预制件、钢包料、透气砖、自流型耐火浇注料及干湿法喷射材料中。在高温陶瓷领域，如氧化物结合碳化硅制品，高温型硅酸钙轻质隔热材料，电磁窑用刚玉莫来石推板，高温耐磨材料及制品，刚玉及陶瓷制品，赛龙结合制品等，微硅粉的使用具有高流动性、低蓄水量、高致密度和高强度等特点，可作为耐火材料添加剂。

4.2.3 冶金球团黏合剂

微硅粉用水调和制球团后进行自然干燥或烧结，不另加黏结剂，制成冶金球团黏合剂。这样的球团中杂质很少，可返回电炉作为冶炼材料。

4.2.4 化工产品分散剂

为了防止某些化工合成粉体结块，可用微硅粉取代较贵的处理材料，使粉体分散隔离及或增加效果。微硅粉广泛用于微细农药、化肥、灭火剂等产品。

4.3 硅灰使用时应注意的事项

(1)掺量：一般为胶凝材料量的 5%～10%。

(2)硅灰的掺加方法:内掺和外掺。

①内掺:在加水量不变的前提下,1 份硅粉可取代 3～5 份水泥(重量)并保持混凝土抗压强度不变而提高混凝土其他性能。

②外掺:水泥用量不变,掺加硅灰则显著提高混凝土强度和其他性能。混凝土掺入硅灰时有一定坍落度损失,这点需在配合比试验时加以注意。

(3)硅灰须与减水剂配合使用,建议复掺粉煤灰和磨细矿渣以改善其施工性。

(4)用硅灰配制混凝土时,一般与胶凝材料的重量比为:

①高性能混凝土:5%～10%;

②水工混凝土:5%～10%

③喷射混凝土:5%～10%;

④助泵剂:2%～3%;

⑤耐磨工业地坪:6%～8%;

⑥聚合物砂浆、保温砂浆:10%～15%,

⑦不定形耐火浇注料:6%～8%。

使用前请根据实际需要通过实验选定合理、经济的掺量。

项目 5　矿物聚合物

矿物聚合物的发展应用可以追溯到人类文明启蒙的早期,有研究表明,古代秘鲁的印加人就曾经在其辉煌的建筑结构中采用了矿物聚合物;也有研究认为,古埃及人在修建大金字塔时就采用了类似的胶凝材料。

Joseph Davidovits 等学者对古代混凝土建筑物(如古埃及金字塔、古罗马的大竞技场等)进行详细研究发现:这些建筑物具有非常优异的耐久性,它们能在比较恶劣的环境中保持几千年而不破坏的主要原因是,这些古代建筑中存在一种硅酸盐水泥石中没有的非晶体物质,该物质的结构与有机高分子聚合物的三维网络状结构相似,但其主体是无机的[SiO_4]和[AlO_4]四面体,所以,Joseph Davidovits 教授称之为 Geopolymers(译为矿物聚合物,也有译为地质聚合物、土聚水泥等)。并且,于 1972 年 Joseph Davidovits 申请了矿物聚合物历史上第一篇关于用偏高岭土通过碱激发反应制备建筑板材的专利。

Joseph Davidovits 教授在对矿物聚合物内部结构研究的基础上,将矿物聚合物中[SiO_4]四面体和[AlO_4]四面体之间连接的长链结构分为三种类型:硅铝长链,即 PS(Si/Al=1),双硅铝长链,即 PPS(Si/Al=2)和三硅铝长链,即 PSDP (Si/A1=3),也可以用分子式表达为:

$$M_x\{(Si-O_2)_z-Al-O\}_n wH_2O$$

式中,z 为 1,2 或 3;M_x 为碱金属离子(K^+、Na^+),n 为聚合度,w 为结合水量。

矿物聚合物是由[SiO_4]和[AlO_4]四面体构成的非晶体的三维网络结构,碱金属或碱土金属离子分布于网络孔隙之间以平衡 Al 代替 Si 产生的电价差,如图 4-5-1 所示。

从矿物聚合物的组成和结构可知,它也应该属于碱激发胶凝材料的范围,严格来说,应该是一种低钙或无钙的碱激发胶凝材料。所以,制备矿物聚合物的原料主要是一些天然的或人工的铝硅酸盐矿物,其中含钙量很少,如偏高岭土、黏土、粉煤灰等。

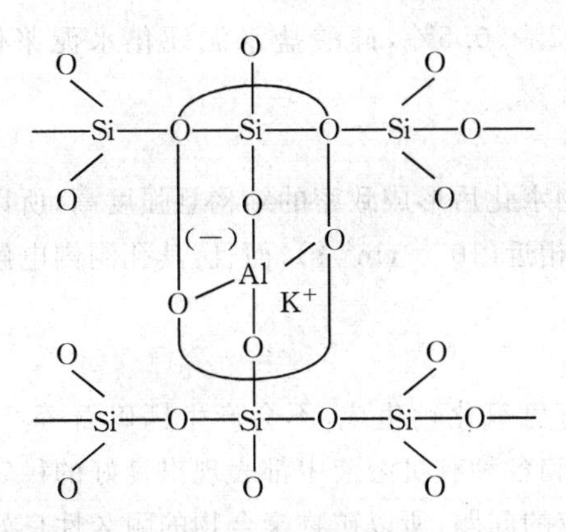

图 4-5-1　矿物聚合物基本结构图

5.1　矿物聚合物的性能

由于矿物聚合物的独特结构，使其具有许多优点，概括为：优良的力学性能、耐久性、可调整膨胀系数、固结重金属离子、低能耗、消耗废料、低有害气体排放等。可见，矿物聚合物可以有效解决经济发展和环境保护的矛盾。

1.力学性能好

偏高岭土基矿物聚合物凝结硬化快、早期强度高，而且长期强度也高。矿物聚合物在20℃水化4h抗压强度可达15～20MPa，达到最终强度的70%；使用优质集料配制的矿物聚合物混凝土，25℃下水化1d，抗压强度可达56MPa，且后期抗压强度仍可提高；在一定工艺条件下，矿物聚合物制品强度可达300MPa以上。碳纤维增强矿物聚合物的抗弯强度可达245MPa，拉伸强度达327MPa，抗剪强度达14MPa；在800℃下，可保持其63%的原始抗弯强度。矿物聚合物与其他材料物理力学性能比较见表4-5-1。

表4-5-1　矿物聚合物与其他材料的物理力学性能对比

材料名称	密度(g/cm^3)	弹性模量(GPa)	抗拉强度(MPa)	抗弯强度(MPa)	断裂功(J/cm^{-3})
矿物聚合物	2.2～2.7	50	30～190	40～120	50～1500
普通水泥	3.0	20	1.6～3.3	5～10	20
玻璃	2.5	20	1.6～3.3	5～10	20
陶瓷	3.0	200	100	150～200	300
铝合金	2.7	70	30	150～400	10000

2.水化热低

偏高岭土基矿物聚合物是在较低温度下制备而成，与硅酸盐水泥相比，矿物聚合物中“过剩”热量少，所以表现出较低的水化热。矿物聚合物用于大体积混凝土工程时，不会造成温度急剧升高，可避免破坏性热应力的产生。

3.收缩率和膨胀率小

矿物聚合物与硅酸盐水泥的水化机理完全不同，硅酸盐水泥水化时产生较大的收缩，而矿物聚合物水化时表现出较好的体积稳定性，收缩远远小于硅酸盐水泥。一般矿物聚合物7d、

28d 的收缩率分别仅为 0.2‰、0.5‰，硅酸盐水泥硬化水泥浆体 7d、28d 的收缩率却高达 1.0‰和 3.3‰。

4. 抗渗性、抗冻性好

偏高岭土基矿物聚合物水化后形成致密的结构且强度高，所以抗渗性好，其氯离子扩散系数为 10^{-9} cm^2/s，与花岗石相近（10^{-10} cm^2/s）；而且，其孔洞内电解质浓度较高，因而抗冻融循环能力强。

5. 耐腐蚀性强

矿物聚合物水化后没有氢氧化钙生成，不会产生钙矾石等产物，耐硫酸盐腐蚀性强。另外，矿物聚合物在酸性溶液和各种有机溶液中都表现出良好的稳定性。与硅酸盐水泥相比，矿物聚合物不存在碱集料反应的问题，所以矿物聚合物的耐久性良好，寿命可达千年以上。

6. 耐高温、隔热效果好

矿物聚合物的耐火度高于 1000℃，熔融温度达 1050～1250℃，所以可抵抗 1000～1200℃高温的炙烤而不损坏，因而可以有效地固封核废料。其导热系数为 0.24～0.38W/(m·K)，可与轻质耐火砖[其导热系数为 0.3～0.438W/(m·K)]相媲美。又因其所用原料为天然铝硅酸盐矿物或工业固体废弃物，具有良好的防火性能，所以矿物聚合物作为建筑结构材料，可满足防火阻燃的消防要求。

7. 有较高的界面结合强度

硅酸盐水泥与集料结合界面处容易出现富含 $Ca(OH)_2$ 和钙矾石等粗大结晶的过渡区，造成界面结合力薄弱。而矿物聚合物和集料的界面结合牢固紧密，不会出现类似的过渡区。

8. 能有效地固定有毒离子

矿物聚合物水化后形成的三维网络状铝硅酸盐结构，可结合几乎所有的有毒离子。此外，利用工业固体废弃物制成矿物聚合物后，其中的有毒元素或化合物就被固化于材料内部，由于矿物聚合物的耐酸碱侵蚀和耐气候变化的性能优良，因而固化有毒离子的矿物聚合物不会对环境造成新的污染。尾矿和矿泥形成矿物聚合物后，其中金属离子的浸出率大大降低，如 Kam Kotia 矿山尾矿和矿泥滤出液中阳离子的浓度见表 4-5-2。

表 4-5-2　Kam Kotia 矿山尾矿和矿泥滤出液中阳离子的浓度

滤出液种类	阳离子浓度（$\times10^{-6}$）									
	As	Fe	Zn	Cu	Ni	Ti	Cr	Mn	Co	V
未处理尾矿	42	9726	1858	510	5	20	—	—	—	
聚合物尾矿	2	123	1115	4	3	7	—	—	—	
未处理矿泥	—	—	384	—	—	6	55	64	84	9
聚合物矿泥	—	—	7	—	—	3	7	6	9	1

9. 生产工艺简单，生产能耗低，几乎无污染，低二氧化碳排放

矿物聚合物的制备工艺过程为：天然铝硅酸盐矿物原料或工业固体废弃物的选取→原料粉体制备→配料（加入碱性溶液）→注模或半干压成型→解聚和再聚合固化反应→制品。所以，其制备过程中无需烧结普通砖常用的烧结工序，也无需使用硅酸盐水泥那样大量消耗能源和资源的“两磨一烧”工艺，矿物聚合物的固化主要依靠各种原料之间的低温化学反应。另外，

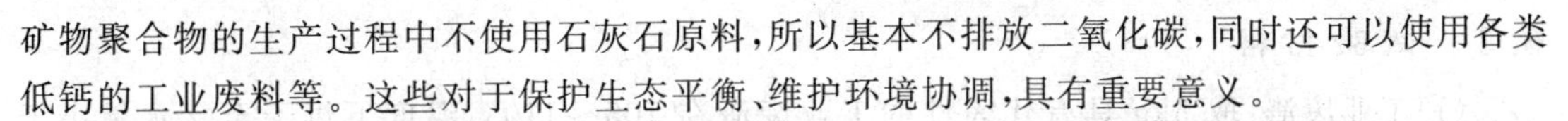

矿物聚合物的生产过程中不使用石灰石原料，所以基本不排放二氧化碳，同时还可以使用各类低钙的工业废料等。这些对于保护生态平衡、维护环境协调，具有重要意义。

10. 原料来源广，成本低廉

生产矿物聚合物的原料包括固体铝硅酸盐、碱激发剂和模板材料。其中，固体铝硅酸盐可采用各种天然铝硅酸盐矿物或工业固体废弃物，如高岭石、沸石、粉煤灰、煤矸石、水淬矿渣、火山灰、石英砂、活性铝土矿等；碱激发剂主要采用氢氧化钠或氢氧化钾溶液，其次为碱金属碳酸盐（如碳酸钠）、碱土金属氯化物（如氯化镁、氯化钙）和氟硅酸钠或氟铝酸钠（钾）等；模板材料主要为硅酸钠或硅酸钾水玻璃溶液。

综上所述，矿物聚合物的各项性能优越，而且其能耗仅为陶瓷的1/20、钢的1/70、塑料的1/150，无污染，因此矿物聚合物有可能在许多领域代替一些昂贵材料，这也是欧、美、日等国家对矿物聚合物倍加重视并作为高技术，投入大量人力、财力进行研究的原因。

5.2　矿物聚合物的应用

矿物聚合物所具有的优异性能，使其已经或将会在很多领域内得到应用。

1. 土木工程

偏高岭土基矿物聚合物是目前胶凝材料中快凝早强性能最为突出的材料，用于土木工程中可以缩短脱模时间、加快模板周转、提高施工速度。矿物聚合物所具有的优异耐久性也为土木工程建筑带来了巨大的社会和经济效益。

2. 交通和抢修工程

偏高岭土基矿物聚合物快硬早强，在20℃条件下，4h抗压强度可达15～20MPa。用它铺筑公路或机场，1h即可步行、4h即可通车、66h即可供飞机起飞和降落。

3. 塑料工业

由矿物聚合物制作的塑料模具能耐酸和各种侵蚀介质，具有较高的精度和表面光滑度，能满足高精度的加工要求。

4. 有毒废弃物和核废料的处理

矿物聚合物的最终产物具有牢笼形的结构，能有效地固结各种重金属离子；其优良的耐水性能，在核废料的水热作用下能长期保持优良的稳定性，因而能长期固化核废料。

5. 储藏设备

矿物聚合物可用于修筑低维护、高性能的粮食储藏系统，而且还可以自调温、调湿，免除现有粮仓的调温及通风设备的投入和运行费用等。

随着矿物聚合物复合材料的开发，其物理力学性能的丰富、矿物聚合物的应用领域将进一步扩展，使其在市政、桥梁、水利、地下、海洋及有害物质的固化等方面具有广阔的应用前景。

项目6　用于水泥的无机混合材料活性检测与质量评定

通过实训操作练习，依据GB/T12957－2005《用于水泥混合材的工业废渣活性试验方法》，掌握用于水泥混合材的工业废渣活性的检验方法、仪器使用、操作技能及其数量的确定方法。

6.1 试验材料

(1)工业废渣:取 5kg 具有代表性的工业废渣在 105～110℃温度下烘干至含水量小于 1%,然后磨细至 80μm 方孔筛筛余为 1%～3%。当用化验室统一试验小磨粉磨物料出现难磨,如粉磨时间大于 50min 物料细度仍达不到要求时,可适量添加助磨剂,但其掺量一般小于 1%。

(2)二水石膏。用二级以上品级的石膏材料,且磨细至 80μm 方孔筛筛余为 1%～3%。

(3)硅酸盐水泥。硅酸盐水泥的 28d 抗压强度应大于 42.5MPa,比表面积在(350±10)m^2/kg。水泥中石膏含量以 SO_3 计,为(2.0±0.5)%。

(4)试验用水。试验用水应为洁净的饮用水。

6.2 潜在水硬性试验

(1)试验原理。工业废渣细粉与石膏细粉混合均匀与水混合后,潜在水硬性的材料能在湿空气中凝结硬化,并在水中继续硬化。

(2)试验步骤。将工业废渣细粉和二水石膏细粉按质量比 80∶20 或(90∶10)的比例充分混合均匀,以配制成试验样品;称取(300±1)g 制备好的试验样品,按 GB/T 1346－2011《水泥标准稠度、凝结时间与安定性测定方法》确定的标准稠度净浆用水量制成试饼;将试饼在温度为(20±1)℃,相对湿度大于 90%的养护箱内养护 7d 后,放入(20±1)℃水中浸泡 3d,然后观察浸水试饼形状是否完整。

(3)结果评定。试饼浸水 3d 后,其边缘保持清晰完整,则认为工业废渣具有潜在水硬性。

6.3 火山灰试验

依据标准 GB 2847－2005《用于水泥中的火山灰质混合材料》进行试验。

6.4 水泥胶砂 28d 抗压强度比试验

(1)试验原理。在硅酸盐水泥中掺入 30%的工业废渣细粉,用其 28d 抗压强度与该硅酸盐水泥 28d 抗压强度进行比较,以确定其活性的高低。

(2)试验步骤。将工业废渣细粉 30%,硅酸盐水泥和适量石膏(调节剂,用于调节试验样品中的 SO_3 含量与对比水泥中的含量相同)充分混合均匀,以配制成试验样品;按照标准 GB/T 17671－1999《水泥胶砂强度检验方法(ISO 法)》进行水泥胶砂强度试验;分别测定试验样品和对比样品 28d 抗压强度,对于难于成型的试件,加水量可按 0.01 水灰比递增,依据 GB/T 2419－2005《水泥胶砂流动度测定方法》测定水泥胶砂流动度不小于 180mm 为止。

(3)结果评定。抗压强度比 K 按下列公式计算,计算结果保留至整数。

$$K=\frac{R_1}{R_2}\times 100\%$$

式中,K——抗压强度比(%);

R_1——掺工业废渣试验样品 28d 抗压强度值(MPa);

R_2——对比试验样品 28d 抗压强度值(MPa)。

模块知识巩固

1. 无机混合材料的分类及特性。

2. 火山灰质无机混合材料的分类、应用及水化活性机理。

3.为什么粉煤灰水泥的早期强度发展特别缓慢?

4.火山灰活性的评价方法。

5.矿渣的潜在活性来源于何处?

6.高炉矿渣的种类及用途。

7.高炉矿渣的化学成分和矿物组成。

8.高炉矿渣的水化机理。

9.硅灰的应用。

10.矿物聚合物特性。

扩展阅读

【材料】　“十一五”期间我国建材行业节能减排、综合利废效应显著——《建筑材料工业“十二五”发展指导意见》节选

2010年建材工业万元增加值综合能耗为3 t标准煤,比2005年下降了52.6%,超额完成了“十一五”计划目标。主要污染物排放总体呈明显下降趋势,其中烟粉尘排放量由2005年的702万t,降低到2010年的380万t,比2005年减少了46%;二氧化硫排放量由2005年的170万t降低到2010年的150万t,下降了12%。

2010年,建材工业利用各类工业固体废弃物6亿t,其中粉煤灰的综合利用量占到全国利用总量的30%以上,煤矸石的利用量占全国利用总量的50%以上,工业副产石膏也得到有效利用。

水泥行业余热利用技术得到普遍认可和推广应用,到2010年底,累计约有700条生产线建成余热发电站,总装机容量达到4800兆瓦;玻璃熔窑余热发电技术也已得到开发应用。

水泥行业已基本掌握了利用水泥窑无害化处置工业废弃物的关键技术。利用水泥窑协同处置工业废弃物、危险废弃物、城市生活垃圾、污泥等综合利用工程陆续启动。同时,以可燃性废弃物替代燃料的研究与实施也在积极推进之中。

模块五 新型无机胶凝材料

模块概述

用于土木工程的无机胶凝材料，不但品种多，而且用量大，使用面广，是一类极为重要的土木建筑材料。如普通水泥和普通混凝土的应用范围日益扩大，但是这些材料在性能上存在着抗拉、抗冲击强度低，抗渗性和耐蚀性较差等缺点。根据现代土木工程发展的需要，无机胶凝材料的发展趋势，将是在改进旧有品种的基础上，不断开发研究多功能、低能耗、经久耐用和物美价廉的新品种。兼备无机胶凝材料和有机胶凝材料优点的复合胶凝材料，也将是一个重要的发展方向。

知识目标

了解无机胶凝材料的发展趋势；
了解高性能水泥和普通水泥的异同点；
阐述高性能混凝土和普通混凝土的差异；
了解新型无机胶凝材料的特性；
了解无机胶凝材料产业向生态环保产业转型的方向。

技能目标

正确分析无机胶凝材料的生态化、低碳化转型方向；
了解高性能水泥在工程中的应用；
根据工程特点合理选择高性能混凝土的种类；
运用所学知识，设计新型无机胶凝材料。

课时建议

6 学时

项目 1 高性能水泥

“高性能水泥”是近几年来国际、国内水泥化学研究领域和水泥生产企业关注的热点之一。早在 20 世纪 70 年代就有研究采用了高性能水泥(high performance cement)这一术语。从本质上讲，这种水泥仍属于一种特种水泥，不具备通用水泥的技术特性，与混凝土及技术发展也没有紧密的联系。然而，在 20 世纪 90 年代出现了高性能混凝土的概念，随后高性能混凝土得到深入的研究和广泛的应用。这种研究和应用不仅给高性能水泥赋予了新的含义，同时也推动了高性能水泥的研究及生产技术的发展。

吴中伟先生在 20 世纪 90 年代首次提出了高性能胶凝材料的概念。他认为高性能胶凝材料并不是高性能混凝土所用胶凝材料简单的预先混合,而是通过熟料与外加剂共同粉磨、不同矿物细掺料的组合与大量掺用、按流变性能优化石膏品种与掺量等主要措施实现其高性能的胶凝材料。其技术路线为:以合适的熟料,预先将其与高性能混凝土所需的各种无机和有机添加剂按适合的比例混合,并优化石膏掺量,加入助磨剂和超塑化剂,以合适的参数共同粉磨至一定的细度,制成用于不同强度等级混凝土的高性能水泥。所生产的这种胶凝材料可直接用于配制不同强度等级的混凝土,不需要再添加任何添加剂,即可得到坍落度为16～21cm,配制强度为30～80MPa的高性能混凝土。

1.1 高性能水泥的定义及要求

依据多方面的研究结果和生产实践,可以给出如下定义:高性能水泥是在传统的通用水泥生产技术基础上,通过矿物组成设计及生产工艺过程的优化,生产出适用于高性能混凝土的水泥;高性能水泥具有较高的早期强度和后期强度,较低的水化放热和干燥收缩,有更高的抗渗透性和抗化学侵蚀性,与混凝土外加剂有很好的相容性,并且在水灰比较低的条件下有很好的流动特性。2003年,在杭州举行的高性能水泥制备与应用研讨会上,对高性能水泥作了如下定义:高性能水泥是用于配制高性能混凝土的水泥,它不像普通水泥那样片面追求力学性能,而强调综合性能,即必须具备优良的力学、施工和耐久性能。在2006年5月举办的国际Nanocem研讨会上,也提出了关于高性能水泥的定义:"高性能水泥是由水泥熟料、石膏、矿物外加剂粉磨而成的具有一定配比组成的水泥,由这种水泥配制的水泥混凝土应具有更好的工作性、力学性能和耐久性能。"国内多数文献均从高性能混凝土的定义出发,给出了高性能水泥的定义。综合这些观点,高性能水泥主要包括以下内涵:

(1)满足高性能混凝土的强度要求。

(2)满足高性能混凝土工作性的要求,主要表现为高流动性、抗离析性、保水性、保塑性。

(3)满足高性能混凝土耐久性的要求,主要表现为高抗渗性、抗蚀性和抗碱集料反应性。

(4)能够用最少的水泥配制出高性能混凝土。

1.2 高性能水泥的技术特征

张大康、汪澜认为,高性能水泥应该关注以下一些技术特征:

1.流变性能

在水泥标准的技术要求以外,混凝土行业最关注的是有减水剂存在条件下水泥的流变性能,可用水泥净浆流动度表征。一方面水泥的流变性能与混凝土的流变性能密切相关;另一方面,水泥在混凝土中的强度表现依赖于水泥的流变性能。如果水泥的流变性能不好,混凝土为了达到一定的坍落度就要增大水胶比,从而会引起混凝土强度的降低。

2.粒度分布和堆积密度

损害混凝土性能的主要是10μm以下(特别是3μm以下)的水泥颗粒,更确切地说是细小的熟料颗粒。对于熟料而言,3μm以下颗粒宜小于10%,过多的细熟料颗粒会加速水泥的早期水化速率,提高水泥的早期水化热,增加收缩开裂危险,降低与减水剂的相容性,这也是损害混凝土性能的真正原因。合理的水泥粒度分布应该含有较少3μm以下的熟料颗粒,同时混凝土中应含有足够的3 μm以下混合材料颗粒,使熟料和混合材料组成的水泥颗粒接近于Fuller曲线。水泥颗粒在水化前具有较高的堆积密度,有利于降低水泥石的孔隙率,改善孔结构,提高混凝土的密实性,提高抗外界侵蚀介质侵入能力;同时,也可以提高强度。

3. 体积收缩和抗开裂性

水泥的体积收缩是混凝土开裂的一个重要内因，降低熟料中 C_3A 含量是减小体积收缩的最有效措施。其他减小收缩、提高抗裂性的措施包括：降低碱含量和比表面积；优化石膏形态与掺量；降低夏季出厂水泥温度等。

4. 质量稳定性

目前，水泥厂对水泥质量稳定性的关注仅限于 28d 抗压强度，这也反映了混凝土和水泥行业过去以强度为核心的观念。而今天看来，这一观念不够全面。几乎所有影响混凝土性能的水泥都应具有稳定性的要求，而这些性能中多数与 28d 抗压强度并不存在相关性。

5. 早期强度

黄士元教授认为，从实际工程角度表征早期（也包括后期）混凝土易开裂性的最佳指标是混凝土的 24h 抗压强度值。这个值与混凝土的收缩、弹性模量、极限拉应变、徐变都密切相关。24h 抗压强度越小，则早期收缩值、弹性模量越小，而徐变则较大，均有利于减小早期开裂风险。因此，24h 抗压强度可以看做是评价早期易开裂性的一个综合指标，对后期开裂性也应有重要参考意义，因此，建议混凝土的 24h 抗压强度小于或等于 12MPa（美国和德国的一些学者建议用 12h 强度作为控制值，要求 12h 抗压强度小于或等于 6MPa）。虽然离开水灰比难以确定水泥强度与混凝土强度的关系，但是至少可以确定一个定性的趋势，即早期强度越高的水泥越容易开裂。

6. 水化热

水化热特别是早期水化热，是引起混凝土开裂的一个主要原因，混凝土的所有开裂因素的影响力，几乎都同时与温度因素叠加，并因叠加而被放大。水泥的水化热首先取决于熟料的矿物组成。

7. 碱含量

碱含量过高会导致一系列弊端：加速水泥早期水化速率，增加早期水化热，加大水泥的需水量，与减水剂相容性不好，加大收缩，增加开裂危险。但也没有必要追求过低的碱含量，过低的碱含量会降低保水性。水泥对萘系减水剂的相容性也存在一个适宜的碱含量，可溶性碱含量约 0.5%（指质量分数）具有最好的相容性。如果不考虑碱集料反应的要求，熟料中适宜的碱含量以钠当量计，约为 0.4%～0.7%。有控制碱集料反应要求时，水泥碱含量应根据集料的碱活性、建筑物重要性、环境湿度、混合材料（掺合料）的种类、掺量决定。

8. 石膏的掺量与形态

石膏不仅用于调节水泥的凝结时间，其掺量与形态还影响着水泥与减水剂的相容性、收缩与抗开裂性，应根据熟料中 C_3A 含量与活性、碱含量和比表面积进行优化。

9. 夏季的出厂水泥温度

夏季出厂水泥温度过高，将导致混凝土人模温度过高（如超过 35℃），造成混凝土的坍落度损失急剧增加，甚至无法施工。

10. 满足混凝土某些特殊性能

依所处的地域和环境条件不同，混凝土可能具有某些特殊性能要求。例如，寒冷地区的抗冻性，近海工程的抗海水侵蚀等。生产这些混凝土的水泥，需要满足混凝土的特殊性能。

1.3　高性能水泥的生产途径

1.优化水泥熟料矿物的组成

高性能水泥熟料应有足够的硅酸盐矿物含量，而熔剂矿物 C_3A 和 C_4AF 的总量不宜过高。一般地，要求 C_3S 与 C_2S 的含量在75%以上，C_3A 与 C_4AF 的含量在20%左右，对应的硅酸率在2.0～2.5之间。除大体积混凝土工程外，一般混凝土工程要求水泥有较高的早期强度，因此硅酸盐矿物中 C_3S 的含量应尽可能高一些，早强型硅酸盐水泥熟料中 C_3S 质量分数都在55%以上，高的达65%；这就要求配料方案中的石灰饱和系数适当高一些，在0.92～0.96范围为宜。熔剂矿物中，C_3A 含量高对水泥早期强度也有利，但过高会导致水泥早期水化热过高而引起混凝土产生热应力开裂和降低抗硫酸盐侵蚀性能等弊端。一般 C_3A 在熟料中质量分数宜控制在8%～9%，最多不超过10%，相应的IM为1.4～2.0，立窑取低值，回转窑取高值。

2.选择合理的粉磨工艺

水泥的细度和颗粒组成在很大程度上决定着水泥的性能。已有的资料表明，水泥的细粉含量和颗粒级配主要影响混凝土拌和物的和易性、需水量、硬化混凝土的早期强度、强度增长率、密实性、易开裂性和耐久性。细粉能提高早期强度、密实性及砂浆流动性，但对干缩裂纹不利；颗粒分布过窄则需水量高，对和易性不利。用于水泥工业的工业固体废弃物，一般细粉的水化速度比水泥慢得多。经测试表明：颗粒大小在80μm（比表面积300m^2/kg）左右时，高炉矿渣水化90d左右才能产生与硅酸盐水泥熟料水化28d时相应的强度，粉煤灰则需150d左右才能达到相应的强度。对工业废渣进行粉磨，到产品颗粒大部分在45μm（比表面积450m^2/kg）左右时，由于表面积扩大，水化反应时可以较大幅度地提高它们的水化速度，使它们能在较短时间内产生较高的强度。我国传统水泥粉磨工艺，采用熟料、混合材混合粉磨。由于熟料、矿渣的易磨性不同，当熟料的比表面积磨到320～340m^2/kg，矿渣粉的比表面积在250～300m^2/kg左右时，矿渣活性没有发挥，混合材掺量不超过30%，熟料消耗量大，经济效益不理想。矿渣微粉技术，利用矿渣微粉在高细状态下活性好可作为水泥主要组分的特点，采用熟料、矿渣分别粉磨工艺。

在实际生产中，控制水泥颗粒组成和提高细粉的含量主要有以下两种途径：

(1)改进粉磨设备和工艺。

①对于带高效转子式选粉机的单台球磨机系统，由于过粉磨现象轻微，因此成品颗粒组成比较集中，应在磨机研磨体级配时，尽可能将研磨体规格细小化，以便增加出磨水泥中细粉含量，同时在操作上采取增大风量和降低转子转速的方法。也可以用1台小型开流球磨机粉磨闭路磨系统中的部分回粉，然后与之混合，以增加成品中细粉含量和拓宽颗粒分布范围。

②对于单台开流长磨，可以改造为筛分磨。即在磨内适当位置装设筛分隔仓板，使用微型研磨体、料位调节装置、活化衬板和磨尾料段分离装置，实现对水泥的高细粉磨。

③采用二级粉磨系统。第一级可用大直径的球磨，也可用立式磨或辊压机；第二级用开流长磨。第二级磨的研磨体规格应细小化，并且在细磨仓中加入部分直径为20～30mm的钢球，这样有利于提高成品中细粉含量，并使水泥颗粒球形化，降低需水量。

(2)根据物料易磨性选择合适的粉磨方式。根据组成水泥三种组分（熟料、混合材、石膏）易磨性的区别，采取分别粉磨或混合粉磨的方式来改善水泥的颗粒组成，并充分发挥每种组分的潜在水硬活性。混合粉磨的优点是工艺流程简单，但它不可能控制各种组分的粒度。

根据华南理工大学的研究，在混合粉磨过程中由于各组分易磨性的差异导致组分之间相互作用。一种组分可能对另一种组分的粉磨起促进或阻碍作用，其结果是不可避免地发生选择性磨细现象，使粉磨产物的细颗粒和粗颗粒都增加，粒度分布变宽、均匀系数降低。如何恰当地利用这种作用来改善整体粉磨过程，可从以下几个方面考虑：

①以石灰石和火山灰质材料（如煤渣、粉煤灰等）作混合材时，宜采用混合粉磨方式。此时，易磨性较好的石灰石或火山灰质材料在熟料的促磨作用下，其粒度要比熟料细得多。磨细的火山灰质材料或石灰石在硬化的混凝土中起填充作用，从而改善混凝土的密实性。同时，火山灰质材料通过磨细提高了活性，参与并促进水泥水化与硬化；相反地，易磨性较好的石灰石或火山灰质材料对熟料粉磨有一定的阻碍作用，使熟料粒度变粗，因此在实际生产中，掺有石灰石或火山灰质混合材的水泥在混合粉磨时，应比不掺时磨得更细一些，并辅以筛余值控制生产，否则将使熟料活性得不到充分发挥。

②以粒化高炉矿渣作混合材时，采用分别粉磨方式能更好地改善水泥的性能。因为矿渣比熟料难磨，如果两组分混合粉磨，往往使矿渣颗粒变粗，从而浪费了材料的水硬性潜力。由于互相制约，也达不到各组分颗粒的合理匹配。若把矿渣与熟料分别粉磨，可以把矿渣粉磨得比熟料细一些，从而使其填充于水泥颗粒之间，达到提高混合材掺量和水泥强度的目的。不仅如此，这样做还能改善水泥拌和物的流动性，起到矿物减水作用。

一般来说，物料粉磨时间越长，出磨粒度越细。但是随着粉磨时间的延长，物料比表面积逐渐增大，其比表面能也增大，因而细微颗粒相互聚集、结团的趋势也逐渐增强。经过一段时间后，磨内会处于一个“粉磨—团聚”的动态平衡过程，达到所谓的“粉磨极限”。在这种状态下，即使再延长粉磨时间，物料也难粉磨得更细，有时甚至使粒度变粗。同时，粉磨能耗成倍增加、粉磨效率降低。这种现象在常规粉磨时并不明显，但在高细粉磨和超细粉磨中经常出现，解决这个问题的办法是添加助磨剂。它能形成物料颗粒表面的包裹薄膜，使表面达到饱和状态，不再互相吸引、黏结成团，改善其易磨性。助磨剂通过保持颗粒的分散，来阻止颗粒之间的聚结或团聚。粉磨粒度越细，使用助磨剂的效果越显著。

3.采用非熟料的其他组分对水泥进行改性

常规方法生产的硅酸盐水泥，很难同时满足高性能水泥在工作性、强度、耐久性三方面的要求，即使采用新的粉磨技术将水泥磨得很细，满足了强度密实性和砂浆流动性要求，但对干缩性和水化热却非常不利。用混合材配合外加剂，往往能使水泥性能达到比较理想的状态。

水泥熟料虽然具有很高的水化活性，但其成本高，且水化放热量大而集中，而辅助胶凝材料恰恰相反。试验表明，将辅助胶凝材料按适当比例加入水泥中，在一定的条件下，将产生形貌、填充和活性效应。例如，在水泥中掺磨细的矿渣和粉煤灰，由于粉煤灰具有球形粒子的外形特征，它与超细矿渣一起在水泥拌和物中起“润滑”作用，从而改善水泥拌和物的流动性，降低需水量。由于粉煤灰和矿渣的掺入，取代了部分水泥熟料，降低了胶凝材料的水化热，提高了水泥混凝土的尺寸稳定性。此外，磨细粉煤灰和矿渣微细粉还起微集料作用，提高了水泥石的密实度。

1.4 影响高性能水泥性能的因素

对水泥性能影响因素的关注与研究，贯穿了水泥发展史的始终。近年来，随着高性能水泥的提出和研究的深入，对水泥性能影响因素的研究，开始更加关注伴随高性能混凝土而出现的一些新的性能指标。

1.熟料矿物组成

熟料矿物组成对水泥强度、凝结时间的影响已为大家所熟知，近年来，人们开始从高性能水泥的角度重新审视熟料主要矿物对水泥性能的影响，这些影响包括：①水化热，特别是早期水化热；②与高效减水剂相容性；③水泥的早期收缩，包括干燥收缩、自收缩和温度收缩；④抗裂性。

C_3S是熟料主要的强度矿物，C_3S水化速度快、水化热较高、水化产物的收缩率较大，C_3S水化会释放出大量的$Ca(OH)_2$，随着C_3S增加，水泥的抗压强度比抗折强度更快地增长，水泥的脆性系数(抗压强度与抗折强度之比)增大，抗裂性变差。C_2S的水化速度很慢，约为C_3S的1/20，因此C_2S的水化热较低，收缩率比C_3S小，C_2S的强度发展缓慢，早期强度很低，强度增长持续时间长，约1年后可与C_3S持平。C_3A在水泥熟料4种矿物中水化、凝结速度最快，是水泥石产生早强的主要矿物。但是，C_3A强度绝对值不高，而且后期产生强度倒缩现象。此外，C_3A水化需水量较大，对水泥拌和物的流动性不利，C_3A含量高，与高效减水剂的相容性变差，水泥石的抗硫酸盐侵蚀性能差。与C_3A相比，C_4AF不仅有较高的早期强度，而且后期强度还能有所增长，C_4AF对抗折强度的贡献远大于抗压强度，即脆性系数低、抗裂性好；C_4AF的另一个重要作用是生成凝胶状铁酸，使水泥石具有较大的变形能力。据南京化工大学的试验数据，水泥中每增加1%C_4AF，磨损系数减小0.014%～0.033%，是每增加1%C_3S磨损系数降低值的7～17倍。因此，C_4AF在水泥石耐磨性上所起的作用较C_3S显著。

2.石膏的种类与掺入量

通常情况下，水泥厂根据水泥的强度和凝结时间确定水泥中石膏的掺入量。水泥中石膏含量应该根据水泥中的C_3A、细度和碱含量调整至最佳水平，从而减小水泥早期水化速度过快的有害影响。石膏在水泥中的作用不仅是调节凝结时间，而且对水泥的强度、流变性能、减水剂相容性和收缩都影响。水泥中的C_3A和碱含量越多，水泥越细，SO_3最佳含量就越大。天然石膏一般以二水石膏为主，但多数天然二水石膏均伴生有一定数量的无水石膏和少量半水石，而天然无水石膏中仅伴生少量二水石膏。

3.碱含量

水泥中的碱能够明显加速水泥的早期水化，但碱含量较高，会在以下方面对水泥的性能产生不利影响：

(1)发生碱集料反应。水泥的碱含量较高，同时集料中含有碱活性物质，混凝土处于潮湿的环境，可能导致混凝土因碱集料反应而开裂。

(2)导致水泥与高效减水剂相容性变差。水泥与高效减水剂的相容性随水泥碱含量增加而变差，已成为共识。刘秉京给出了不同碱含量对掺入萘系高效减水剂和木钙减水剂的水泥净浆流动度的影响，见表5-1-1。

表 5-1-1 掺加萘系和木钙减水剂时，水泥碱含量对净浆流动度的影响

$Na_2O+0.658K_2O$(%)	减水剂品种及掺量	净浆流动度(mm)	$Na_2O+0.658K_2O$(%)	减水剂品种及掺量	净浆流动度(mm)
0.52	萘系高效减水剂 0.5%	285	0.52	木钙减水剂 0.25%	205
1.30		260	1.30		190
2.00		105	2.00		115

(3)使水泥抗裂性变差。水泥的碱含量过高会导致水泥浆体早期收缩增加，加大混凝土产生裂纹的危险。因此，廉慧珍教授强调："促进混凝土收缩裂缝的生成和发展以造成混凝土结构物的劣化，却是高含碱量对混凝土最大的威胁。所以，无论是否使用活性骨料，必须将水中的碱含量减少到最小。"

4. 比表面积

水泥比表面积除影响水泥的强度和凝结时间外，对高效减水剂相容性、早期水化热、体积收缩和抗裂性均有影响。

(1)高效减水剂相容性。较高的比表面积将会导致水泥与高效减水剂容性变差。肖军仓等测试了高效减水剂掺入不同比表面积水泥后的初始净浆流动度和 30min、60min 经时净浆流动度，结果表明：当水泥比表面积小于 $400m^2/kg$，随比表面积增加，水泥净浆初始流动度及 30min、60min 经时流动度逐渐降低，水泥与高效减水剂适应性变差，但变化不是十分显著，可以通过增大高效减水剂掺量进行改善。当水泥比表面积大于 $400m^2/kg$ 后，随比表面积增加，初始流动度及 30min、60min 经时流动度降低均十分明显，水泥与外加剂的相容性变差。

(2)体积收缩、抗裂性。近年来，混凝土早期裂纹增加，原因是多方面的。但是水泥的比表面积增加，肯定是其中的原因之一，比表面积过大，使混凝土凝结速度和收缩速度加快，收缩量加大，混凝土产生裂纹的可能性增加。

5. 水泥粒度分布与形貌

对粒度分布和颗粒形貌与水泥性能的研究先于高性能水泥的研究，已经取得许多成果并为大家所熟知。从充分发挥熟料活性，减少 $10\mu m$ 特别是 $3\mu m$ 以下颗粒，防止水泥早期过快水化的角度考虑，水泥应有尽量窄的粒度分布。但是，窄的粒度分布会导致水泥的需水量增加，其原因是粒度分布变窄，颗粒偏离最紧密堆积密度越远，颗粒的空隙率越大。高性能混凝土在掺加高效减水剂和低水胶比的使用条件下，粒度分布均匀性系数与水泥流变性能的关系有必要进一步试验。研究认为，粉磨过程应该使熟料 $10\mu m$ 特别是 $3\mu m$ 以下颗粒数量尽量少，以防止水泥早期过快地水化；同时，又不含有过多的 $45\mu m$ 以上的颗粒，以最大限度地发挥熟料的活性，即要求熟料具有较窄的粒度分布。而水泥中 $10\mu m$ 以下和 $45\mu m$ 以上的颗粒可以由混合材补充。

水泥颗粒的球形度明显影响水泥的流变性能，球形度高的颗粒流动性好，但在工艺上实现比较困难。

1.5 高性能水泥基础理论的研究

国家 973 计划批准"高性能水泥的制备和应用的基础研究"项目，该项目主要包括以下内容：高胶凝性水泥熟料矿物体系的研究、高胶凝性和特性熟料复合体系的研究、性能调节型辅

助胶凝组分的研究、水泥水化机理及过程控制、高性能水泥浆体的结构形成与优化、高性能水泥和水泥基材料的环境行为与失效机理。目前为止,该项目的主要研究成果涉及:高强和高胶凝性水泥熟料烧成技术及相关理论、水泥的水化硬化理论、工业废渣的应用、水泥性能与混凝土性能的关系、混凝土的收缩与开裂、低水胶比下混凝土的耐久性、低水胶比下工业废渣的水化、混凝土的收缩与开裂及聚羧酸高效减水剂的生产与应用等。

项目2　高性能混凝土

高性能混凝土(high performance concrete,HPC)是一种新型高技术混凝土,是在大幅度提高普通混凝土性能的基础上采用现代混凝土技术制作的混凝土。它以耐久性作为设计的主要指标,针对不同用途要求,对耐久性、工作性、适用性、强度、体积稳定性和经济性等重点予以保证。为此,高性能混凝土在配置上的特点是采用低水胶比,选用优质原材料,且必须掺加足够数量的掺合料(矿物细掺料)和高效外加剂。

2.1　高性能混凝土的产生

随着现代科学技术和生产的发展,各种超长、超高、超大型混凝土构筑物,以及在严酷环境下使用的重大混凝土结构在不断增加。这些混凝土工程施工难度大,使用环境恶劣、维修困难,因此要求混凝土不但施工性能要好,尽量在浇筑时不产生缺陷,更要耐久性好、使用寿命长。

进入20世纪70年代以来,不少工业发达国家正面临一些钢筋混凝土结构,特别是早年修建的桥梁等基础设施老化问题,需要投入巨资进行维修或更新。我国结构工程中混凝土耐久性问题也非常严重。住建部于20世纪90年代组织了对国内混凝土结构的调查,发现大多数或原建设部工业建筑及露天构筑物在使用25～30年后即需大修,处于有害介质中的建筑物使用寿命仅15～20年,民用建筑及公共建筑使用及维护条件较好,一般可维持50年。

混凝土作为用量最大的人造材料,不能不考虑它的使用对生态环境的影响。传统混凝土的原材料都来自天然资源。每用1t水泥,大概需要0.6t以上的洁净水,2t砂,3t以上的石子;每生产1t硅酸盐水泥,约需1.5t石灰石和大量燃煤与电能,并排放1t CO_2,造成地球温室效应。尽管与钢材、铝材、塑料等其他建筑材料相比,生产混凝土所消耗的能源和造成的污染相对较小或小得多,混凝土本身也是一种洁净材料,但由于它的用量庞大,过度开采矿石和砂、石骨料,已在不少地方造成资源破坏并严重影响环境和天然景观。有些大城市现已难以获得质量合格的砂石。另外,由于混凝土过早劣化,如何处置废旧工程拆除后的混凝土垃圾也是亟须解决的问题。

因此,未来的混凝土必须从根本上减少水泥用量,更多地利用各种工业废渣作为其原材料,充分考虑废弃混凝土的再生利用。未来的混凝土必须是高性能的,尤其是耐久的。耐久和高强都意味着节约资源,高性能混凝土正是在这种背景下产生的。

2.2　高性能混凝土的定义

对高性能混凝土的定义或含义,国际上迄今为止尚未有一个统一的理解,各个国家不同人群有不同的理解。一些美国学者更强调高强度和尺寸稳定性(北美型),欧洲学者更注重耐久性(欧洲型),而日本学者偏重于高工作性(日本型)。一般说来,高性能混凝土是指高强、高耐久性、高工作性的混凝土。

1990 年 5 月，由美国国家标准与技术研究所(NIST)与美国混凝土协会(ACI)主办了第一届高性能混凝土的讨论会，定义高性能混凝土为同时具有某些性能的匀质混凝土，必须采用严格的施工工艺，采用优质材料配制、便于浇捣、不离析、力学性能稳定、早期强度高，具有韧性和体积稳定性等性能的耐久的混凝土。可能是由于发现强调高强后的弊端，1998 年美国 ACI 又发表了一个定义为："高性能混凝土是符合特殊性能组合和匀质性要求的混凝土，如果采用传统的原材料组分和一般的拌和、浇筑与养护方法，未必总能大量地生产出这种混凝土。"ACI 对该定义所作的解释是当混凝土的某些特性是为某一特定的用途和环境而制定时，这就是高性能混凝土。1998 年 ACI 定义与 1990 年 ACI、NIST 定义的区别是：前者把早强列入"特殊性能组合"可选性能之一，而不作为必要的规定而强调。

1990 年，美国 Mehta P. K 认为，高性能混凝土不仅要求高强度，还应具有高耐久性等其他重要性能，例如高体积稳定性(高弹性模量、低收缩率、低徐变和低温度应变)、高抗渗性和高工作性。

欧洲混凝土学会和国际预应力混凝土协会则将高性能混凝土定义为：水胶比低于 0. 40 的混凝土。

日本学者认为，高性能混凝土具有较高的力学性能(抗压、抗折、抗拉强度)、高耐久性(抗冻融循环、抗碳化和抗化学侵蚀)、高抗渗性，属于低水胶比的混凝土。

我国科学家吴中伟教授定义高性能混凝土为一种新型高技术混凝土，是在大幅度提高普通混凝土性能的基础上采用现代混凝土技术制作的混凝土，它以耐久性作为设计的主要指标，针对不同用途要求，对下列性能有重点地予以保证：耐久性、工作性、适用性、强度、体积稳定性以及经济合理性。为此，高性能混凝土在配制上的特点是低水胶比，选用优质原材料，并除水泥、集料外，必须掺加足够数量的矿物细掺料和高效外加剂。1997 年 3 月，吴中伟教授在高强高性能混凝土会议上又指出，高性能混凝土应更多地掺加以工业废渣为主的掺合料，更多地节约水泥熟料，提出了绿色高性能混凝土(GHPC)的概念。

中国工程建设标准化协会标准《高性能混凝土应用技术规程》(CECS207：2006)对高性能混凝土的定义为：高性能混凝土为采用常规材料和工艺生产，具有混凝土结构所要求的各项力学性能，且具有高耐久性、高工作性和高体积稳定性的混凝土。

2.3 高性能混凝土对水泥的要求

水泥的选择直接影响混凝土的性能和成本，对于配制高性能混凝土用的水泥应满足如下要求：

1. 水泥的矿物组成

硅酸盐水泥是由原材料烧制的熟料与适量石膏(硫酸钙)磨细而成。熟料中主要成分有硅酸三钙、硅酸二钙、铝酸三钙和铁铝酸四钙。从混凝土的抗渗性和耐久性的角度看，硅酸二钙是水泥中的有益成分，它是水泥后期强度的主要来源，水化速度很慢、放热量小，应增大其含量。铝酸三钙的含量应该控制，它水化热量大、收缩率大。另外含有铝酸盐的水泥如浸泡在硫酸盐溶液中，则会产生较大的膨胀，使混凝土破坏。

2. 水泥颗粒的细度、级配与粒形

采用粗颗粒含量多的水泥水化后，水泥石主要含凝胶孔和大毛细孔，具有较高的渗透性；采用细颗粒含量多的水泥，除含胶凝孔外，还生成微毛细孔结构，孔隙率大大减小，从而提高了水泥石的抗渗性。但是，水泥的比表面积过大，会使水化速率过快、水化热大、混凝土收缩率大，从而导致混凝土微结构不良、混凝土抗渗、抗腐蚀性差，过大的水泥比表面积还会使混凝土拌和料的流动性受到影响，坍落度经时损失增加；若增加其用水量，又势必导致抗裂性下降。研究表明，水泥颗粒的良好级配有利于混凝土中水泥石达到密实的状态，但一般水泥生产工艺很难实现水泥的理想颗粒级配。为了得到密实性好的混凝土，掺加超细矿物掺合料调整水泥颗粒级配是一种有效方法。

除了细度和级配外，水泥的粒形对混凝土的密实度也很重要。水泥粒子越接近球形，拌和料的流动性越大。试验表明，用球状水泥配制的净浆和砂浆与普通水泥浆相比，流动值显著提高，且骨料—水泥浆的界面过渡层变薄，黏结强度提高，硬化混凝土的抗渗性提高。

3. 水泥的强度

目前，水泥强度对混凝土的耐久性的影响已达成共识，即不能认为强度高的水泥就一定能配制出高耐久性的混凝土。发达国家的水泥标准中，对于水泥的强度规定了最高的限制，强度超过规定的限制也不合格，而我国水泥标准中则没有此限制。但我国现在的生产工艺，提高水泥强度（尤其是早期强度）的措施主要是增加硅酸三钙与铝酸三钙的含量并提高水泥的比表面积，因此会导致水化过快、水化热大、混凝土收缩大、抗裂性下降、混凝土微观结构不良、抗渗性差等不良后果。由于过分强调混凝土的强度而多用高强、早强水泥，会给混凝土耐久性带来不良后果。

4. 水泥的碱含量

在各种耐久性劣化因素中，除了侵蚀性介质从环境中进入混凝土内部造成破坏外，由混凝土原材料带入的一些物质也会造成混凝土开裂等抗渗性和耐久性恶化的问题。水泥中的碱含量超过一定的限值会影响水泥的安定性，引起后期膨胀开裂，从而大大降低实际环境中混凝土的耐久性。我国现行的水泥规范是参照美国的标准，规定水泥中的碱含量按 Na_2O 当量折算，由供需双方商定限制碱含量，预防碱骨料反应。

总之，作为混凝土的第一组分材料，水泥的性能是制备高性能混凝土的关键因素。

2.4　高性能混凝土的技术路线

高性能混凝土是由高强混凝土发展而来的，但高性能混凝土对混凝土技术性能的要求比高强混凝土更多、更广泛，高性能混凝土的发展一般可分为以下三个阶段：

(1)振动加压成型的高强混凝土——工艺创新。在高效减水剂问世以前，为获得高强混凝土，一般采用降低 W/C(水灰比)，强力振动加压成型，即将机械压力加到混凝土上，挤出混凝土中的空气和剩余水分，减少孔隙率，从而制成高强混凝土。但该工艺不适合现场施工，难以推广，只在混凝土预制板、预制桩的生产中广泛采用，并与蒸压养护共同使用。

(2)掺高效减水剂配置高效混凝土——第五组分创新。20 世纪 50 年代末期出现高效减水剂使高强混凝土进入一个新的发展阶段，代表性的有萘系、三聚氰胺系和改性木钙系高效减水剂，这三个系类均是普遍使用的高效减水剂。

采用普通工艺，掺加高效减水剂，降低水灰比，可获得高流动性，抗压强度为 60～100MPa 的高强混凝土，使高强混凝土获得广泛的发展和应用。但是，仅用高效减水剂配制的混凝土，具有坍落度损失较大的问题。

(3)采用矿物外加剂配制高性能混凝土——第六组分创新。20 世纪 80 年代矿物外加剂异军突起，发展成为高性能混凝土的第六组分，它与第五组分相得益彰，成为高性能混凝土不可缺少的部分。就现在而言,配制高性能混凝土的技术路线主要是在混凝土中同时掺入高效减水剂和矿物外加剂。

配制高性能混凝土的矿物外加剂,是具有高比表面积的微粉辅助胶凝材料。例如:硅灰、细磨矿渣微粉、超细粉煤灰等,它是利用微粉填隙作用形成细观的紧密体系,并且改善界面结构,从而提高界面黏结强度。

2.5 高性能混凝土的特性

1.自密实性

高性能混凝土的用水量较低,流动性好,抗离析性高,从而具有较优异的填充性。因此,配好恰当的大流动性高性能混凝土有较好的自密实性。

2.体积稳定性

高性能混凝土的体积稳定性较高,表现为具有高弹性模量、低收缩与徐变、低温度变形。普通混凝土的弹性模量为20～25GPa,采用适宜的材料与配合比的高性能混凝土,其弹性模可达40～50GPa。采用高弹性模量、高强度的粗集料并降低混凝土中水泥浆体的含量,选用合理的配合比配制的高性能混凝土,90d龄期的干缩值低于0.04%。

3.强度

高性能混凝土的抗压强度已超过200MPa。28d平均强度介于100～120MPa的高性能混凝土,已在工程中应用。高性能混凝土抗拉强度与抗压强度值较高强混凝土有明显增加,但高性能混凝土的早期强度发展加快,后期强度的增长率却低于普通强度混凝土。

4.水化热

由于高性能混凝土的水灰比较低,会较早的终止水化反应,因此,水化热应相应地降低。

5.收缩和徐变

高性能混凝土的总收缩量与其强度成反比,强度越高总收缩量越小。但高性能混凝土的早期收缩率,却随着早期强度的提高而增大。需注意的是,相对湿度和环境温度,仍然是影响高性能混凝土收缩性能的两个主要因素。

高性能混凝土的徐变变形显著低于普通混凝土,高性能混凝土与普通强度混凝土相比,高性能混凝土的徐变总量(基本徐变与干燥徐变之和)有显著的减少。在高性能混凝土的徐变总量中,干燥徐变值的减少更为显著,基本徐变仅略有一些降低。而干燥徐变与基本徐变的比值,则随着混凝土强度的增加而降低。

6.耐久性

高性能混凝土除通常的抗冻性、抗渗性明显高于普通混凝土之外,高性能混凝土的 Cl^- 渗透率,也明显低于普通混凝土。高性能混凝土由于具有较高的密实性和抗渗性,因此,其抗化学腐蚀性能显著优于普通强度混凝土。

7.耐火性

高性能混凝土在高温作用下,会产生爆裂、剥落。由于混凝土的高密实度,使自由水不易快速地从毛细孔中排出,再受高温时其内部形成的蒸气压力几乎可达到饱和蒸气压力。在300℃温度下,蒸汽压力可达8MPa,而在350℃温度下,蒸汽压力可达17MPa,这样的内部压力可使混凝土中产生5MPa拉伸应力,使混凝土发生爆炸性剥蚀和脱落。因此,高性能混凝土的耐高温性是一个值得重视的问题。为克服这一性能缺陷,可在高性能和高强度混凝土中掺入有机纤维,在高温下混凝土中的纤维能熔解、挥发,形成许多连通的孔隙,使高温作用产生的蒸气压力得以释放,从而改善高性能混凝土的耐高温性能。

综上所述,高性能混凝土就是能更好地满足结构功能要求和施工工艺要求的混凝土,能最大限度地延长混凝土结构的使用年限,降低工程造价。

项目3 环保型胶凝材料

作为生产混凝土的主要组分,水泥的使用量相当大,但是,水泥在其生产过程中需要耗费大量能源和矿产资源,且产生大量的多种污染气体,因此,必须降低水泥用量,以节约资源和能源并减少环境污染。

环保型胶凝材料是针对传统水泥能耗大、污染重等缺点提出的一种性能好、符合环境要求、适应现代发展需要的新型胶凝材料。其主要特征是用大量具有火山灰活性的工业废渣取代传统硅酸盐水泥中部分或大部分熟料,通过一定的复合工艺,并添加适宜的外加剂,最后生产出具有优良性能、经济合理且不污染环境的新型胶凝材料。这种胶凝材料以满足水泥基材料的发展为目标,复合化是其研究发展的主要途径。环保型胶凝材料的性能除应达到一般混凝土要求外,还应满足高性能混凝土的要求,即应具备密实、低水胶比、工作性好、达到某些特性指标这四个条件。在研究开发时可借鉴 HPC 的研究经验,并重视以下几点:①在孔结构方面,应减少孔隙率,增加无害孔,减少有害孔;②对于界面结构,应尽量减少过渡区;③对于水化产物,应减少 CH,增多 CSH 与 AFt;④对外加剂,应选用高效低剂量型的。

3.1 环保型胶凝材料的特征

1.更多地节约水泥熟料,减少环境污染

传统的硅酸盐水泥生产对环境的破坏非常巨大,但水泥基材料作为最主要的建筑结构材料,需求却与日俱增。因此,除改变硅酸盐水泥品种、改进生产工艺、降低能耗外,应在应用技术方面进行突破,发展绿色环保型胶凝材料是当前最有效的途径。用大量工业废渣作为活性细掺料代替大量熟料(最多可达 60%~80%),在环保型胶凝材料中不是水泥熟料而是磨细水淬矿渣和分级优质粉煤灰、硅灰等,或它们的复合,成为环保型胶凝材料的主要组分。相比硅酸盐水泥的生产,生产这种与环境相容的胶凝材料,既大大减少碳的排放,也节约资源和能源。

2.更多地掺加以工业废渣为主的活性细掺料

更多地掺加以工业废渣为主的活性细掺料对改善环境,节约土地、石灰石资源与能源,效果十分明显。我国水淬矿渣多用作水泥混合材,但因细度不够,潜在活性远没有发挥出来,只起到微集料作用,实在是一大浪费。我国粉煤灰产量随火电事业发展而迅速增加,其中适用于高性能混凝土的优质粉煤灰也大量增加,这为我国发展环保型胶凝材料提供了有利条件。

3.更大地发挥高性能优势,减少水泥和混凝土的用量

利用 HPC 的高强早强来减小截面,降低自重,节省模板与工时,在高层建筑与大跨桥梁中已产生很大效益;减少材料生产与运输能耗,保证和延长安全使用期,则产生的经济效益更大;此外,减少水泥与混凝土的用量,则从根本上为环境减负。

3.2 环保胶凝材料的配制

过去人们对环保胶凝材料的研究包括以下几个方面:①直接掺加大量的工业废物或废渣,

如粉煤灰、矿渣粉、钢渣粉、废玻璃粉和火山灰等替代部分水泥；②开发出碱激发胶凝材料部分或全部取代水泥；③采用城市垃圾废物开发生态水泥。现在，有的研究者认为，环保胶凝材料必须要保证充分发挥材料尤其是水泥的作用，做到物尽其用，即尽量提高水泥的水化程度，保证材料的性能和耐久性，并且污染少、能耗低、经济适用。在此基础上，提出环保高性能胶凝材料的配制原则是：在保证高性能的前提下提高水泥的水化程度，节约水泥用量。其配制的技术途径是优化胶凝体系组分配制，合理采用磨机活化处理技术，使胶凝材料中水泥水化程度大幅度提高，在确保高性能的前提上节约水泥。

模块知识巩固

1. 什么是高性能胶凝材料？
2. 高性能水泥的特性有哪些？
3. 高性能混凝土与普通混凝土的差异有哪些方面？
4. 环保型胶凝材料的特性有哪些？
5. 新型无机胶凝材料的发展趋势。

扩展阅读

【材料】新型节能低碳水泥

中国建筑材料联合会颁布的《建筑材料行业“十二五”科技发展规划》指出：中国水泥混凝土技术发展路径与西方发达国家有所不同。国外于20世纪70年代开始大力发展混凝土化学外加剂并形成了以外加剂为核心的现代混凝土技术。那时，中国为满足不同混凝土工程的特殊要求，走的主要是发展特种水泥的道路，因此开发了不少特种水泥。20世纪90年代，中国水泥混凝土技术也进入了外加剂时代。在特种水泥开发中，最令人骄傲的是硫铝酸钙熟料水泥系列，中国也是迄今为止世界上唯一掌握新型干法工艺生产硫铝酸盐水泥的国家。后来又成功开发了高贝利特熟料水泥，目前正在开发贝利特—硫铝酸盐熟料水泥。今天来看，这些特种水泥熟料较低的烧成温度、利用低品位原料和工业固废的特点，符合节能减排低碳发展的方向和要求。随着这些特种水泥材料应用技术的发展，其价值在不断提升。实际上，硫铝酸钙熟料水泥早已向世界上20多个国家出口，在国外也开发了许多种水泥基高性能功能材料。因此，《规划》中明确提出，要形成具有中国自主知识产权和国际领先的硫铝酸盐系列水泥、高贝利特硅酸盐水泥、贝利特—硫铝酸盐水泥、白水泥等特种水泥及其新型干法生产技术，引领世界低碳水泥发展，是“十二五”时期中国水泥实现产业转型升级、引领世界水泥发展的重点目标。

附录

附录1 工程用水泥质量检测报告样表

附录1.1 铁路工程用水泥检测报告(铁建设[2009]027号)

表号:铁建试报01
批准文号:铁建设
[2009]027号

水泥试验报告

委托单位 ____________ 报告编号 ____________
工程名称 ____________ 委托编号 ____________
施工部位 ____________ 记录编号 ____________
厂名牌号 ____________ 品种等级 ____________
包装种类 ____________ 报告日期 ____________
出厂编号 ____________ 代表数量 ____________

试验项目		标准规定值	试验结果
细度 F_c(%)			
密度 ρ(g/cm^3)			
比表面积 S(m^2/kg)			
标准稠度用水量 P(%)			
凝结时间	初凝(min)		
	终凝(min)		
安定性			
胶砂流动度(mm)			

胶砂强度									
类别	龄期(d)	标准规定值	实测值						
			单值						平均值
抗折强度 R_f(MPa)									
抗压强度 R_c(MPa)									

烧失量 X(%)	
三氧化硫含量 X_{SO_3}(%)	
氧化镁 X_{MgO}(%)	
氯离子含量 X_{Cl}(%)	
游离氧化钙 X_{CaO}(%)	
碱含量 X(%)	
检测评定依据:	试验结论:

试验 ________ 复核 ________ 批准 ________ 单位(章) ________

附录1.2　公路工程用水泥试验报告表格(JT/T 828—2012)

JB010401

水泥试验检测报告

试验室名称：　　　　　　　　　　　　　　　　　　　　　　　报告编号：

委托/施工单位		委托编号	
工程名称		样品编号	
工程部位/用途		样品名称	
试验依据		判定依据	
样品描述			
主要仪器设备及编号			
品种强度等级		代表数量	
出厂编号		出厂日期	
生产厂家			

序号	检测项目		技术指标	检测结果	结果判定
1	细度(%)				
2	密度(kg/m^3)				
3	比表面积(m^2/kg)				
4	标准稠度用水量(%)				
5	凝结时间(min)	初凝			
		终凝			
6	安定性				
7	胶砂流动度(mm)				
8	抗折强度(MPa)	3d			
		28d			
	抗压强度(MPa)	3d			
		28d			
9	烧失量(%)				

检测结论：

备注：

试验：　　　审核：　　　签发：　　　日期：　年　月　日　　　(专用章)

附录2　水泥实训报告用表格

《无机胶凝材料》实训报告

指导教师：________________

班　　级：________________

学　　号：________________

姓　　名：________________

二〇××年×月

实训一 水泥密度测定(比重瓶法)

依据标准	
实训日期	
实训原理	
仪器设备	
测定步骤	

结果处理

试验次数	水泥初始质量 m_1(g)	剩余水泥质量 m_2(g)	试验水泥质量 m(g)	初始液体体积 V_1(ml)	最终液体体积 V_2(ml)	试验水泥体积 V(ml)	水泥密度 ρ(g/cm^3)	
							$\rho=\frac{m}{V}$	平均值
1								
2								
结论								

实训二　细度测定(勃氏法)

依据标准	
实训日期	
实训原理	
仪器设备	
测定步骤	

结果处理

试验次数	试料层体积 $V(cm^3)$	试样质量 m(g)	被测样液面降落时间 $T(s)$	标准样液面降落时间 $T_s(s)$	标准样比表面积 $S_s(m^2/kg)$	水泥比表面积 $S(m^2/kg)$	
		$m=\rho V(1-\varepsilon)$				$S=\frac{S_s\sqrt{T}}{10\sqrt{T_s}}$	平均值
1							
2							
结论							

实训三　细度测定(筛析法—水筛法)

依据标准	
实训日期	
实训原理	
仪器设备	
测定步骤	

结果处理

试验方法		试验水泥质量 m_0(g)	筛余质量 m_1(g)	筛余百分数 F(%)	
				$F=\frac{m_1}{m_0}\times100\%$	平均值
水筛选	1				
	2				
结论					

实训四　细度测定(筛析法—负压筛析法)

依据标准	
实训日期	
实训原理	
仪器设备	
测定步骤	

结果处理

试验方法		试验水泥质量 m_0(g)	筛余质量 m_1(g)	筛余百分数 F(%)	
				$F=\frac{m_1}{m_0}\times 100\%$	平均值
负压筛析法	1				
	2				
结论					

实训五　标准稠度用水量测定(标准法—调整水量法)

<table>
<tr><td colspan="2">依据标准</td><td colspan="5"></td></tr>
<tr><td colspan="2">实训日期</td><td colspan="5"></td></tr>
<tr><td colspan="2">实训原理</td><td colspan="5"></td></tr>
<tr><td colspan="2">仪器设备</td><td colspan="5"></td></tr>
<tr><td colspan="2">测定步骤</td><td colspan="5"></td></tr>
<tr><td colspan="7">结果处理</td></tr>
<tr><td colspan="2" rowspan="2">试验方法</td><td rowspan="2">试验水泥质量
m_2(g)</td><td rowspan="2">用水量
m_1(g)</td><td rowspan="2">试杆距底板距离/试锥下沉深度 S(mm)</td><td colspan="2">标准稠度用水量(%)</td></tr>
<tr><td>$P_{标}=\frac{m_1}{m_2}\times 100\%$</td><td>平均值</td></tr>
<tr><td rowspan="2">调整水量法</td><td>1</td><td></td><td></td><td></td><td></td><td rowspan="2"></td></tr>
<tr><td>2</td><td></td><td></td><td></td><td></td></tr>
<tr><td>结论</td><td colspan="6"></td></tr>
</table>

实训六　标准稠度用水量测定(代用法—不变水量法)

<table>
<tr><td>依据标准</td><td colspan="6"></td></tr>
<tr><td>实训日期</td><td colspan="6"></td></tr>
<tr><td>实训原理</td><td colspan="6"></td></tr>
<tr><td>仪器设备</td><td colspan="6"></td></tr>
<tr><td>测定步骤</td><td colspan="6"></td></tr>
<tr><td colspan="7">结果处理</td></tr>
<tr><td colspan="2" rowspan="2">试验方法</td><td rowspan="2">试验水泥质量
m_2(g)</td><td rowspan="2">用水量
m_1(g)</td><td rowspan="2">试杆距底板距离/试锥下沉深度 S(mm)</td><td colspan="2">标准稠度用水量(%)</td></tr>
<tr><td>$P_{代}=33.4-0.185S$</td><td>平均值</td></tr>
<tr><td rowspan="2">不变水量法</td><td>1</td><td></td><td></td><td></td><td></td><td rowspan="2"></td></tr>
<tr><td>2</td><td></td><td></td><td></td><td></td></tr>
<tr><td>结论</td><td colspan="6"></td></tr>
</table>

实训七　凝结时间测定

依据标准	
实训日期	
实训原理	
仪器设备	
测定步骤	

<table>
<tr><td colspan="7">结果处理</td></tr>
<tr><td colspan="2" rowspan="2">试验次数</td><td rowspan="2">加水拌和时间 t_1</td><td rowspan="2">达初凝时间 t_2</td><td rowspan="2">达终凝时间 t_3</td><td colspan="2">凝结时间 $t_{初}$,$t_{终}$ (min)</td></tr>
<tr><td>$t_{初}=t_2-t_1$
$t_{终}=t_3-t_1$</td><td>平均值</td></tr>
<tr><td rowspan="2">初凝时间</td><td>1</td><td>h　　min</td><td>h　　min</td><td></td><td></td><td rowspan="2"></td></tr>
<tr><td>2</td><td>h　　min</td><td>h　　min</td><td></td><td></td></tr>
<tr><td rowspan="2">终凝时间</td><td>1</td><td>h　　min</td><td></td><td>h　　min</td><td></td><td rowspan="2"></td></tr>
<tr><td>2</td><td>h　　min</td><td></td><td>h　　min</td><td></td></tr>
<tr><td>结论</td><td colspan="6"></td></tr>
</table>

实训八 体积安定性测定

<table>
<tr><td>依据标准</td><td colspan="6"></td></tr>
<tr><td>实训日期</td><td colspan="6"></td></tr>
<tr><td>实训原理</td><td colspan="6"></td></tr>
<tr><td>仪器设备</td><td colspan="6"></td></tr>
<tr><td>测定步骤</td><td colspan="6"></td></tr>
<tr><td colspan="7">结果处理</td></tr>
<tr><td rowspan="2">试验次数</td><td colspan="2">代用法(试饼法)</td><td colspan="4">标准法(雷氏法)</td></tr>
<tr><td>有无裂纹</td><td>有无弯曲变形</td><td>沸煮前指针尖端距离 A(mm)</td><td>沸煮后指针尖端距离 C (mm)</td><td>指针尖端增加值 C－A (mm)</td><td>平均值</td></tr>
<tr><td>1</td><td></td><td></td><td></td><td></td><td></td><td rowspan="2"></td></tr>
<tr><td>2</td><td></td><td></td><td></td><td></td><td></td></tr>
<tr><td>结论</td><td colspan="6"></td></tr>
</table>

实训九　水泥胶砂流动度测定

依据标准	
实训日期	
实训原理	
仪器设备	
测定步骤	

结果处理

试验次数		水泥质量 C(g)	标准砂质量 (g)	加水量 (g)	胶砂流动度(mm)		
					胶砂底面最大扩散直径 (mm)		平均值
胶砂试样	1						
	2						
胶砂试样（减水剂　%）	1						
	2						
胶砂试样（减水剂　%）	1						
	2						
结论							

实训十　水泥胶砂强度测定

依据标准							
实训日期							
实训原理							
仪器设备							
测定步骤							
结果处理							
龄期		3d			28d		
抗折强度	极限荷载(kN)						
	抗折强度(MPa)						
	平均值(MPa)						
抗压强度	极限荷载(kN)						
	抗折强度(MPa)						
	平均值(MPa)						
结论							

附录3　常用无机胶凝材料相关标准

JC/T 479－92《建筑生石灰》
JC/T 480－92《建筑生石灰粉》
JC/T 481－92《建筑消石灰粉》
JC/T 620－2009《石灰取样方法》
JC/T 621－2009《硅酸盐建筑制品用生石灰》
JTJ 034－2000《公路路面基层施工技术规范要求》
GB/T 9776－2008《建筑石膏》
GB/T 5483－1996《石膏和硬石膏》
GB/T 17669.1－1999《建筑石膏 一般试验条件》
GB/T 17669.2－1999《建筑石膏 结晶水含量的测定》
GB/T 17669.3－1999《建筑石膏 力学性能的测定》
GB/T 17669.4－1999《建筑石膏 净浆物理性能的测定》
GB/T 17669.5－1999《建筑石膏 粉料物理性能的测定》
JC/T 452－2009《通用水泥质量等级》
GB/T 175－2007《通用硅酸盐水泥》
GB/T 12573－2008《水泥取样方法》
GB/T 208－1994《水泥密度测定方法》
GB/T 8074－2008《水泥比表面积测定方法(勃氏法)》
GB/T 1345－2005《水泥细度检验方法(筛析法)》
GB/T 1346－2011《水泥标准稠度用水量、凝结时间、安定性检验方法》
GB/T 17671－1999《水泥胶砂强度检验方法(ISO 法)》
GB/T 2419－2005《水泥胶砂流动度测定方法》
GB/T 27690－2011《砂浆和混凝土用硅灰》
GB/T 12957－2005《用于水泥混合材的工业废渣活性试验方法》
GB/T 2847－2005《用于水泥中的火山灰质混合材料》
GB/T 1596－2005《用于水泥和混凝土中粉煤灰》
GB/T 18046－2008《用于水泥和混凝土中的粒化高炉矿渣粉》

参考文献

[1] 袁润章. 胶凝材料学[M].2 版. 武汉:武汉理工大学出版社，1989.

[2] 胶凝材料学编写组. 胶凝材料学[M]. 北京:中国建筑工业出版社，1985.

[3] 游普元. 建筑材料与检测[M]. 哈尔滨:哈尔滨工业大学出版社，2012.

[4] 陆佩文. 无机材料科学基础[M]. 武汉:武汉理工大学出版社，2011.

[5] 侯云芬. 胶凝材料[M]. 北京:中国电力出版社,2012.

[6] 曹亚玲. 建筑材料[M]. 北京:化学工业出版社,2010.

[7] 苏达根. 水泥与混凝土工艺[M]. 北京:化学工业出版社,2005.

[8] 布德尼科夫. 石膏的研究与应用[M]. 北京:中国工业出版社，1963.

[9] 奥新. 生石灰[M]. 王宝林,译. 北京:建筑工程出版社，1959.

[10] 贺可音. 硅酸盐物理化学[M]. 武汉:武汉理工大学出版社，2003.

[11] 中国建筑材料联合会. 建筑材料行业“十二五”科技发展规划[R]. 2011.

图书在版编目(CIP)数据

无机胶凝材料项目化教程/李子成主编. —西安:西安交通大学出版社,2014.6
高职高专"十二五"建筑及工程管理类专业系列规划教材
ISBN 978-7-5605-6397-8

Ⅰ.①无… Ⅱ.①李… Ⅲ.①无机材料-胶凝材料-高等职业教育-教材 Ⅳ.①TQ177

中国版本图书馆 CIP 数据核字(2014)第 142477 号

书　　名 无机胶凝材料项目化教程
主　　编 李子成　张爱菊
责任编辑 王建洪

出版发行 西安交通大学出版社
(西安市兴庆南路 10 号　邮政编码 710049)
网　　址 http://www.xjtupress.com
电　　话 (029)82668357　82667874(发行中心)
(029)82668315　82669096(总编办)
传　　真 (029)82668280
印　　刷 陕西奇彩印务有限责任公司

开　　本 787mm×1092mm　1/16　**印张** 15.875　**字数** 385 千字
版次印次 2014 年 9 月第 1 版　2014 年 9 月第 1 次印刷
书　　号 ISBN 978-7-5605-6397-8/TQ·16
定　　价 29.80 元

读者购书、书店添货,如发现印装质量问题,请与本社发行中心联系、调换。
订购热线:(029)82665248　(029)82665249
投稿热线:(029)82668133
读者信箱:xj_rwjg@126.com

高职高专“十二五”建筑及工程管理类专业系列规划教材

> 建筑设计类

(1)素描
(2)色彩
(3)构成
(4)人体工程学
(5)画法几何与阴影透视
(6)3dsMAX
(7)Photoshop
(8)CorelDraw
(9)Lightscape
(10)建筑物理
(11)建筑初步
(12)建筑模型制作
(13)建筑设计原理
(14)中外建筑史
(15)建筑结构设计
(16)室内设计基础
(17)手绘效果图表现技法
(18)建筑装饰设计
(19)建筑装饰制图
(20)建筑装饰材料
(21)建筑装饰构造
(22)建筑装饰工程项目管理
(23)建筑装饰施工组织与管理
(24)建筑装饰施工技术
(25)建筑装饰工程概预算
(26)居住建筑设计
(27)公共建筑设计
(28)工业建筑设计
(29)城市规划原理

> 土建施工类

(1)建筑工程制图与识图
(2)建筑识图与构造
(3)建筑材料
(4)建筑工程测量
(5)建筑力学
(6)建筑 CAD
(7)工程经济
(8)钢筋混凝土与砌体结构
(9)房屋建筑学
(10)土力学与基础工程
(11)建筑设备
(12)建筑结构
(13)建筑施工技术
(14)土木工程施工技术
(15)建筑工程计量与计价
(16)钢结构识图
(17)建设工程概论
(18)建筑工程项目管理
(19)建筑工程概预算
(20)建筑施工组织与管理
(21)高层建筑施工
(22)建设工程监理概论
(23)建设工程合同管理
(24)工程材料试验
(25)无机胶凝材料项目化教程

> 建筑设备类

(1)电工基础
(2)电子技术基础
(3)流体力学
(4)热工学基础
(5)自动控制原理
(6)单片机原理及其应用
(7)PLC 应用技术
(8)电机与拖动基础
(9)建筑弱电技术
(10)建筑设备
(11)建筑电气控制技术

(12)建筑电气施工技术
(13)建筑供电与照明系统
(14)建筑给排水工程
(15)楼宇智能化技术

> 工程管理类

(1)建设工程概论
(2)建筑工程项目管理
(3)建筑工程概预算
(4)建筑法规
(5)建设工程招投标与合同管理
(6)工程造价
(7)建筑工程定额与预算
(8)建筑设备安装
(9)建筑工程资料管理
(10)建筑工程质量与安全管理
(11)建筑工程管理
(12)建筑装饰工程预算
(13)安装工程概预算
(14)工程造价案例分析与实务
(15)建筑工程经济与管理
(16)建筑企业管理
(17)建筑工程预算电算化

> 房地产类

(1)房地产开发与经营
(2)房地产估价
(3)房地产经济学
(4)房地产市场调查
(5)房地产市场营销策划
(6)房地产经纪
(7)房地产测绘
(8)房地产基本制度与政策
(9)房地产金融
(10)房地产开发企业会计
(11)房地产投资分析
(12)房地产项目管理
(13)房地产项目策划
(14)物业管理

欢迎各位老师联系投稿!

联系人:祝翠华
手机:13572026447　办公电话:029-82665375
电子邮件:zhu_cuihua@163.com　37209887@qq.com
QQ:37209887(加为好友时请注明“教材编写”等字样)